Photoshop

数码照片后期处理核心技法

创锐设计 编著

U0296071

机 械 工 业 出 版 社
China Machine Press

图书在版编目（CIP）数据

Photoshop数码照片后期处理核心技法 / 创锐设计编著. —北京：机械工业出版社，2015.12

ISBN 978-7-111-52330-7

I. P⋯ Ⅱ. 创⋯ Ⅲ. 图象处理软件 Ⅳ. TP391.41

中国版本图书馆CIP数据核字（2015）第297387号

在数码摄影时代，对数码照片进行后期处理是获得优秀摄影作品不可或缺的关键一步。本书以Photoshop为软件平台，以实际应用为主导思想，结合编者多年的实践经验，全面解析了数码照片后期处理的重点和难点。

本书按照数码照片后期处理的工作流程进行内容编排，介绍了数码照片后期处理必备的基础知识、Photoshop CC 2014的核心功能、Camera Raw快速上手与高级应用、照片的尺寸调整与裁剪等基本调校操作、照片瑕疵与缺陷的修复和校正、照片的曝光与影调控制、照片调色、照片的锐化和景深控制、照片的特效制作、创建HDR图像、文字与图形的应用、照片的打印和色彩管理等内容，并在最后通过人像照片、风光照片、商品照片三类照片后期处理的典型实例解析，帮助读者加深理解、巩固所学。

本书内容图文并茂、语言通俗易懂，除了完整的工作思路和流程讲解，还穿插了扩展知识面和提升工作效率的技巧小提示，非常适合想要学习和提高数码照片后期处理技术的摄影师和广大摄影爱好者阅读，也可作为各类摄影培训机构或高等院校相关课程的教材。

Photoshop 数码照片后期处理核心技法

出版发行：机械工业出版社（北京市西城区百万庄大街22号　邮政编码：100037）

责任编辑：杨 倩

印　　刷：北京天颖印刷有限公司　　　　　　版　　次：2016年1月第1版第1次印刷

开　　本：184mm×260mm　1/16　　　　　　印　　张：17.25

书　　号：ISBN 978-7-111-52330-7　　　　　　定　　价：79.80元

PREFACE

随着人们生活水平的不断提高，数码相机在家庭中的使用也越来越普及，但是受拍摄者的摄影技术、所使用的摄影设备及其他自然因素的影响，拍摄出来的数码照片或多或少都会存在一些问题。因此，对数码照片进行后期处理就成了一项必要的工作。数码照片后期处理不仅可以弥补前期拍摄导致的各种瑕疵和缺陷，而且也是让摄影作品获得成功的关键。一幅优秀的摄影作品必然是高超的拍摄技术和精湛的后期处理技法的完美融合。

在开始处理照片前，选择合适的图像处理软件是非常有必要的。在众多图像处理软件中，Photoshop可以说是功能最专业、最全面的。本书即以Photoshop为软件平台，以实际应用为主导思想，结合编者多年的实践经验，为读者全面解析数码照片后期处理的重点和难点。

本书内容编排

本书以数码照片后期处理的流程为依据来编排内容，共分16章。读者既可以从头开始学习，也可以根据需要选择阅读部分章节。

第1章和第2章主要讲解数码照片后期处理必备的基础知识及Photoshop CC 2014的核心功能，为读者学习照片处理技术打下坚实的基础。

第3～13章循序渐进地介绍了数码照片后期处理流程各环节的核心技法，包括Camera Raw快速上手与高级应用、照片的尺寸调整与裁剪等基本调校操作、照片瑕疵与缺陷的修复和校正、照片的曝光与影调控制、照片调色、照片的锐化和景深控制、照片的特效制作、创建HDR图像、文字与图形的应用、照片的打印和色彩管理等内容。

第14～16章则为数码照片后期处理的典型实例解析，包括人像照片的精修与处理、风光照片的精修与艺术化调整、商品照片的精修与视觉营销。

PREFACE

本书主要特色

（1）典型的处理实例：最后3章的典型实例解析除了通过实际应用场景帮助读者加深理解、巩固所学外，还向读者展示了从分析照片问题到完成照片处理的完整工作思路和步骤，从而让读者学会灵活应对不同题材照片的处理工作。

（2）精练的技巧提示：技巧是知识的精华，本书在知识和技能的讲解当中精心穿插了一些技巧小提示，可以帮助读者扩展知识面、提高工作效率。

（3）超值的下载资源：本书附赠的下载资源完整收录了书中用到的素材和源文件，并配有视频教程，方便读者进行实际操作练习，具有极高的学习价值。

本书读者对象

本书适合想要学习和提高数码照片后期处理技术的职业摄影师和广大摄影爱好者阅读，也可作为各类摄影培训机构或高等院校相关课程的教材。

摄影师陈知明老师、高方老师、彭建老师和鄢鄢老师为本书的编写提供了部分素材照片，极大地丰富了本书的内容，在此表示衷心感谢。

由于编者水平有限，在编写本书的过程中难免有不足之处，恳请广大读者指正批评，除了扫描二维码添加订阅号获取资讯以外，也可加入QQ群111083348与我们交流。

编　者

2015年10月

如何获取云空间资料

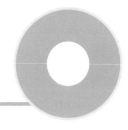

一、搜索微信公众号

打开微信，在"通讯录"界面单击右上角的十字添加图标，如左下图所示。然后在展开的列表中选择"添加朋友"选项，再在打开的界面中单击"公众号"进入搜索界面，如右下图所示。

在搜索栏中输入我们的微信公众号"epubhome恒盛杰资讯"，并单击"搜索"按钮，如左下图所示，然后查看该公众号并进行关注，如右下图所示。

二、获取资料地址

关注微信号后，回复本书书号的后6位数字（523307），如左下图所示，输入书号后公众账号就会自动将该书的链接发送给你，在链接中可看到该书的实例文件与教学视频的下载地址和相应的密码，如右下图所示。

三、下载资料

将获取的地址输入到网址栏中进行搜索，搜索后跳转至左下图所示的界面中，在图中的文本框中输入获取的下载地址中附带的密码（注意区分字母大小写），并单击"提取文件"按钮即可进入资源下载界面，如右下图所示，可将云端资料下载到你计算机中。下载的资料大部分是压缩包，读者可以通过解压软件（类似WinRAR）进行解压。

 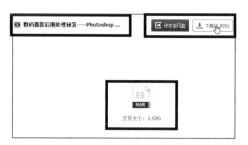

四、查看下载的资源

在百度云中下载资源时，一般需设置好所保存的路径，这样在下载完成后可快速找到所下载的内容，此处默认在F盘下的"BaiduYunDownload"文件夹中。一般从网上获取的文件都是压缩文件，为了使运作更方便，可以先将压缩文件解压（类似WinRAR），只需右击压缩包，然后选择"解压到当前文件夹"选项即可，如左下图所示。解压后，点击"云端资料"文件夹，然后可看到下载下来的实例文件和视频文件，如右下图所示。

五、视频播放

在"视频"文件夹下，找到需要观看的章节视频，如左下图所示，右击需要播放的视频，然后在弹出的快捷列表中依次单击"打开方式>Internet Explorer"，系统会根据操作指令打开IE浏览器，稍等几秒钟后就可看到视频内容，如右下图所示。

CONTENTS

第 1 章
数码照片后期处理前的准备工作

随着数码摄影的不断发展，如今数码照片后期处理已经逐渐成为获得一幅优秀摄影作品必不可少的步骤。为了使数码照片后期处理更加轻松快捷，除了对拍摄器材和拍摄技术有一定的要求外，还需要掌握一些数码照片后期处理的基础知识。

本章将介绍一些重要概念，例如像素、分辨率，适合后期处理的照片选择，照片的管理与色彩设置等知识。掌握这些知识可以为后面学习数码照片后期处理操作打好基础。

知识点提要

1. 理解几个专有名词

2. 什么样的照片便于后期处理

3. 理解后期处理的精髓与流程

4. 照片的管理

5. 色彩管理

1.1
理解几个专有名词

计算机中的图形主要分为两类，一类是矢量图形，另一类是位图图像，而我们拍摄的数码照片即属于位图图像。我们首先要了解与位图图像相关的基本概念，以便为后面学习数码照片的后期处理打下基础。本节就来为读者介绍像素、分辨率、存储格式及颜色模式等基本概念。

1.1.1 像素

像素是组成位图图像最基本的单位。每一个像素都有自己的位置，并记载着图像的颜色信息。一个图像所包含的像素越多，颜色信息就越丰富，图像效果也会越好。不过随着图像像素的增多，文件也会随之增大。数码相机拍摄得到的照片都是由一个一个的像素点组成的。

打开照片后，将图像放大显示，可以清楚地看到组成图像的像素点，如右图所示。

1.1.2 分辨率

分辨率是指单位长度内所包含的像素点的数量，它的单位通常为像素 / 英寸（ppi），例如72 ppi 表示每英寸包含 72 个像素点，300 ppi 表示每英寸包含 300 个像素点。分辨率决定了位图图像细节的精细程度。通常情况下，分辨率越高，包含的像素就越多，图像就越清晰。

知道了什么是像素和分辨率以后，我们还要进一步了解两者的关系，这对我们进行照片的后期处理是非常有用的。像素和分辨率是两个密不可分的重要概念，它们的组合方式决定了图像的数据量。例如，同样是 1 英寸 ×1 英寸的两张图像，分辨率为 72 ppi 的图像包含 5184 个像素（72 像素 ×72 像素 =5184 像素），而分辨率为 300 ppi 的图像则包含多达 90000 个像素（300 像素 ×300 像素 =90000 像素）。在打印图像时，高分辨率的图像要比低分辨率的图像包含更多的像素，因此，像素点越小，像素的密度越高，可以重现越多的细节和越细微的颜色过渡效果。

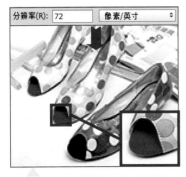

分辨率为 72 像素 / 英寸，稍微放大，图像显得模糊。

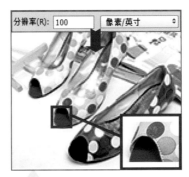

分辨率为 100 像素 / 英寸，稍微放大，图像虽然没有模糊，但效果一般。

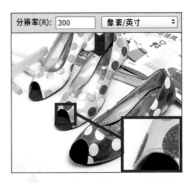

分辨率为 300 像素 / 英寸，图像经过放大后，依然很清晰。

虽然分辨率越高，图像的质量越好，但是这也会增加图像所占用的存储空间，因此只有根据照片的用途设置合适的分辨率才能取得最佳的使用效果。如果是将照片用于屏幕显示或者网页制作，那么将分辨率设置为 72 像素 / 英寸即可；如果是将照片用于喷墨打印机打印，将分辨率设置为 100 ～ 150 像素 / 英寸即可；如果是将照片用于印刷，则应把分辨率设置为 300 像素 / 英寸。

1.1.3　存储格式

前面的小节介绍了像素、分辨率以及两者的关系，接下来为大家介绍文件存储格式。文件存储格式是指计算机在存储信息时所使用的一种编码方式，用于识别内部存储的数据和资料，我们对照片的所有编辑与调整最终都将以不同的存储格式保存于计算机中。下面简单介绍几种常用的图像文件存储格式。

1. PSD 格式

PSD 格式是 Photoshop Document 的缩写，是操作灵活性非常强的文件格式，也是 Photoshop 软件的专用图像格式。PSD 格式保留了 Photoshop 中所有的图层、通道、蒙版、未栅格化的文字等信息，用此种格式存储的图像，可以再次在 Photoshop 中快速打开并进行处理。保存图像时，若需要保留编辑过程中所使用的图层，则一般都选用 PSD 格式。

2. RAW 格式

Photoshop Raw 格式（.raw）是一种灵活的文件格式，用于应用程序与计算机平台之间传递图像。Photoshop Raw 格式支持具有 Alpha 通道的 CMYK、RGB 和灰度模式，以及无 Alpha 通道的多通道、Lab、索引和双色调模式。Photoshop Raw 格式与数码相机中的原始图像格式不同。后者是特定品牌相机的专用格式，如尼康是 nef、佳能是 cr2 等，而 Photoshop Raw 格式本质上是一个不带过滤、白平衡调整或其他相机内处理的 "数码负片"。

3. JPEG 格式

JPEG 格式是数码相机用户最熟悉的存储格式，是一种可以提供优异图像质量的文件压缩格式。JPEG 格式采用有损压缩的方式去除冗余的图像和色彩数据，在获得较高压缩率的同时还能展现出丰富生动的图像效果。JPEG 格式具有占用空间较小、下载速度快等特点，一般情况下，若不追求过于精细的图像品质，都可以选用 JPEG 格式存储。

4. TIFF 格式

TIFF 格式是一种非失真的压缩格式，它是对文件本身的压缩，即把文件中某些重要的信息采用一种特殊的方式记录下来，文件可完全还原，能保留原图像的颜色和层次。用 TIFF 格式保存的图像文件比 JPEG 格式保存的图像文件更清晰，但占用的存储空间也较大。如果要将处理的照片用于印刷出版，那么采用 TIFF 格式最好。

5. PNG 格式

PNG 格式具有高保真性、存储形式丰富等特点，它兼有 GIF 和 JPEG 格式的大部分特点，采用无损压缩的方式把图像文件大小压缩到极限，既有利于图像的传输，也能保留所有与图像品质有关的信息。PNG 格式文件显示速度快，支持透明图像的制作。

6. BMP 格式

BMP 是英文 Bitmap（位图）的简写，它是 Windows 操作系统中的标准图像文件格式，能够被多种 Windows 应用程序所支持。BMP 格式的特点是包含的图像信息较丰富，几乎不进行任何压缩，因此 BMP 格式文件占用的存储空间较大，不利于网络传输。

1.1.4 **颜色模式**

颜色模式是指记录图像颜色的方式，它决定了图像在显示和印刷时的色彩数目。图像的颜色模式将直接影响图像的效果，常见的颜色模式有灰度模式、RGB 模式、CMYK 模式、HSB 模式、Lab 模式、位图模式、索引颜色模式、双色调模式等。在使用 Photoshop 处理照片时，可以根据个人需求将照片转换为不同的颜色模式并进行编辑。

1. 灰度模式

灰度模式是一种黑白的颜色模式，从 0 ~ 255 有 256 种不同等级的明度变化。灰度通常用百分比表示，范围为 0% ~ 100%。灰度最高的黑即为 100%，也就是纯黑；灰度最低的黑即 0%，也就是纯白。所谓灰度色则是指纯白、纯黑以及两者之间的一系列从黑到白的过渡色，它不包含任何的色相。

2. RGB 模式

RGB 模式是基于光学原理的一种颜色模式，这种模式用红（R）、绿（G）、蓝（B）三色光按照不同的比例和强度混合表示。由于 RGB 颜色模式采用 RGB 模型为图像中每一个像素的 RGB 分量分配一个 0 ~ 255 范围内的强度值，因此这 3 种颜色都有 256 个亮度水平值，3 种颜色相互叠加就能形成 1670 多万种颜色，这样就构成了我们这个绚丽多彩的世界。同时，RGB 模式也是视频颜色模式，如网络、视频播放和电子媒体展示都用 RGB 模式。

3. CMYK 模式

CMYK 模式代表印刷中使用的 4 种油墨色，即青色（C）、品红色（M）、黄色（Y）和黑色（K）。在实际运用中，C、M、Y 这三色很难形成真正的黑色，因此黑色（K）用于强化暗部的色彩。也正是由于油墨的纯度问题，CMYK 并不能够复制出用 RGB 色光创建出来的所有颜色。

4. HSB 模式

HSB 模式是一种从视觉的角度定义的颜色模式。H 表示色相，指颜色的纯度，取值范围为 0 ~ 360°；S 表示饱和度，是指颜色的强度和鲜艳度；B 表示亮度，是指颜色的明暗程度。饱和度和亮度取值范围为 0 ~ 100%，这两者的数值越高，视觉刺激度越强烈。

5. Lab 模式

Lab 模式是一种描述颜色的科学方法。它将颜色分为 3 种成分：L、a 和 b。L 表示亮度，它描述颜色的明暗程度；a 表示从深绿（低亮度值）到灰色（中亮度值）到亮粉红色（高亮度值）的颜色范围；b 表示从亮蓝色（低亮度值）到灰色（中亮度值）到焦黄色（高亮度值）的颜色范围。Lab 模式是 Photoshop 在进行不同颜色模式转换时所使用的一种过渡模式，例如从 RGB 转换到 CMYK，它可以保证在进行颜色模式转换时，CMYK 范围内的色彩没有太大的损失。

6. 位图模式

位图模式只用黑、白两种颜色来表示图像中的像素，因为颜色信息少，所以位图模式下的图像文件小，便于处理和操作。其他模式要想转换为位图模式，必须先转换为灰度模式或双色调模式。

7. 索引颜色模式

索引颜色模式最多只包含 256 种颜色，它包含一个颜色表，信息量小，图像文件也相对较小，多用于网络和动画。

8. 双色调模式

双色调模式采用彩色油墨来创建灰度级别，由双色调（2 种颜色）、三色调（3 种颜色）和四色调（4 种颜色）混合其色阶来组成图像。双色调图像只有一个通道，其他模式也不能直接转换为双色调模式，只能经由灰度模式进行转换。

1.2
什么样的照片便于后期处理

　　数码照片的后期处理就如同胶片时代的暗房技术，是摄影创作的重要组成部分。大多数业余摄影爱好者拍摄出的照片通常都要经过后期处理才能得到合格的摄影作品。然而后期处理并不是万能的，有些照片不管运用多么高超的后期处理技术，也难以实现艺术品质的提升，所以我们必须首先了解什么样的照片是便于后期处理的。

1.2.1　RAW 格式存储降低照片质量损失

　　RAW 和 JPEG 是目前大多数数码相机所能记录的数码照片文件格式。很多人也为究竟选用 RAW 还是 JPEG 而争执不休，其实这是一个没有绝对标准答案的问题。当我们在拍摄照片时，无论是选择 RAW 还是 JPEG，最终投射到感光元件上的光线的强弱都将首先以 RAW 格式记录下来，然后经过相机自身处理得到 JPEG 格式的照片，因此 RAW 格式是真正意义上的数码底片，没有经过任何的加工处理。

　　对于后期处理来说，我们需要的是足够的处理空间，如果照片整体效果较好，后期处理的空间就会较小。由于 RAW 格式的照片完整

地记录了感光元件所感受到的亮度信息，所以可以记录 12 比特或者 14 比特的颜色深度，同时由于不用任何压缩或者使用无损压缩，它包含的信息量远远大于 8 比特有损压缩的 JPEG 格式。因此，相较于 JPEG 格式来讲，RAW 格式的照片更适合用做后期处理。

　　以下面的两张照片为例，如果我们问哪张效果更好些，也许很多人的答案都会是前一张照片，因为它的色彩更饱和，但是从后期处理的角度来讲，后一张照片才是真正通过相机记录的，这样的照片在后期处理时有更多的创作空间。

左侧这张照片是以 JPEG 格式存储的，我们截取图像的一部分并将其放大显示，可以看出画面的色彩更鲜艳，但画质有所下降。

小提示

设置将拍摄的照片存储为 RAW 格式

要在数码相机中对存储格式进行设置，首先要按下相机上的菜单按钮，进入"拍摄菜单"的"影像品质"中进行选择。如果使用的是佳能相机，则选择 ORF 格式；如果使用的是尼康相机，则选择 NEF 格式。

右侧这张照片是以 RAW 格式存储的，放大后图像依然很清晰，因此，在后期处理时，我们可以更好地调整照片的白平衡、明暗和色彩，避免图像出现失真的情况。

1.2.2 多用包围曝光拍摄

采用包围曝光进行拍摄时，数码相机会自动连续拍摄多张曝光量不同的照片，这样就为后期处理选片留下更大的选择空间。

包围曝光适用于一些曝光难以推测的风景的拍摄，比如日出、日落等。摄影师选择包围曝光方式拍摄，获取不同的曝光值画面，在后期处理时可以从这些照片中选择一张效果最好的来做后期处理。除此之外，在后期处理的过程中，还可以用不同曝光值的照片合成更为出色的 HDR 效果。

以下面的 3 张图像为例，3 张图像为拍摄者采用包围曝光方式拍摄出来的照片，可以看

到曝光值为 0.0EV、-1.0EV 和 +1.0EV 时，画面的明暗层次是不一样的。在后期处理时，我们可以根据要表现的效果从这 3 张照片中选择合适的照片。

上图是在数码单反相机的设置菜单中选择自动包围曝光设置，此时曝光补偿的范围是 ±2.0EV。

曝光补偿为 0.0EV 时，画面颜色细腻，准确还原了日落美景。

曝光补偿为 -1.0EV 时，画面变暗，有轻微欠曝的情况。

曝光补偿为 +1.0EV 时，画面变亮，被夕阳照亮的海面和天空轻微过曝。

1.2.3　保持整洁的画面

在后期处理时，虽然我们可以把原照片中一些不需要的元素去掉，但是这样做要花费很多的时间。所以在拍摄照片时，保持画面的整洁也是非常重要的。我们不要把所有希望都寄托在后期处理上，而应当多考虑在前期拍摄时，通过取景或调整取景光圈的方式对画面中的杂物加以处理，避免画面中出现太多的干扰元素，为后期处理节省时间。

在拍摄小商品或静物类照片时，为了便于后期处理，可以在拍摄之前对拍摄的对象进行布景，创造出干净、整洁的拍摄环境，避免画面中出现不必要的干扰因素，影响照片的输出效果。

上图中的手提包以纯色的背景进行拍摄，呈现出干净、整洁的视觉效果。

在室外拍摄照片时很容易受到拍摄环境的影响，将一些影响主体对象表现的杂物纳入相机镜头中，导致拍摄出来的图像显得零乱。对于一些无法避免的外在因素，我们可以尝试使用大光圈镜头或长焦远距离拍摄，这样能够根据设置的焦点，对焦点外的杂乱背景进行虚化，从而突出拍摄的主体。

上图是在车展时拍摄的照片，画面中出现了很多与要表现的汽车无关的元素，显得很零乱，这样的照片明显不适合用作照片处理的素材。

上图采用长焦距拍摄，对背景图像采用了景深处理，在后期处理时只需要简单调修就能获得不错的效果。

小提示

多拍几张不同景深的照片

为了便于进行数码照片的后期处理，我们可以采用不同大小的光圈多拍摄几张照片，这样才能为后期处理节省更多时间。

1.2.4 从不同的角度多拍摄几张

　　在拍摄照片时，即使是同一景物、同一场景，也可以选择从多个角度拍摄，从而给后期处理留下更多的选择空间。一般来说，从不同的角度拍摄，往往能获得截然不同的画面效果。拍摄角度通常包括拍摄高度和拍摄方向，其中拍摄高度常用的有平拍、俯拍和仰拍，拍摄方向常用的有正面、正侧面、斜侧面及背面。

1. 不同高度拍摄

　　拍摄高度是指拍摄对象与相机位置之间的上下角度关系，随着相机和拍摄对象位置的不同，拍摄出来的照片感觉也不一样。我们可以从不同的角度拍摄出一组照片，这样才便于根据拍摄对象的特点，选择更适合的照片进行后期处理。

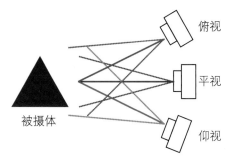

拍摄时选择与建筑高度一致的平拍方式，表现城市建筑的独特造型，形成强烈的视觉冲击力。

拍摄者从低处仰拍，天空成为画面的背景，突出了画面主体的建筑物，使其看起来更为高大宏伟。

寻找较高的地点对建筑进行俯拍，突出建筑群全貌和建筑的高低落差。

2. 不同方向拍摄

　　除了拍摄高度外，拍摄方向也很重要。当我们不能确定哪个方向拍摄出来的照片更好时，不妨从不同方向多拍摄几张，这样在后期处理时才有更多的选择空间。

这三张图像分别为不同方向拍摄的人像照片，我们可以根据要表现的人物特征选择其中一张照片进行处理。

1.3
理解后期处理的精髓与流程

做任何事都要经历一个过程，数码照片的后期处理也是如此。合理安排好后期处理的流程，才能节约时间、提高效率。本节就以常用的数码照片处理软件 Camera Raw 和 Photoshop 为例，分别介绍照片后期处理的大致流程和主要工作。

1.3.1　巧用 Camera Raw 完成 RAW 格式照片全流程处理

对 RAW 格式照片的处理可以利用 Camera Raw 软件实现。下面就来介绍利用该软件处理照片的流程。

1. 在 Camera Raw 中打开照片

要运用 Camera Raw 处理照片，首先要做的就是将拍摄的 RAW 格式照片打开。打开 RAW 格式照片的方法很简单，只需在启动 Photoshop 程序后，将 RAW 格式的照片拖入 Photoshop 中，即可用 Camera Raw 打开照片。

2. 修复照片中的瑕疵

即使是很优秀的摄影师，也不能保证照片零缺陷。对 RAW 格式照片中的瑕疵，可以使用工具箱中的污点去除工具、红眼去除工具等进行修复。

3. 调整照片的光影、色彩

光影、色彩调整是 Camera Raw 的核心功能。如果对照片的影调、色彩不满意，可以使用 Camera Raw 各选项卡中的选项进行调整，使图像呈现最赏心悦目的状态。

4. 细节的美化与润饰

俗话说，细节决定成败，对于照片处理来讲同样如此。我们可以利用 Camera Raw 中的"细节"选项卡、调整画笔工具、径向滤镜工具、渐变滤镜工具等对 RAW 格式照片的细节进行美化与润饰。

5. 存储处理后的 RAW 格式照片

RAW 格式照片处理的最后一步操作就是存储照片。在 Camera Raw 中，可以单击窗口左下角的"存储图像"按钮来存储照片。单击按钮后，将打开对应的"存储选项"对话框，在该对话框中设置选项，完成照片存储。

1.3.2 解析 Photoshop CC 2014 后期处理流程

Photoshop 作为数码照片处理最为常用的软件之一，适合不同题材的照片处理。使用 Photoshop 强大的图像编辑功能，能够获得更加有品质的数码照片。下面就来了解用 Photoshop 处理照片的流程。

1. 调整照片构图

如果一张照片构图不理想，会大大降低其品质。因此，我们打开一张照片后，要先观察照片的构图是否合理，如果觉得不够完美，则可以运用裁剪工具和"裁剪"命令，对照片进行二次构图。

2. 细节的修复与润饰

完成构图的调整后，接下来就是对照片细节的美化，例如去除照片中的瑕疵、锐化照片使其变清晰、去除杂色让画面更干净等，通过使用相应的 Photoshop 菜单或工具对照片进行编辑，提高画质。

3. 修正照片光影

光影的表现对于任何一张照片来说都是非常重要的，大部分照片都需要对光影进行调节。在 Photoshop 中完成照片细节的处理后，接下来就需要使用"曝光度""曲线""色阶"等命令调整照片的明暗，让图像更有层次感。

4. 美化照片色彩

由于受到拍摄环境、光线的影响，照片的色彩容易出现偏差，因此在后期处理时，需要对照片的色彩进行调整，还原其原有色彩。当然，我们也可以利用 Photoshop 中的调整命令对照片的色彩进行转换，创建别具一格的色彩效果。

5. 照片的艺术化处理

完成照片色彩的调整后，为了让照片更有创意，还可以对照片做更深入的艺术化处理，例如制作 HDR 效果、渲染镜头光晕效果、模拟大光圈镜头拍摄效果等。

6. 存储、输出或打印照片

照片处理的最后一步操作就是存储、输出或打印美化后的照片。在 Photoshop 中，使用"文件"菜单中的命令可以完成照片的快速存储、输出或打印操作。

1.4
照片的管理

随着时间的推移，拍摄的照片会越来越多，将数码照片导入到计算机以后，要找到符合要求的照片就是一件很麻烦的事情。下面就来学习如何便捷、高效地管理计算机中的照片。

1.4.1 在 Bridge 中查看照片

在进行照片处理前，我们首先要查看照片，以决定哪些照片是需要处理的。在众多图像查看软件中，Photoshop 自带的 Bridge 是一个不错的选择。在 Bridge 中可以通过多种模式查看照片，如"全屏预览""幻灯片放映""审阅模式"，用户可根据个人喜好选择。

启动 Photoshop CC 2014 程序后，执行"文件 > 在 Bridge 中浏览"菜单命令，打开 Bridge 窗口，在"收藏夹"面板中单击"计算机"选项，选择照片所在磁盘，如上左图所示。在"内容"选项卡中选择要查看的照片文件夹后，即会显示该文件夹中的所有照片，拖动 Bridge 窗口底部的滑块，可以将图像放大或缩小显示，如上右图所示。

在 Bridge 提供的多种图像浏览模式中，"全屏预览"模式会将要查看的照片以全屏的方式显示；"幻灯片放映"模式会以幻灯片放映的形式显示图像的缩览图，用户可以控制幻灯片放映显示的选项，如过渡效果、文件标题等；"审阅模式"是用于浏览选择的照片、优化选择和执行基本编辑的专用全屏视图。

在"内容"选项卡中单击选中要全屏预览的照片，如上图所示，执行"视图 > 审阅模式"菜单命令，即可看到所选文件夹中的照片以审阅模式的全屏方式展现，如右图所示。

1.4.2　照片的批量更名

　　在将数码照片导入到计算机时，虽然大多数时候都已经采用序列编号的方式对照片进行了命名，但是这种命名方式并不能很好地区分照片，从而给后面的选片带来很多麻烦。因此，为了方便照片后期处理工作，我们还需要对照片进行重命名。如果照片数量少，可以一张张重命名，但如果照片数量较多，那就需要利用 Bridge 中的"批重命名"功能。

小提示

用操作系统自带功能重命名照片

在计算机中选择需要重命名的多张照片，再右击鼠标，在弹出的快捷菜单中执行"重命名"命令，此时所选择的第一张照片的名字会被选中，呈现蓝色状态，输入新的名字，按下键盘上的 Enter 键，就可以对选择的所有照片进行重命名，系统会自动在名称后面添加数字序号。

　　在 Bridge 中，如果要对照片进行批量命名操作，要先选择要批量重命名的照片文件夹，然后在文件夹中选取要重命名的照片，执行"工具 > 批重命名"菜单命令，如右上图所示，或者右击照片，在弹出的快捷菜单中执行"批重命名"命令，打开"批重命名"对话框，如右下图所示。

"批重命名"对话框

- ◉ 预设：选择预设来使用经常使用的命名方案进行重命名。

- ◉ 存储：单击"存储"按钮，将打开"输入预设名称"对话框，在对话框中可以将命名方式存储为新的预设名称，并显示于"预设"下拉列表中。

- ◉ 目标文件夹：选择重命名照片后的存储文件夹，选中"在同一文件夹中重命名"单选按钮，将在相同文件夹下进行照片的重命名操作；选中"移动到其他文件夹"单选按钮，会把选择的照片移到指定文件夹中并进行重命名操作；选中"复制到其他文件夹"单选按钮，会复制选择的照片到新的文件夹中并进行重命名操作；单击"浏览"按钮，则会打开"浏览文件夹"对话框，在对话框中指定重命名照片的存储位置。

- ◉ 新文件名：从菜单中选择元素，然后根据需要输入文本创建新文件名，单击加号按钮或减号按钮可添加或删除元素。

- ◉ 选项：勾选"在 XMP 元数据中保留当前文件名"复选框，可以在元数据中保留原始文件名。

- ◉ 预览：当前文件名和新文件名都会显示在"预览"选项区，该区域下方还显示了当前要处理的文件个数。

1.4.3 按关键字搜索照片

为了快速查找到符合条件的照片，可以利用 Bridge 中的"关键字"面板，根据照片的内容为照片添加关键字。在 Bridge 中可以设置的关键字包括父关键字和子关键字。当我们为照片设置了关键字以后，在"过滤器"面板中根据指定的关键字过滤文件，就能快速地查找到符合要求的照片。

打开"关键字"面板，单击面板中的"人物"父关键字，再单击面板右下角的"新建子关键字"按钮，如右侧左图所示，输入新的子关键字名"儿童"，此时会在"人物"父关键字下方显示创建的"儿童"子关键字，如右侧右图所示。

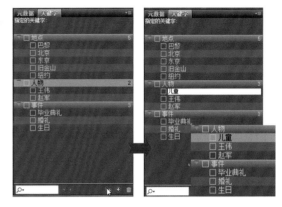

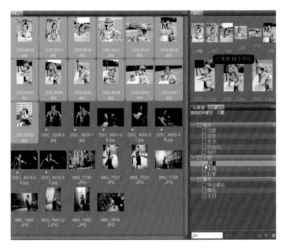

设置关键字以后，在"内容"选项卡中单击选择其中的儿童照片，再勾选创建的"儿童"子关键字，如左上图所示，为照片指定关键字。此时如果要让"内容"选项卡中只显示符合要求的照片，则打开界面左侧的"过滤器"面板，在面板中单击上一步创建的"儿童"子关键字，如左下图所示，显示符合要求的照片。

在 Bridge 中，照片的筛选、查找操作除了可以应用"过滤器"面板进行外，也可以根据设置的关键字，利用"查找"命令来实现。

执行"编辑>查找"菜单命令，打开"查找"对话框，如右图所示，在对话框中指定查找位置，然后在下方的"条件"选项区域设置筛选条件，这里我们需要根据设置的关键字查找照片，所以在第一个列表中选择"关键字"选项，然后在最后一个文本框中输入查找关键字"儿童"，最后单击"查找"按钮即可进行照片的查找。

1.4.4 批量更改照片格式与大小

前面介绍了照片的批量命名，接下来教大家批量更改照片的格式和大小。这里使用的是 Photoshop 中的"图像处理器"功能。"图像处理器"功能可以将一组照片转换为 JPEG、PSD 和 TIFF 这 3 种格式中的一种，也可以将照片同时转换为这 3 种格式。

在 Photoshop 中执行"文件 > 脚本 > 图像处理器"菜单命令，或者在 Bridge 中执行"工具 > Photoshop> 图像处理器"菜单命令，都将打开"图像处理器"对话框，如右图所示。

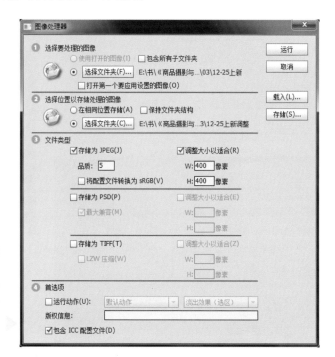

"图像处理器"对话框

● 选择要处理的图像：选择用于处理的照片。选中"使用打开的图像"单选按钮，即只对当前打开的照片进行处理，如果需要对其他文件夹中的照片进行处理，则单击"选择文件夹"按钮，选择要批量处理的照片文件夹。

● 选择位置以存储处理的图像：指定处理后的照片的存储位置。选中"在相同位置存储"单选按钮，则在当前照片文件夹对照片进行批量调整；如果要在其他文件夹中进行批量调整，则单击"选择文件夹"按钮，打开"选择文件夹"对话框，在对话框中选择已有文件夹或创建新文件夹，用于存储处理后的照片。

● 存储为 JPEG：将照片以 JPEG 格式存储在目标文件夹中名为 JPEG 的文件夹中。

● 品质：用于设置 JPEG 图像的品质，范围为 0 ~ 12，设置的数值越大，得到的图像品质越好。

● 调整大小以适合：用于调整照片大小，使之适合在"宽度"和"高度"文本框中输入的尺寸。

● 将配置文件转换为 sRGB：勾选该复选框，可将颜色配置文件转换为 sRGB。

● 存储为 PSD：将照片以 Photoshop 格式存储在目标文件夹中名为 PSD 的文件夹中。

● 最大兼容：在目标文件内存储分层图像的复合版本，以兼容无法读取分层图像的应用程序。

● 存储为 TIFF：将照片以 TIFF 格式存储在目标文件夹中名为 TIFF 的文件夹中。

● LZW 压缩：使用 LZW 压缩方案存储 TIFF 文件。

● 运行动作：勾选"运行动作"复选框，将启用运行 Photoshop 动作选项，用户可以从第一个下拉列表中选取动作组，从第二个下拉列表中选取动作。

● 版权信息：在右侧的文本框中输入版权信息，在此处输入的文本将覆盖原始文件中的版权元数据。

● 包含 ICC 配置文件：勾选复选框，可在存储的文件中嵌入颜色配置文件。

1.5
色彩管理

为了保证处理后的照片色彩的准确性，我们在进行照片处理前，首先要对使用的设备和软件进行有效的色彩管理，统一它们的色彩，这样才能使编辑和输入的颜色一致，避免因为色彩问题而影响照片的品质。

1.5.1　了解一点色彩常识

世界上的色彩千差万别，唯一不变的就是它们都具有色相、明度、纯度三大属性。其中色相用以区分色彩的种类，明度用以表现色彩的明暗深浅，纯度用以反映色彩的鲜艳程度。这 3 种属性是色彩最基本也是最重要的性质。掌握色彩的三大属性，能帮助我们更好地完成数码照片后期处理的色彩把控。

1. 色相

人们为了易于辨识色彩，对每一种色彩都给予了一个称呼，从而能够呼其名而知其色，如红色、黄色、蓝色等，这种称呼被称为色相。

自从牛顿用三棱镜分离光线发现七色光谱后，人们便开始对不同色相的色彩进行进一步的分析，发现了 12 色相环（下侧左图）和 24 色相环（下侧右图），它们可以帮助人们更好地认识色彩。

12 色相环　　　　　　24 色相环

日落时分拍摄出来的照片效果

色相是色彩最基本的面貌，每一种色相自身都孕育着独特的个性、情感、力量。比如橙色个性鲜明张扬，富有强烈的视觉冲击力，能表现积极、热情、奔放的意象；相对于红色来讲，蓝色总是给人一种沉着、冷静的感觉，适合表现安静、理智的氛围。由此可见，不同色相带给人的视觉和心理感受也具有一定的差异。我们在处理照片时，就可以根据色彩的色相特征，将照片处理为不同的色调。

加强画面中的红色和黄色后，渲染出更为热烈的气氛

加强画面中的青色和蓝色后，渲染出静谧、安宁的气氛

2. 明度

明度是指色彩的明暗程度，每种色彩的明暗变化都取决于反射光的强弱。

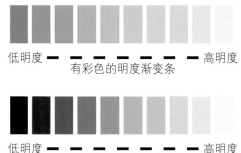

低明度 ━ ━ ━ ━ ━ 高明度
有彩色的明度渐变条

低明度 ━ ━ ━ ━ ━ 高明度
无彩色的明度渐变条

任何色彩都存在明暗程度的变化，如右图所示，有彩色的绿色的明度渐变条从左至右表现了由暗到明的变化。而明度变化最明显的莫过于黑色到白色的阶梯式变化，黑色的明度最低，白色的明度最高，中间的灰色则是它们之间的过渡，反映着明度变化的过程。

色彩的明度通常情况下分为高明度、中明度和低明度 3 个阶段，不同阶段的明度对人的视觉有着不同的影响。其中，高明度色彩总是给人清晰、明朗的感觉；中明度色彩给人平和、易接近的感觉；低明度色彩则会给人造成视觉上的灰暗感。

同一张照片也会因为明度的不同而表现出不同的感觉。如右图所示的第一张照片将整个画面以高明度表现，鲜明的色彩给人以明亮的印象；第二张照片降低了一定的色彩明度，中明度的画面少了几分视觉刺激感，画面效果更为平缓；第三张照片的整个画面明度过低，图像看起来显得很灰暗。

3. 纯度

纯度是指色彩的鲜艳程度，也称为饱和度、彩度等。

凡是有纯度变化的色彩必然有其相应的色相。从如右图所示的蒙塞尔色立体纵切面可以看到黄色与蓝色的纯度变化，蓝色与黄色由中轴处向两边产生浑浊到纯正的变化，给人以低纯度到高纯度的演变印象，既清晰又明了，便于人们对色彩纯度变化的掌握。

纯度决定了画面的鲜艳程度。高纯度的画面具有明亮、艳丽的色彩，带给人强有力的视觉冲击；反之，随着色彩纯度的削弱，画面将变得灰暗，这些画面显现出来的多是柔和、平淡的一面。因此，色彩的纯度变化影响着画面的视觉冲击力和心理感受，如右图所示。

蒙塞尔色立体纵切面

高纯度照片给人鲜艳的印象

低纯度照片给人灰暗的印象

4.色彩空间体系

我们对数码照片所做的后期色彩处理都是以色彩三要素为基础延伸出来的，任何照片的调整都离不开色相、明度和纯度的调整，因此在学习照片处理前，必须了解色彩三要素的关系、色彩空间体系等。

色彩经由色相、明度、纯度的变化与调和，形成变化多样的层次，存在于生活的每一个空间里，正确把握色彩的空间体系有助于我们深层次理解色彩，并完成照片色彩的调整与美化。

在色彩三要素的模式图中，纵轴代表明度，从下往上依次表现为低明度至高明度的过渡过程；圆环代表不同的色相，由中心向四周逐渐体现色彩纯度的变化，即低纯度至高纯度的过渡过程，此时形成的三维空间被称为"色立体"，如右图所示。

目前有 3 个常用的国际标准色彩体系，分别为日本的 PCCS 色彩体系、美国的蒙塞尔色彩体系和德国的奥斯瓦尔德色彩体系。

PCCS 是 Practical Color Coordinate System 的缩写，这种色彩体系是由日本色彩研究所于 1964 年发表的，又称为日本色研配色体系。PCCS 色彩体系中的色相分配以光谱上的红、黄、绿、蓝为基准，并以等间隔分为 12 色，再细分为 24 色，包含有色光三原色及印刷三原色，如右图所示。

蒙塞尔色彩体系是由美国教育家、色彩科学家蒙塞尔创立的色彩表示法，它是以色彩的三要素为基础，并结合色彩视觉心理因素制定的色彩体系，它也是国际上最为普及的色彩分类及标定方法。在蒙塞尔色彩立体的中心轴位置为无彩色系的黑、白、灰色序列，其色彩体系中的色相环境由 10 个基本色相按顺时针方向排列成组，并分别用符号表示，色相总数为 100。如右图所示为蒙塞尔色彩立体的结构图。

奥斯瓦尔德色彩体系是由德国科学家奥斯瓦尔德创造的，其色彩立体的色相环以四原色黄、蓝、红、绿为基础，再将四色分别放置在周围的 4 个等分点上成为两组互补色，然后在两色之间依次添加橙、蓝绿、紫色、黄绿四色相，组成 8 个基本色，并将每一色相分为 3 个色相，最终形成 24 色相。奥斯瓦尔德色彩立体的每个纯度单页都称为"三角色立体"，当把 24 色相的同色相三角色立体按色环的顺序组织成一个圆锥体时，就成为奥斯瓦尔德色彩立体，如右图所示。

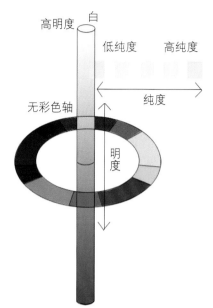

色彩三要素模式图

PCCS 色彩立体

蒙塞尔色彩立体

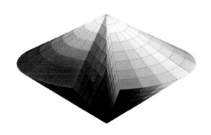

奥斯瓦尔德色彩立体

1.5.2 所见即所得——显示器校色

使用 Photoshop 处理照片之前，除了要了解一些色彩基础知识外，还需要对计算机进行校色，这样才能保证处理后的照片在打印出来后或是在不同的计算机中查看时，图像的实际颜色与显示器中所显示的颜色一致。显示器的校色可以利用专门的软件进行，也可以使用 Windows 中的"颜色管理"功能进行。

1. 用 Adobe Gamma 校色

Adobe Gamma 是 Adobe 公司在 Photoshop 中配置的一个标准校色软件。在 Windows 系统中，应用 Adobe Gamma 软件可以简单、快速、准确地校正显示器的颜色，可以对显示屏的对比度、亮度、灰度系数、色彩平衡进行调整，并且可生成控制显示器工作的 ICC 配置文件。在我们每次启用系统时，系统都会通过运行 Adobe Gamma Loader 来调用 ICC 配置文件校正显示屏的色彩。

如右图所示，在 Adobe Gamma 对话框中，根据用户显示器的显示效果，按照软件的操作提示，一步步进行显示器的校色操作。

2. 用"颜色管理"校色

除了可以利用 Adobe Gamma 对显示器进行校色外，也可以利用 Windows 中的"颜色管理"功能对显示器进行校色。"颜色管理"功能不但可以完成显示器的校准，而且还能使用颜色配置文件对色彩进行重新定义。执行"开始 > 控制面板 > 颜色管理"命令，即可打开"颜色管理"对话框，在对话框中添加所需配置文件或直接选择系统自带的配置文件进行校准。

如上图所示，在"控制面板"中单击"颜色管理"按钮，打开"颜色管理"对话框，在"高级"选项卡中可以看到当前计算机所使用的配置文件，在"所有配置文件"选项卡中可以选择符合需求的配置文件进行使用，如果需要添加其他配置文件，可以单击"添加"按钮，在打开的对话框中进行设置。

1.5.3　解析颜色设置

运用 Photoshop 查看和编辑照片时，经常会遇到在 Photoshop 中看到的颜色效果与使用其他软件查看的效果不一样的情况，例如画面色彩会由艳丽变得暗淡甚至失真等。出现这一情况的主要原因还是因为我们在处理照片之前，没有对 Photoshop 进行色彩管理，即 Photoshop 中的颜色设置与数码相机中的颜色设置不匹配。

在 Photoshop 中，可通过"颜色设置"对话框来管理色彩。该对话框可以根据每个用户的不同情况，为其生成一种最广泛应用于屏幕、打印工作流程的一致颜色。

启动 Photoshop 程序，在其中打开一张照片，执行"编辑 > 颜色设置"菜单命令，打开"颜色设置"对话框，如右图所示。在对话框中有"设置""工作空间""色彩管理方案"等多个选项组，如果我们的相机色彩空间为 Adobe RGB，那么要想使颜色统一，就需要在"设置"下拉列表中选择与相机一致的选项。

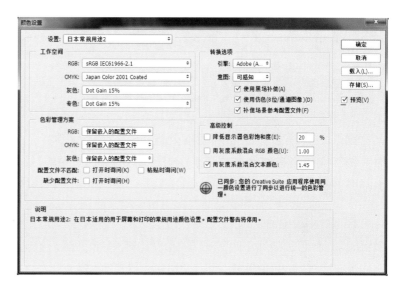

"颜色设置"对话框

- 设置：选择程序的预设方案或自定方案。
- 工作空间：确定应用程序的工作空间。在 RGB 列表中确定应用程序的 RGB 色彩空间；在 CMYK 列表中确定应用程序的 CMYK 空间；在"灰色"列表中确定应用程序的灰度色彩空间；在"专色"列表中指定显示专色通道和双色调时将使用的网点增大。
- 色彩管理方案：用于确定在打开文档或导入图像时应用程序如何处理颜色数据。在 RGB、CMYK 和"灰色"列表中可分别指定将颜色引入当前工作空间时要遵守的颜色处理方案。选择"保留嵌入的配置文件"选项，在打开文件时，始终保留嵌入的颜色配置文件，适合于大多数的工作流程；选择"转换为工作空间"选项，在打开文件和导入图像时，将颜色转换为当前工作空间的配置文件，如果希望所有的颜色都使用单个配置文件，则选择此选项。
- 配置文件不匹配：勾选"打开时询问"复选框，则每当打开用不同于当前工作空间的配置文件标记的文档时，均显示一条消息；勾选"粘贴时询问"复选框，则通过粘贴或拖放在文档中导入颜色时，只要出现颜色配置文件不匹配的情况就会显示一条消息。
- 缺少配置文件：勾选"打开时询问"复选框，则在打开未标记的文档时就会显示一条消息。
- 转换选项：控制当文档从一个色彩空间移动到另一个时，应用程序如何处理文档中的颜色。
- 降低显示器色彩饱和度：确定在显示器上显示时是否按指定的色量降低色彩饱和度，勾选此复选框可有助于使用大于显示器色域的色域呈现色彩空间的整个范围。但是，这样会导致显示器显示与输出不匹配，所以如非特殊要求，不会勾选此选项。
- 用灰度系数混合 RGB 颜色：控制 RGB 颜色如何混合在一起生成复合数据。当勾选此复选框时，RGB 颜色将在符合指定灰度系数的色彩空间中混合；若取消勾选，则 RGB 颜色直接在文档的色彩空间中混合。

19

第 2 章
Photoshop CC 2014 为摄影师准备的核心功能

第 1 章介绍了数码照片后期处理的基础概念和操作，接下来的章节将为读者深度分析 Photoshop 为摄影师处理照片提供的几个核心功能。

在使用 Photoshop CC 2014 之前，首先要对 Photoshop CC 2014 中的一些核心功能有所了解，例如如何快速地选择图像，图层对于照片处理的意义，通道、蒙版在照片处理中的应用等。学会了这些核心功能后，才能更加灵活地处理照片。

知识点提要

1. 对象的选择

2. 图层的妙用

3. 解析蒙版

4. 通道的深度解析

5. "调整" 功能在照片后期处理中的妙用

2.1
对象的选择

　　在数码照片后期处理过程中，选择对象是一个非常重要的环节。对于大部分数码照片来讲，在后期处理时，都需要利用对象选择工具选择画面中的某些区域，然后对选择的区域做进一步的处理。Photoshop中提供了较为完善的对象选择工具，可以实现更精细的照片处理。本节就来介绍Photoshop中的对象选择工具和对象选择操作。

2.1.1　规则区域的选取法则

　　规则区域的选择是照片处理中最简单的操作。规则图像的外形相对简单，我们只需要使用Photoshop中的选框工具就可以准确地选中图像。

　　Photoshop中的选框工具包括了"矩形选框工具" ▣ 、"椭圆选框工具" ◯ 、"单行选框工具" ▥ 和"单列选框工具" ▥ 。在数码照片后期处理中，经常会遇到方形或圆形对象的选择，所以这些选框工具中的"矩形选框工具"和"椭圆选框工具"，会被经常使用到。单击工具箱中的"矩形选框工具"按钮并按下鼠标不放，就会显示如下图所示的规则选框工具组。

矩形选框工具：通过单击并拖曳鼠标可创建长方形或正方形的选区。

椭圆选框工具：通过单击并拖曳鼠标可创建椭圆形或圆形的选区。

单行选框工具：通过在图像上单击创建出一条1像素高的横向选区。

单列选框工具：通过在图像上单击创建出一条1像素宽的竖向选区。

1. 用选框工具选择图像

　　使用规则选框工具选择图像的方法非常简单，只需要单击工具箱中的规则选框工具，然后在选项栏中设置选项后，在画面中单击并拖曳鼠标，即可沿鼠标拖曳轨迹创建出对应的规则选区。

　　如右图所示，我们打开了一张素材照片，选择"椭圆选框工具"，在选项栏中设置参数，然后在画面中单击并拖曳鼠标，即可快速选中画面中间的圆形对象。

选框工具选项栏

- ◉ 新选区：选择选框工具后，默认选择"新选区" ■ 选项，此时在画面中单击并拖曳鼠标会创建新选区。
- ◉ 添加到选区：单击"添加到选区"按钮 ■，继续使用选框工具在图像上绘制选区时，会将新创建的选区与已有选区合并为一个选区。
- ◉ 从选区减去：单击"从选区减去"按钮 ■，继续使用选框工具在图像上绘制选区时，则会从已有选区中减去新创建的选区。
- ◉ 与选区交叉：单击"与选区交叉"按钮 ■，继续使用选框工具在图像上绘制选区时，得到的选区结果是新选区与原选区重叠的部分。
- ◉ 羽化：设置选区边缘的模糊程度。设置的数值越大，得到的选区边缘就越模糊。此选项在照片处理中经常会被使用。
- ◉ 样式：用于设置选区的形状。默认选择"正常"样式，此时可以创建任意形状的选区；选择"固定比例"选项，则可以在右侧的"宽度"和"高度"数值框中输入参数，绘制固定长宽比的选区；选择"固定大小"选项，则可以在右侧的"宽度"和"高度"数值框中输入参数，绘制固定长宽值的选区。
- ◉ 调整边缘：用于对选区边缘的半径、对比度、平滑、缩放等选项进行设置，从而使选择的图像范围更加准确。

2. 通过"羽化"控制选区边缘柔和度

在使用规则选框工具选择图像时，我们首先会在工具选项栏中对工具选项进行设置。为了使处理的图像各个区域之间的过渡效果更加自然，很多时候都需要指定合适的羽化值来调整选区边缘的柔和度。

如右图所示，为了让照片更有层次，可以为图像添加晕影效果。选择工具箱中的"矩形选框工具"，由于设置的"羽化"值越大，得到的选区边缘越柔和，因此为了让照片中间与边缘的过渡更加自然，把"羽化"值设置为200，此时单击并拖曳鼠标后，可以看到创建的矩形选区边缘呈现出圆角效果（左图），反选选区，用"曲线"调整后可以看到照片边缘变暗了（右图）。

3. 调整选区实现更准确的对象选择

Photoshop 提供的矩形选框工具、椭圆选框工具非常适合于选择方形或圆形的对象，然而，我们在处理照片时会发现，很少有图像是标准的长方形、正方形、椭圆形或圆形。因此，要想准确地选中对象，还需要对选区的大小、角度、位置等进行调整。在 Photoshop 中，可以应用"选择＞变换选区"命令对选区进行自由的旋转、缩放、变形等操作，如右图所示。

执行"变换选区"命令后右击编辑框，选择"变形"命令，显示变形编辑框，即可对选区进行变形设置，如下图所示。

2.1.2　不规则区域的完美把控

相对于规则图像的选择，不规则图像的选择就要复杂一些，Photoshop针对不规则图像的选择提供了一个套索工具组。该工具组中包含"套索工具""多边形套索工具"和"磁性套索工具"。"套索工具"和"多边形套索工具"是根据操作者的操作结果生成选区，而使用"磁性套索工具"选择图像时，Photoshop会自动识别一定的区域。单击工具箱中的"套索工具"按钮并按住鼠标不放，可以弹出隐藏工具。

套索工具：用于创建自由的选区，选择任意形状的图像。

多边形套索工具：用于在图像中创建多边形的不规则选区。

磁性套索工具：自动查找图像的边缘，创建自由的选区效果。

1. 用"套索工具"选择图像

"套索工具"用于创建自由的选区，选择该工具后，在图像上单击并拖曳鼠标，Photoshop即可根据鼠标拖曳的轨迹自动创建选区路径，将鼠标指针移至起点处释放鼠标就可以创建封闭选区。如果没有移动到起点处就释放鼠标，则Photoshop会在起点与终点之间连接一条直线来封闭选区。在绘制选区的过程中，如果需要绘制直线路径，则可以按下Alt键不放，然后松开鼠标，将鼠标指针移至其他区域单击即可。

"套索工具"是通过鼠标的运行轨迹来绘制选区的，具有较强的随意性，因此，使用它不能绘制出精确的选区。如果我们对需要选取的对象边界没有严格要求，则使用"套索工具"可以快速选择对象，再对选区进行适当的羽化，这样可以使选择的对象边缘过渡更自然，避免生硬。

2. 用"多边形套索工具"选择图像

"多边形套索工具"可以创建由直线构成的选区，适用于选择边缘为直线的对象。选择"多边形套索工具"后，在对象边缘的各个拐角处单击即可创建选区。由于"多边形套索工具"是通过在不同区域单击来定位直线的，所以，即使我们在绘制的过程中松开鼠标，它也不会像"套索工具"那样自动封闭选区。如果要封闭选区，则需要把鼠标指针移至起点处单击。或者在任意位置双击结束绘制，此时，Photoshop会在双击点与起点之间创建直线来封闭选区。

如上图所示，在打开的照片中，运用"套索工具"沿画面中的发饰边缘单击并拖曳鼠标，绘制选区路径，当绘制的路径终点与起点重合时释放鼠标，将路径内部的发饰部分创建为选区，即选中图像。

如上图所示，打开一张拍摄的建筑类照片，通过观察不难发现，照片中的建筑边缘大部分呈现直线状态，所以可以使用"多边形套索工具"进行选择。单击"多边形套索工具"按钮，将鼠标移到建筑边缘位置，沿边缘连续单击鼠标，当绘制的终点与起点重合时，单击鼠标，创建选区，即可选择照片中的建筑图像。

3. 用"磁性套索工具"选择图像

如果要选择的对象外形不是规则的多边形，且较为复杂时，使用"套索工具"或"多边形套索工具"显然不能准确地选取图像，此时，我们需要使用套索工具组中的"磁性套索工具"来选择图像。使用"磁性套索工具"可以自动检测和跟踪对象的边缘，从而能快速从照片中选择边缘复杂且与背景对比强烈的对象。选择"磁性套索工具"后，只需要在对象的边缘单击，然后放开鼠标，沿着边界移动即可创建选区，且 Photoshop 会自动让选区与对象的边缘对齐。选区绘制完成后，回到起始位置的锚点上时单击即可封闭选区。

使用"磁性套索工具"选择图像时，Photoshop 会在鼠标指针经过处自动放置锚点来定位和连接选区，如果想在指定位置放置一个锚点，则在该处单击即可，并且还可以应用工具选项栏中的"宽度""对比度"和"频率"选项控制生成锚点的数量和间距。

如右图所示，打开一张纪实类人像照片，在这里我们要选择画面中的人物图像。先观察图像，人物着装、服饰主色为白色，它与背景颜色的反差较为明显，所以我们可以选用"磁性套索工具"来快速选取图像。单击"磁性套索工具"按钮，显示工具选项栏，因为人物与背景的颜色对比较强，所以把"宽度"和"对比度"设置得较小，"频率"设置得较大，以便于准确选择图像，然后沿图像边缘单击并移动鼠标，当移动的终点与起点重合时，单击完成图像的选择。

羽化：0 像素　☑ 消除锯齿　宽度：5 像素　对比度：15%　频率：70

"磁性套索工具"选项栏

- ⊙ 消除锯齿：勾选此复选框，可以消除选区边缘的锯齿，使选择的对象边缘更整齐。
- ⊙ 宽度：用于决定以鼠标指针中心为基准，其周围有多少个像素会被检测到，其范围为 1 ~ 256 像素。如果对象的边界清晰，则可设置较大的数值，以加快检测速度；如果边界不是特别清晰，则应设置较小的宽度值，以便 Photoshop 能准确地识别边界。
- ⊙ 对比度：决定选择图像时对象与背景之间的对比度有多大才能被检测到，其范围为 1% ~ 100%。较大的数值只能检测到与背景对比鲜明的边缘，较小的数值则可以检测到对比不是特别鲜明的边缘。
- ⊙ 频率：决定"磁性套索工具"以什么样的频率设置锚点，其范围为 0 ~ 100，设置的值越高，产生的锚点数量也就越多。

2.1.3 　基于色彩创建选区

　　前面介绍了规则区域和不规则区域的图像选择，接下来介绍如何基于色调和颜色差异构建选区、选择图像。Photoshop 中设置了 3 个根据色彩来分析并选择图像的工具，它们分别为"魔棒工具""快速选择工具"和"色彩范围"命令。这 3 个工具虽然主要原理是一样的，但处理方式却不一样，"魔棒工具"是根据容差大小来创建选区，"快速选择工具"是根据图像中的颜色区域来创建选区，而"色彩范围"命令则是根据取样点的颜色来确定选择范围。

1. 用"魔棒工具"选择图像

　　"魔棒工具"用于选择图像中像素颜色相似的不规则区域。使用"魔棒工具"在彩色图像上单击时，Photoshop 需要分析图像的各个颜色通道，然后才能决定选择哪些像素。如果要应用"魔棒工具"选择图像，需要单击工具箱中的"魔棒工具"按钮 ，然后把鼠标移到要选择的颜色位置，单击即可选中与鼠标单击位置颜色相近的图像。至于选择范围的大小，则是通过"魔棒工具"选项栏中的"容差"值来控制的。如果我们要选择的图像范围较大，那么设置的"容差"值就要大一些，否则只会选择与鼠标单击点像素相近的少数颜色，致使所选择的图像范围太小。

　　对于"魔棒工具"的使用来说，多进行尝试是获得满意选区的最佳方法。如果选择的范围过大，可适当减小"容差"值；如果选择的范围过小，则适当增大"容差"值。此外，我们还要注意的是，在"容差"设置不变的情况下，鼠标单击的位置不同，选择的区域也会有所不同。

右图为一张花卉照片，可以看到花朵边缘虽然较为复杂，但是粉红色的花朵与深绿色的叶片颜色反差很明显，所以可以选用"魔棒工具"来快速选择外形复杂的花朵图像。单击"魔棒工具"按钮 ，由于要选择的花朵较多，所以在选项栏中把"容差"调整得大一些，再单击"添加到选区"按钮，在画面中连续单击花朵部分，即可选择更完整的花朵图像。

"连续"选项的作用

在"魔棒工具"选项栏中，"连续"选项默认为选中状态，它表示"魔棒工具"只选择与单击点相连的符合要求的像素。如果取消该选项的勾选，则会选择整个图像范围内所有符合要求的像素，包括没有与单击点相连的区域内的像素。

2. 用"快速选择工具"选择图像

"快速选择工具"是通过鼠标单击在需要的区域迅速创建出选区，它的使用方法与画笔工具类似。该工具能够利用可调整的圆形画笔笔尖快速"绘制"选区，也就是说，我们可像绘画一样涂抹出选区。使用"快速选择工具"涂抹图像时，选区还会向外扩展并自动查找和跟随图像中定义的边缘。

右图为一张商品照片素材，这里我们要选择画面中的鞋子部分，由于鞋子颜色较鲜艳，且与背景颜色反差较大，可用"快速选择工具"选取。在"快速选择工具"选项栏中把画笔笔触调小，这样能更准确地选择鞋子，然后单击"添加到选区"按钮，在鞋子图像上连续单击选择图像。如果选区中包含了多余的图像，再单击"从选区减去"按钮，继续在多余的图像中单击，调整选择范围，即可准确选中鞋子图像。

"快速选择工具"选项栏

- 选区运算按钮：选区运算按钮可以帮助我们更准确地选择图像。单击"新选区"按钮，可创建一个新的选区；单击"添加到选区"按钮，可在原选区的基础上添加当前绘制的选区；单击"从选区减去"按钮，可在原选区的基础上减去当前绘制的选区。
- 画笔：单击"画笔"右侧的倒三角形按钮，可打开"画笔"选取器，在其中调整画笔笔尖大小、硬度和间距。
- 对所有图层取样：勾选时，可基于所有图层创建选区；取消勾选时，仅基于当前选择的图像创建选区。
- 自动增强：勾选该复选框后，可以自动将选区向图像边缘进一步流动并应用一些边缘调整，进而减少选区边界的粗糙度和锯齿。

3. 用"色彩范围"命令选择图像

"色彩范围"命令是选择图像的常用工具，可根据图像的颜色和影调范围创建选区，在这一点上，它与"魔棒工具"有着一定的相似之处，但不同的是，"色彩范围"命令提供了更多的控制选项，因此选择的图像精度更高。"色彩范围"命令的独特之处体现在，它能够轻松地选择某些特定的颜色，因此，在数码照片后期调色中，此命令能发挥很大的作用。

执行"选择 > 色彩范围"菜单命令，即可打开"色彩范围"对话框，在对话框中的预览图上可以看到选区的预览效果。默认状态下，预览图中的白色代表选区范围；黑色代表选区之外的区域；灰色代表被部分选择的区域，即羽化区域。

如右图所示，打开一张人像照片，在这里我们要选取人物身上的橙色衣服，执行"选择 > 色彩范围"菜单命令，打开"色彩范围"对话框，在对话框中用"吸管工具"在衣服位置单击，为了选择更完整的图像，把"颜色容差"滑块向右拖曳至170，此时可以看到衣服被添加到选择范围，单击"确定"按钮，根据选择范围创建选区，选中了小朋友身上的衣服部分。

"色彩范围"对话框

- ◉ **选择：**用于设定需要选取的色彩，包括红色、黄色、绿色、黑色、白色和取样颜色等。通过这些选项，可以选择图像中的特定颜色。

- ◉ **颜色容差：**用于柔化选区边缘，主要是在选定的颜色范围内再次调整，可设置的数值范围为0 ~ 200。设置的数值越大，色彩相似选区越大，反之越小。

- ◉ **检测人脸：**当在"选择"下拉列表中选取了"肤色"选项后，勾选此选项，可自动检测并选取画面中的人脸。

- ◉ **本地化颜色簇：**控制包括在蒙版中的颜色与取样点的最大和最小距离，其距离的大小通过"范围"选项设定。

- ◉ **预览方式：**默认选择"选择范围"预览方式，此时在预览图中会看到黑白的选区图像；如果选中"图像"单选按钮，在预览图中显示的是实际的图像。

- ◉ **吸管工具：**用于添加或减去颜色范围，在"色彩范围"对话框中，将鼠标指针移到图像上，指针即会变为一个吸管，此时在图像中单击，可根据单击处的颜色设置选择范围。如果要将其他颜色添加到选区，则单击"添加到取样"按钮 ⚟，在要添加的颜色上单击；如果要在选区中减去某些颜色，则单击"从取样中减去"按钮 ⚟，在要减去的颜色上单击。

对于一些没有照片处理经验的人来讲，在对照片进行调色时，如果处理不当，很有可能出现溢色。"溢色"是指超出印刷色（CMYK色）色域范围、不能被准确打印输出的颜色。在"色彩范围"对话框的"选择"下拉列表中提供了一个"溢色"选项，如右图所示。当我们处理的照片为RGB或Lab颜色模式时，可以利用"溢色"选项将图像中出现的过度饱和的颜色选择出来，再进行处理，例如降低色彩饱和度等。这样才能保证打印输出的照片更接近屏幕显示的效果。

"色彩范围"命令只适合于选择溢色，但我们观察不到图像中究竟有哪些溢色。如果一定要知道图像中哪些部分出现了"溢色"，则可以执行"视图 > 色域警告"菜单命令，Photoshop会用灰色覆盖溢色区域。

显示溢色图像

2.2
图层的妙用

图层是 Photoshop 中最重要的功能之一。运用 Photoshop 处理照片时，所有的编辑操作都是依附在图层上完成的。我们可以把图层理解为一张张叠加起来的透明胶片，每一张胶片上面都有不同的图像，可以通过改变这些胶片的顺序和属性来控制最终的图像效果。使用不同的图层来编辑图像，可以让数码照片处理流程更清晰。

2.2.1 了解"图层"面板

在 Photoshop 中编辑图像就是对图层进行编辑，而对图层的大部分操作都可以通过"图层"面板来完成，因此在学习使用图层之前，我们首先来认识一下"图层"面板。

"图层"面板中显示了图像中所有的图层、图层组、添加的图层样式等信息，可以运用"图层"面板管理图层，例如显示 / 隐藏图层、删除图层、为图层添加蒙版、指定图层的混合模式和不透明度等。Photoshop 中的图层类型包括背景图层、普通图层、填充图层、调整图层、文字图层等，不同类型的图层在"图层"面板中的显示效果也不一样。

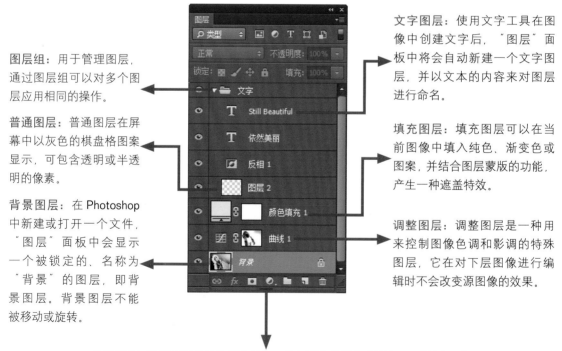

图层组： 用于管理图层，通过图层组可以对多个图层应用相同的操作。

普通图层： 普通图层在屏幕中以灰色的棋盘格图案显示，可包含透明或半透明的像素。

背景图层： 在 Photoshop 中新建或打开一个文件，"图层"面板中会显示一个被锁定的、名称为"背景"的图层，即背景图层。背景图层不能被移动或旋转。

文字图层： 使用文字工具在图像中创建文字后，"图层"面板中将会自动新建一个文字图层，并以文本的内容来对图层进行命名。

填充图层： 填充图层可以在当前图像中填入纯色、渐变色或图案，并结合图层蒙版的功能，产生一种遮盖特效。

调整图层： 调整图层是一种用来控制图像色调和影调的特殊图层，它在对下层图像进行编辑时不会改变源图像的效果。

快速按钮： 编辑图层的快捷操作按钮，从左到右分别为"链接图层"按钮、"添加图层样式"按钮、"添加蒙版"按钮、"创建新的填充或调整图层"按钮、"创建新组"按钮、"创建新图层"按钮和"删除图层"按钮。

2.2.2 深入理解图层混合模式与不透明度

掌握了"图层"面板以及图层的分类后,接下来要学习图层混合模式和不透明度的设置。运用 Photoshop 处理照片时,结合"图层"面板中的图层混合模式和不透明度设置,可以对选定图层中的图像进行混合或对图像的不透明度进行调整。

1. 图层混合模式

图层的混合模式用于设置当前图层像素如何与下方图层像素进行混合,通过设置图层混合模式可控制图像中的像素颜色如何进行增加或减少,并获得多种特殊效果。在应用混合模式处理图像时,需要考虑到基色、混合色、结果色三者的联系,基色是图像中的原稿颜色,混合色是通过绘画或编辑工具应用的颜色,结果色是混合后得到的颜色。

Photoshop 提供多种类型的混合模式,分别为组合型、加深型、减淡型、对比型、比较型和色彩型。在进行数码照片后期处理时,可以使用图层混合模式混合图像,也可以使用图层混合模式调整数码照片的颜色。

如左图所示,打开了一张日落照片,发现该照片中的日落氛围不强,因此在后期处理时,为了增强日落氛围,创建一个"渐变填充"图层,在"图层"面板中把图层混合模式改为"柔光",使图像颜色变强。处理后的图像更贴近日落时分的场景效果。

2. 不透明度

"不透明度"选项是图层的重要特性之一,它用于控制图层遮蔽或显示其下方图层的效果。当我们降低图层的"不透明度"后,位于图层中的图像就会呈现出半透明效果,从而显示出下方图层中的图像。在数码照片合成时,通过调整图层的"不透明度"可以获得更为逼真的图像效果。

在左图中单击"不透明度"选项旁边的倒三角形按钮,弹出调整滑块,通过拖曳该滑块更改图层"不透明度"值为20%,当前图层中的图像变淡,位于当前图层下方的图层被显示出来。

2.2.3 掌握基础的图层编辑方法

我们不但要了解图层、图层属性的设置，还需要掌握一些基础的图层编辑方法，例如图层的创建、复制、删除等。

1. 创建图层

在应用 Photoshop 处理照片时，必然会涉及创建图层，因为它是处理照片的基础。不同图层的创建方法也不一样。如果要创建普通图层，则单击"图层"面板中的"创建新图层"按钮；如果要创建调整图层，则单击"图层"面板中的"创建新的填充或调整图层"按钮，在弹出的菜单中选择所需的调整图层类型，或者是单击"调整"面板中的调整按钮进行创建；如果要创建填充图层，则可以执行"图层 > 新建填充图层"命令，在弹出的子菜单中选择所需的填充图层类型。

如上图所示，单击"图层"面板底部的"创建新图层"按钮，可以看到在"背景"图层上方创建了一个新的普通图层，并以"图层 1"命名。

如右图所示，单击"调整"面板中的"色彩平衡"按钮 ，"图层"面板中会自动生成一个"色彩平衡 1"调整图层。

2. 复制与删除图层

复制与删除图层在照片处理过程中也是非常重要的操作，以简单的复制"背景"图层为例，通过复制"背景"图层可以保护原图像在处理过程中不会发生变化。Photoshop中复制图层的方法非常简单，先选中"图层"面板中要复制的图层，再把它拖曳至"创建新图层"按钮 上，或者单击"图层"面板右上角的扩展按钮 ，在展开的面板菜单中单击"复制图层"命令，均可以复制图层。复制图层后，我们也可以将图层删除，即选中要删除的图层，将其拖曳至"删除图层"按钮上，或单击"图层"面板菜单中的"删除图层"命令即可。

如上图所示，要复制"图层 1"图层，选中该图层并拖曳至"创建新图层"按钮 上，释放鼠标后，，在"图层"面板中即可看到复制出的"图层 1 拷贝"图层。

如右图所示，要删除复制的"图层 1 拷贝"图层，选中"图层 1 拷贝"图层并将其拖曳至"删除图层"按钮 上，释放鼠标后，在"图层"面板中该图层即不再显示。

2.2.4　图层样式的妙用

图层样式可以改变除"背景"图层之外所有图层的颜色、纹理、投影和光照效果。在处理照片时，为了得到更加丰富的画面效果，可以为选择的图层添加一种或多种样式，且可以在不同的图层之间进行样式的复制，为多个图层添加相同的样式效果。Photoshop 中可以设置的图层样式有很多，例如斜面和浮雕、描边、内阴影、投影、内发光、外发光等，这些样式主要通过"图层样式"对话框来设置。

如果要为指定图层中的图像添加样式，需要在"图层"面板中选中该图层，然后双击鼠标，或执行"图层 > 图层样式"菜单命令，打开"图层样式"对话框，在 "样式"列表中列出了软件自带的多种样式，单击某一样式后，右侧就会显示出对应的样式选项。

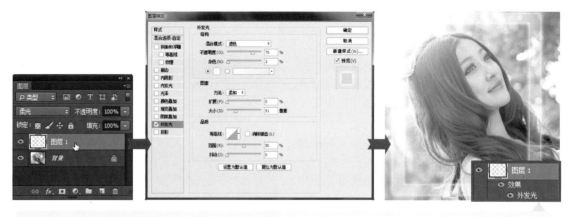

如上图所示，我们要为"图层 1"中的图像添加"外发光"样式，双击"图层 1"图层，打开"图层样式"对话框，在对话框中单击"样式"列表中的"外发光"样式，此时在右侧显示了"外发光"样式的选项，对选项进行调整后单击"确定"按钮，即可对图像应用"外发光"样式，此时"图层"面板中"图层 1"图层下方会显示"外发光"字样。

为选中图层添加图层样式后，如果需要在其他图层中设置相同的样式效果，可以采用复制图层样式的方式进行。在"图层"面板中右击要复制样式的图层，在弹出的快捷菜单中执行"拷贝图层样式"菜单命令，再右击要添加相同样式的图层，在弹出的快捷菜单中执行"粘贴图层样式"菜单命令，即可把复制的图层样式粘贴到新的图层中。

小提示

图层样式的隐藏与删除

如果需要删除添加的图层样式，可在"图层"面板中单击要删除的样式并将其拖曳至"删除图层"按钮上；如果需要隐藏图层样式，则可单击样式名称前的切换图层效果可见性图标。

在图层之间执行"拷贝图层样式"与"粘贴图层样式"菜单命令来复制图层样式，如上图所示。

2.3
解析蒙版

　　蒙版是照片处理中经常会使用到的功能之一。"蒙版"一词来源于摄影，是指用于控制照片不同区域曝光的传统暗房技术。在 Photoshop 中，蒙版是一种用于遮盖图像的工具，利用它可以将部分图像遮住，从而控制画面的显示内容。由于蒙版是一种非破坏性的编辑工具，因此使用蒙版编辑图像时不会删除图像内容，而只是将其隐藏起来，这对数码照片处理来讲是非常重要的，它可以有针对性地处理照片中的某个区域，而使其他区域不受影响。

2.3.1 认识蒙版的分类

　　数码照片后期处理过程中，经常会运用到蒙版，其中最具代表性的就是图层蒙版，当我们在图像上创建了一个调整图层后，该图层右侧就会自动显示蒙版。

　　蒙版能将不同的灰度色值转换为不同的透明度，使其作用在图层的图像上，产生相对应的透明效果，因此使用蒙版可以在照片处理中完成更为准确的调整与合成处理。Photoshop 中的蒙版分为图层蒙版、矢量蒙版、剪贴蒙版和快速蒙版 4 种，这些不同类型的蒙版都可以通过"图层"面板显示出来。

1. 图层蒙版

　　图层蒙版是一个 256 级色阶的灰度图像，它作用在图层上，起到遮盖图层的作用，而其本身并不可见。图层蒙版主要用于照片合成。此外，我们创建调整图层、填充图层时，Photoshop 也会自动为其添加图层蒙版，因此，图层蒙版还可以控制颜色的调整范围。

2. 矢量蒙版

　　矢量蒙版也叫路径蒙版，是从钢笔工具绘制的路径或形状工具绘制的矢量图中生成的蒙版，它与图像的分辨率无关，无论怎样缩放都可以保持光滑的轮廓。由于矢量蒙版将矢量图形引入到蒙版中，所以它不仅丰富了蒙版的多样性，也为我们提供了一种可以在矢量状态下编辑蒙版的特殊方式。

3. 剪贴蒙版

　　剪贴蒙版也称剪贴组，可以用一个图层中包含像素的区域来限制它上层图像的显示范

围，达到一种剪贴画的效果。剪贴蒙版最大的优点是可以通过一个图层来控制多个图层的可见内容，而图层蒙版和矢量蒙版则只能控制一个图层。剪贴蒙版由内容图层和基底图层组合而成，位于最下面的图层为基底图层，其名称带有一条下画线，位于基底图层上方的图层为内容图层，其缩览图以缩进方式显示，并且带有一个向下的箭头。基底图层往往只有一个，而内容图层却可以有若干个。

4. 快速蒙版

　　快速蒙版模式可以将任何选区作为蒙版进行编辑，而无需使用"通道"面板，在查看图像时也可如此。将选区作为蒙版来编辑的优点是几乎可以使用任何 Photoshop 工具或滤镜修改蒙版。

2.3.2　全面剖析蒙版的创建与编辑技巧

　　认识了不同类型的蒙版之后，需要对不同蒙版的创建和编辑方法有一定的了解，以便在照片后期处理中运用蒙版获得更出色的图像。在 Photoshop 中，不同类型蒙版的创建与编辑方法也不一样，下面为大家简单介绍图层蒙版、矢量蒙版、剪贴蒙版的创建与编辑方法，以及快速蒙版的应用。

1. 图层蒙版的创建与编辑

　　图层蒙版的创建可以说是所有蒙版中最为简单的，只需要选择要添加蒙版的图层后，单击"图层"面板中的"添加图层蒙版"按钮，即可为选中的图层添加图层蒙版。创建图层蒙版后，可以使用工具箱中的"画笔工具""渐变工具"或其他绘画工具来对蒙版进行编辑，从而控制蒙版中图像的显示范围。如果要看到蒙版效果，则可以按下 Alt 键单击"图层"面板中的蒙版缩览图，显示黑白的蒙版效果。

右图中打开了一张手提包素材图像，这里我们要用图层蒙版功能替换手提包的背景。先把新的背景图像复制到手提包图像上方，得到"图层1"图层。

　　在"图层"面板中单击选中"图层1"图层，如下图所示，再单击"图层"面板中的"添加图层蒙版"按钮，为"图层1"图层添加图层蒙版。由于蒙版中的黑色部分为隐藏区域、白色部分为显示区域，而此处需要把新背景下方的手提包显示出来，所以就要把手提包上方的蒙版区域涂抹为黑色。选择"画笔工具"，将前景色设置为黑色，在手提包位置反复涂抹，便可以看到位于新背景下方的手提包被重新显示出来。

　　图层蒙版不但可以用于数码照片的后期合成，也经常被应用于数码照片后期调色。当单击"调整"面板中的调整命令按钮后，都会在"图层"面板中生成一个调整图层，在这些调整图层旁边可以看到已为图层添加的蒙版。单击这些蒙版的缩览图，然后运用绘画工具在图像上绘制，就可以轻松控制调整图层的调整范围。

上图中利用图层蒙版调整画面中的手提包颜色。

2. 矢量蒙版的创建与编辑

矢量蒙版主要通过矢量图形的外形轮廓来控制图像的显示与隐藏。在 Photoshop 中，如果已绘制了路径，则可以执行"图层 > 矢量蒙版 > 当前路径"菜单命令创建矢量蒙版；如果未绘制路径，则执行"图层 > 矢量蒙版 > 显示全部"菜单命令，然后单击"图层"面板中的蒙版缩览图，再选用工具箱中的路径绘制工具绘制路径，完成矢量蒙版的创建。需要注意的是，在使用路径绘制工具绘制图形前，需要在工具选项栏中将绘制模式设置为"路径"，如果选择"形状"绘制模式，则会在图像中绘制矢量图形，而非矢量蒙版。

右图为利用矢量蒙版制作的写真集效果。先选择工具箱中的"矩形工具"，在选项栏中设置绘制模式为"路径"、"路径操作"方式为"合并形状"，运用工具在画面中绘制 3 个不同大小的矩形路径，然后把准备好的 3 张儿童写真照片复制到背景中，合成为"图层 1"图层，此时执行"图层 > 矢量蒙版 > 当前路径"菜单命令创建矢量蒙版，可以看到位于矩形外的图像被隐藏。

在下图中，我们要对矩形做更改，以显示更多的人物图像，所以单击工具箱中的"直接选择工具"按钮，把鼠标移到左侧矩形的左上角锚点位置，单击并向左侧拖曳，调整蒙版的遮盖区域，此时可以看到更多图像。

由于矢量蒙版是根据矢量图形的外形控制图像的显示区域的，所以如果要对蒙版进行编辑，可以应用工具箱中的路径编辑工具调整矢量图形，这些工具包括"添加锚点工具""删除锚点工具""转换点工具""直接选择工具"等。使用这些工具更改矢量图形时，蒙版的遮盖区域也会随之发生改变。

小提示

单独编辑蒙版或图像

矢量蒙版缩览图与图像缩览图之间有一个链接图标，它表示蒙版与图像处于链接状态，此时进行任何变换操作，蒙版都会与图像一同变换。执行"图层 > 矢量蒙版 > 取消链接"菜单命令，或单击该图标取消链接，随后就可以单独对图像或蒙版进行变换调整了。

3. 剪贴蒙版的创建与编辑

创建剪贴蒙版可以通过"图层"菜单中的"创建剪贴蒙版"命令来实现,也可以按住Alt键不放,把鼠标移至"图层"面板中两个图层的中间位置,当指针变为↓口形时,单击鼠标创建剪贴蒙版。如果需要在图像中创建剪贴蒙版,则必须保证图像中包含两个或两个以上的图层,且创建剪贴蒙版的图层必须上下相邻。

下图为打开的网店素材图像,这是一张商品分类导航图,现在需要把这些商品替换为自己拍摄的照片。先创建"图层 1"图层,用"矩形工具"沿商品所在位置绘制组合的矩形,再把商品素材图像复制到矩形上方,生成"图层 2"~"图层 6"图层,同时选中这些图层,执行"图层 > 创建剪贴蒙版"菜单命令,创建剪贴蒙版,此时可以看到原来的商品照片被替换为新的商品照片。

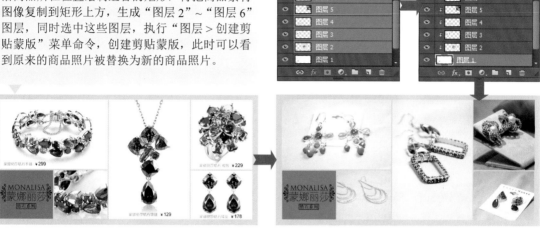

4. 快速蒙版的应用

在选择一幅图像中的部分区域时,应用快速蒙版可以使图像中某些不需要编辑的区域得到保护,而只对未保护区域的图像应用调整。快速蒙版的创建最为简单,只需要单击工具箱中的"以快速蒙版模式编辑"按钮,即可进入快速蒙版编辑状态。进入快速蒙版编辑状态后,可以使用工具箱中的"画笔工具""渐变工具"对蒙版进行编辑,完成编辑后单击"以标准模式编辑"按钮,即可退出快速蒙版,同时看到根据蒙版自动生成的选区效果。

右图中显示了利用快速蒙版选择图像的效果。单击"以快速蒙版模式编辑"按钮,进入快速蒙版编辑状态,单击"画笔工具",将鼠标移至画面中的鞋子所在位置,单击并涂抹,被涂抹区域显示为半透明蒙版效果,涂抹完成后单击"以标准模式编辑"按钮退出快速蒙版,即选择了除鞋子外的背景图像。

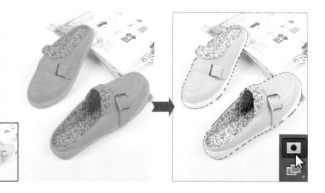

小提示

指定色彩指示范围

双击"以快速蒙版模式编辑"按钮,将打开"快速蒙版选项"对话框,在对话框中通过"色彩指示"选项组可以设置在使用快速蒙版时蒙版色彩的指示区域,选择"被蒙版区域",即表示快速蒙版红色区域为被蒙版区域;选择"所选区域",即表示红色区域为需要选中的区域。

2.3.3 蒙版"属性"面板的妙用

对蒙版进行编辑之前，必须对蒙版的"属性"面板有所了解。蒙版的"属性"面板中显示了当前蒙版的缩览图以及"浓度""羽化""蒙版边缘""颜色范围"等选项，通过这些选项可以对蒙版的边缘、蒙版边缘的遮盖程度、蒙版的羽化程度以及反相蒙版等进行操作，并同时将其应用到图像中。

通过双击"图层"面板中的蒙版缩览图，打开如右图所示的蒙版的"属性"面板，在此面板中可以执行创建蒙版、切换蒙版、编辑蒙版、应用蒙版和删除蒙版等操作。

"属性"面板中的蒙版选项

◉ 蒙版预览框：通过此预览框可看到蒙版的形状，且在其后显示当前蒙版的类型。

◉ 选择图层蒙版：单击该按钮可以为当前选择的图层创建一个图层蒙版。

◉ 添加矢量蒙版：单击该按钮可在选中的图层中创建一个矢量蒙版。

◉ 浓度：此选项可以设置蒙版的应用深度。参数越小，蒙版的效果就越淡。默认值是 100%，若设置参数为 0%，蒙版效果会被完全隐藏。

◉ 羽化：用于调整蒙版边缘的羽化效果。设置的参数越大，蒙版边缘的模糊区域就越大，即羽化区域越大，图像受蒙版影响就会变得朦胧；反之，参数越小，蒙版边缘的模糊区域就越小，即羽化区域越小，图像受蒙版的影响就越小。

◉ 蒙版边缘：用于对蒙版的边缘进行调整，可让合成的图像边缘更加干净。单击"蒙版边缘"按钮，将打开"调整蒙版"对话框，在对话框中调整边缘效果不理想的蒙版，去除杂边，让画面看上去更加干净。

◉ 颜色范围：选择蒙版影响的图像区域。单击"颜色范围"按钮，将打开"颜色范围"对话框，在对话框中单击或拖曳选项滑块，对蒙版的影响范围进行调整。

◉ 反相：单击该按钮，可以将蒙版区域进行反相处理，原来遮盖的区域成为显示的区域，原来显示的区域被隐藏。

◉ 从蒙版中载入选区：单击"从蒙版中载入选区"按钮 ▦ ，可以将蒙版区域作为选区载入。

◉ 停用 / 启用蒙版：单击"停用／启用蒙版"按钮 ◉ ，可以暂时隐藏蒙版效果，再次单击即可显示蒙版效果。

◉ 应用蒙版：单击"应用蒙版"按钮 ◉ ，可以将蒙版效果应用到当前图层中。

◉ 删除蒙版：单击"删除蒙版"按钮 🗑 ，即可将该图层中的蒙版删除。

2.4
通道的深度解析

图层、蒙版、通道是 Photoshop 的三大核心功能，在这其中，通道是最难理解的，很多高级图像处理、调整方法都需要借助通道才能实现。数码照片后期处理中，很多操作都是在通道基础上完成的。本节将对通道做更深入的解析。

2.4.1 了解 Photoshop 中的通道类型

通道作为图像的组成部分，与图像的格式是密不可分的，应用通道可以帮助我们创建更自由的选区，实现更精细的照片处理。

Photoshop 提供了 4 种类型的通道：Alpha 通道、颜色通道、专色通道和临时通道。Alpha 通道是专门用于存储和编辑选区的通道；颜色通道和专色通道则与色彩有关，但它们也包含选区，只是它们不能用于修改选区，也不能存储新的选区；而临时通道则是用调整图层调整图像时创建的一种临时性的通道。

"通道"面板

1. Alpha 通道

Alpha 通道有两大用途，一是可以将我们创建的选区保存起来，以后需要时可重新载入到图像中使用；二是在保存选区时会将选区转换为灰度图像，存储于通道中。Alpha 通道相当于一个 8 位灰阶图，也就是有 256 个不同的层次，支持不同的透明度，选区在 Alpha 通道中是一种与图层蒙版相似的灰度图像，即相当于蒙版的功能。在 Alpha 通道中，白色代表可以被完全选中的区域；灰色代表可以被部分选中的区域，即羽化的区域；黑色则代表位于选区之外的区域。

2. 颜色通道

颜色通道主要用于保存色彩。在 Photoshop 中编辑图像实际上就是在编辑颜色通道。颜色通道是用来描述图像颜色信息的彩色通道，它和图像的颜色模式有关，每个颜色通道都是一幅灰度图像，只代表一种颜色有明暗变化。通过调整颜色通道的明度可以达到更改图像颜色的目的。

3. 专色通道

专色是特殊的预混油墨，如荧光黄色、珍珠蓝色、金属银色等。由于印刷色（CMYK）油墨无法展现出金属和荧光等炫目的色彩，所以在处理图像时使用这些专色来替代或补充印刷色油墨。在印刷时，每种专色都要求有专用的印版。如果要印刷带有专色的图像，则需要创建存储这些颜色的专色通道，每个专色通道都会以灰度图形式存储相应的专色信息，它与在屏幕上的色彩显示无关。

4. 临时通道

临时通道是在"通道"面板中暂时存在的通道。当为图像创建了图层蒙版或者是进入快速蒙版编辑状态时就会在"通道"面板中自动生成临时通道，当取消选择创建了图层蒙版的图层或删除蒙版后，"通道"面板中的临时通道就会消失。

2.4.2 异常简单的通道管理方法

在 Photoshop 中对照片的处理就是对通道的编辑。当我们打开 RGB、CMYK 和 Lab 模式的图像时，"通道"面板中就会列出对应的复合通道，而我们所看到的彩色图像就是这些通道。复合通道是由各个颜色通道组合后形成的，所以我们可以通过调整或管理各颜色通道来控制照片的色彩。

在颜色通道中，灰色代表了一种颜色的含量，明亮的区域表示包含大量的颜色，暗的区域则表示对应的颜色较少。如果我们要在图像中增加某种颜色，则将相应的通道调亮即可；如果要减少某种颜色，则将相应的通道调暗。

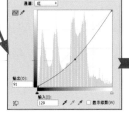

将图像打开后，可以看到原图像的颜色较自然，在"通道"面板中选择要调整颜色的通道，如这里选择"红"通道。

为了加强照片中的红色，按快捷键 Ctrl+M 打开"曲线"对话框，在对话框中向上拖曳曲线。

为了减少照片中的红色，使画面变得更蓝，按快捷键 Ctrl+M 打开"曲线"对话框，在对话框中向下拖曳曲线。

在使用通道编辑图像的过程中，有时看不到图像会影响到我们的某些操作，如果遇到这种情况，可以单击通道前面的"指示通道可见性"按钮 👁，将指定通道中的颜色隐藏起来。隐藏颜色通道后，图像中显示出来的色彩也会有所区别。完成通道的编辑后，可单击 RGB 复合通道激活所有颜色通道，重新显示彩色图像。

单击 RGB 通道和"蓝"通道前的"指示通道可见性"按钮 👁，将这两个通道隐藏，此时在图像窗口中只显示红、绿两个通道中的颜色。

小提示

快速选择通道

在"通道"面板中可以通过按快捷键 Ctrl+ 数字键的方式快速选择通道，每个通道的名字后面都显示了对应的快捷键。以 RGB 模式的图像为例，按快捷键 Ctrl+3、Ctrl+4、Ctrl+5 可以快速选择红、绿、蓝通道。如果要返回到 RGB 复合通道，则按快捷键 Ctrl+2。

2.4.3　实现通道与选区的自由转换

　　"通道"面板中的每个通道中都存储着图像的选区，因此，使用通道可以帮助我们快速选择图像，那么怎么利用通道选择图像呢？在这个时候，我们不得不提到通道与选区的转换。在"通道"面板中，可以将通道作为选区载入，其操作方法也非常简单，只需在按住 Ctrl 键的同时单击"通道"面板中要载入的颜色通道，或者单击"将通道作为选区载入"按钮 ，即可将该通道中的图像作为选区载入到画面中。由于一幅图像中各通道包含的颜色信息不同，所以载入选区后所产生的选区范围也是不一样的。

打开素材图像

要将"红"通道载入选区，在"通道"面板中选择"红"通道，单击"将通道作为选区载入"按钮 ，载入红通道选区。

小提示

存储通道选区

在 Photoshop 中，如果要把选区存储为通道，除了使用"通道"面板外，也可以执行"选择 > 存储选区"菜单命令，在打开的"存储选区"对话框中设置选项，将选区存储至 Alpha 通道。

要将"蓝"通道载入选区，在"通道"面板中选择"蓝"通道，单击"将通道作为选区载入"按钮 ，载入蓝通道选区。

　　当然，Photoshop 既然能把通道作为选区载入，自然也可以将已有的选区存储为通道。要将选区转换为通道，仅需单击"通道"面板中的"将选区存储为通道"按钮 ，Photoshop 会将绘制的选区自动转换为 Alpha 通道。由于选区在 Alpha 通道中是一种与图层蒙版类似的灰度图像，因此，我们可以像编辑蒙版或其他图像那样，使用绘画工具、调整工具、选框和套索工具，甚至钢笔工具来编辑它，而不必仅仅局限于原有的选区编辑工具。

　　如上图所示，由于在处理时需要对头发的颜色做调整，所以用"快速选择工具"在人物的发丝位置连续单击，以选中整个发丝部分。选择图像后，为了对同一个区域做多次调整，我们可以单击"通道"面板中的"将选区存储为通道"按钮 ，把选区存储为通道，并在"通道"面板中生成一个新的 Alpha1 通道，为了看到选择的范围，按住 Alt 键不放单击 Alpha1 通道缩览图，即可显示通道效果。

2.5
"调整" 功能在照片后期处理中的妙用

　　色彩是通过眼、脑和我们生活经验所产生的一种对光的视觉感应。在数码照片后期处理中，对图像明暗、色彩的调整是一个非常重要的过程，能够让照片更加出彩。Photoshop 中对照片色彩的调整主要利用"调整"功能实现。下面就为大家简单介绍"调整"功能的用法。

2.5.1 认识"调整"面板

　　谈到数码照片的色彩调整，自然会涉及调整图层。调整图层可以将颜色和色调调整应用于图像，而不会永久更改像素值，且调整图层具有许多与其他图层相同的特性，如可以调整它们的不透明度和混合模式，可以将它们编组以将调整应用于特定图层等。在 Photoshop 中，使用"调整"面板可以快速创建非破坏性的调整图层。

　　默认情况下，Photoshop 将"调整"面板置于工作界面右侧，如果工作界面中未显示"调整"面板，可以执行"窗口＞调整"菜单命令，打开"调整"面板，面板中显示了"亮度／对比度""色阶""曲线"等 16 个按钮，如右图所示。

"调整"面板

　　当需要对照片进行颜色调整时，只需要单击"调整"面板中的调整按钮，即可创建对应的调整图层，这些调整图层都会在"图层"面板中显示出来。当然，单击不同的按钮所创建的调整图层也不一样。

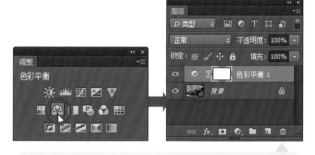

如上图所示，要创建一个"色彩平衡"调整图层，单击"调整"面板中的"色彩平衡"按钮。

小提示

使用"图层"面板或菜单创建调整图层

　　要在 Photoshop 中创建调整图层，除了使用"调整"面板外，也可以使用菜单命令和"图层"面板实现。在"图层"面板中单击"创建新的填充或调整图层"按钮，在弹出的快捷菜单中单击要创建的调整图层命令即可创建调整图层。也可以执行"图层＞新建调整图层"菜单命令，在弹出的级联菜单中单击要创建的调整图层命令，即可创建对应的调整图层。

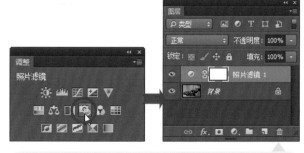

如上图所示，要创建一个"照片滤镜"调整图层，单击"调整"面板中的"照片滤镜"按钮。

2.5.2 了解"调整"面板选项

在上一小节中我们了解了用于数码调色的"调整"面板，接下来简单介绍与"调整"面板息息相关的"属性"面板。当单击了"调整"面板中的调整命令按钮后，Photoshop 会自动打开"属性"面板。"属性"面板主要用来记录正在编辑对象的相关设置信息，单击"调整"面板中不同的调整命令按钮，展开的"属性"面板中的调整选项也会不一样。

由于调整图层具有编辑不会造成破坏、编辑具有选择性、可以将调整应用于多个图像等优点，所以在创建调整图层时，可以尝试不同的属性设置并随时重新编辑调整图层，使图像获得最佳的视觉效果，同时，还可以利用绘画工具在调整图层的蒙版上涂抹，从而将调整应用于图像的一部分。在处理图像的时候，如果需要对调整选项进行更改，只需要单击"图层"面板中的调整图层缩览图，显示对应的"属性"面板，就可以对其中的选项做调整，并且所有调整操作都会通过图像编辑窗口直观地反映出来。

如右图所示，单击"调整"面板中的"色相/饱和度"按钮，展开对应的"属性"面板。

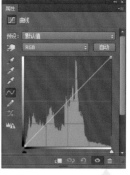

如上图所示，单击"调整"面板中的"曲线"按钮，展开对应的"属性"面板。

如左图所示，创建了"色彩平衡"调整图层，并在"属性"面板中对参数进行了调整，可以看到，调整后，正常色调的照片变成了暖色调效果。

为了将照片从暖色调转换为冷色调，需要对调整选项进行更改。单击"图层"面板中的"色彩平衡"调整图层缩览图，重新打开调整"属性"面板，此时向左拖曳"青色、红色"滑块，加深青色，再向右拖曳"黄色、蓝色"滑块，加深蓝色，如右图所示。

第 3 章
Camera Raw
快速上手

RAW 格式照片无损地记录了数码相机传感器采集到的原始信息，可以通过后期处理恢复照片的原色彩。随着 Photoshop 软件的升级，其内置的 Camera Raw 也进行了更新，逐渐被越来越多的人所熟悉。在开始学习使用 Camera Raw 处理照片之前，掌握一些基本的 Camera Raw 照片处理技巧，可以帮助读者更好地完成 RAW 格式照片的处理。

在本章中，为了让读者对 Camera Raw 快速上手，会对 Camera Raw 的界面、基础的照片调修、常用调整工具等基础知识作全面介绍。

知识点提要

1. Camera Raw 的自述

2. Camera Raw 基础调修技巧

3. Camera Raw 调整工具

4. 专业技法

3.1
Camera Raw 的自述

　　Camera Raw 是最为常用的 RAW 格式照片处理软件之一，它具有操作简单、运行速度快等诸多优点。Camera Raw 作为 Adobe Photoshop 中的一个插件，不但可以快速完成 RAW 格式照片的处理工作，还能在 Camera Raw 与 Photoshop 之间快速切换，实现更高效率的照片处理。

3.1.1　使用 RAW 格式的理由

　　RAW 图片是未经处理而直接从 CCD 或 CMOS 上得到的信息，保留了原始图片的锐化、对比度、饱和度、白平衡等信息，通过后期处理，摄影师能够最大限度地发挥自己的艺术才华，创建出色的照片。与 JPEG 格式的图片相比，它具有自己独特的优势。下图展示了两种格式图片的成像过程。

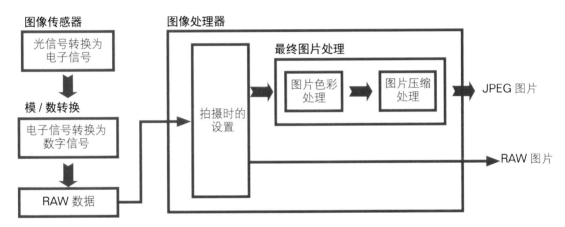

1. 信息容量大

　　RAW 格式完整地记录了图像传感器中的感光信息，因此 RAW 格式图片最大地保留了信息量。

2. 实现无损调校白平衡

　　RAW 格式文件没有白平衡设置，可以后期在计算机中任意调整照片的色温和白平衡，并且不会影响到原图片，不会造成图片质量的损失。

3. 自由的个性化处理

　　RAW 格式文件虽然附有饱和度和对比度等标记信息，但是其真实的图像数据并没有发生改变，可以不必基于一两种预先设置好的模式进行处理，而且可选择在后期对图像进行个性化调整。

4. 强大的色彩空间

　　RAW 格式拥有目前最大的色彩空间，即 ProPhoto RGB 色彩空间。RAW 格式照片作为独立于相机之外的数据文件，不会受图像传感器色域空间的限制，而且可以最大限度地扩展色彩空间。

5. 可以转换为 16 位图像

　　RAW 格式最大的优点就是可以将其转换为 16 位图像，也就是说，它有 65536 个层次可以被调整。当编辑一个图像时，能够根据需要分别对阴影区、高光区进行调整，实现更精细的照片处理。

　　当然，虽然 RAW 文件有很多优点，但是它还是有一些不足之处：一是 RAW 文件比 JPEG 文件大得多，同样容量的存储卡存放的照片更少，而且 RAW 文件的写入时间更长；

二是大多数数码相机拍摄 RAW 文件无法达到与 JPEG 文件相同的连拍速度；三是 RAW 文件无法立即与人分享，因为它们需要特殊软件进行读取和格式转换。

3.1.2 掌握 Camera Raw 的界面构成

随着 Adobe Photoshop CC 2014 软件的发布，全新的 Camera Raw 滤镜让 RAW 格式图片的处理变得更加方便。在全新的 Camera Raw 下，不但可以对 RAW 格式图片进行编辑，还可以用于 JPEG 文件的编辑。在 Photoshop 中将图片打开，执行"滤镜 >Camera Raw 滤镜"菜单命令，就可以打开 Camera Raw 窗口。如下图所示为打开的 Camera Raw 窗口，此窗口的顶部为工具栏，右下侧是用于调整图像的选项卡。

工具栏：包括处理数码照片时调整其颜色和影调的工具，可根据需要单击不同的工具按钮，选择相应的工具，然后在预览窗口中编辑照片。

切换全屏模式：单击"切换全屏模式"按钮，可将 Camera Raw 窗口以全屏模式显示。

直方图：在此区域可以查看当前打开照片的彩色直方图效果，并了解照片拍摄时的光圈、快门和 ISO 数值。

选择缩放级别：单击加号或减号按钮，可以控制照片在预览窗口中的缩放比例，也可以单击右侧的下三角按钮，在展开的列表中选择并调整图片的缩放比例。

选项卡：该区域的上方包括多个不同的按钮，如"基本""色调曲线""细节""HSL/灰度""分离色调""镜头校正""效果""相机校准""预设"等按钮，单击按钮即可切换到相应的设置。Camera Raw 中的大部分设置都是在这些选项卡中完成的。

完成：单击按钮即确认当前编辑效果，并同时关闭 Camera Raw 窗口。

存储图像：单击该按钮将打开"存储选项"对话框，通过它可完成 Raw 格式照片的存储。

打开图像：单击按钮即可把处理后的图像在 Photoshop CC 2014 中打开。

3.1.3　读懂 Camera Raw 直方图

　　直方图是图像中每个明亮度值的像素数量的表现形式，借助直方图可以了解照片各个区域的像素值。如果直方图中的每个明亮度值都不为零，则表示图像利用了完整的色调范围。在 Camera Raw 中打开照片以后，"直方图"面板就会自动出现在 Camera Raw 窗口的右上角位置。此时可以看到直方图由三层颜色组成，分别表示红、绿、蓝颜色通道。当 3 个通道重叠时，将显示白色；当两个通道重叠时，将显示黄色、洋红色或青色。结合直方图，在运用 Camera Raw 处理图像时，可以更为直观地了解照片中的颜色分布情况，且在调整图像时，直方图也会随着图像明暗、色彩的变化而自动发生改变。

右图所示为运用"颜色取样器"工具在预览图像中放置颜色取样器，此时在"直方图"面板下会显示该位置的 RGB 颜色值。

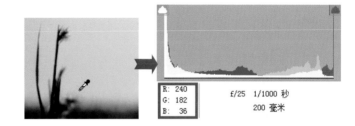

　　大多数情况下，在打开一张 RAW 格式照片后，只需稍微观察，就能知道这张照片的曝光是否有曝光过度或曝光不足的情况，但是如果要准确地指出照片中哪些区域曝光过度或曝光不足，就是一个非常难的问题了。对于这一问题，利用 Camera Raw 中的直方图就可以轻易解决。在 Camera Raw 的直方图中，提供了阴影修剪警告和高光修剪警告功能，使用这些功能可以快速帮助用户查找到照片中曝光不足或曝光过度的区域。在一幅图像中，如果像素的颜色值低于图像中可以表示的最低值，图像阴影区域发生阴影修剪，单击"直方图"面板中的"阴影修剪警告"按钮，可以查看到这些输出为黑色的修剪区域；在一幅图像中，如果像素的颜色值高于图像中可以表示的最高值，图像高光区域发生高光修剪，单击"直方图"面板中的"高光修剪警告"按钮，可以查看到这些输出为白色的修剪区域。

如上图所示，可以看到单击"阴影修剪警告"按钮后，在图像中亮度过低的暗部区域会显示一些蓝色色块，表示此区域没有记录任何细节信息。

如上图所示，可以看到单击"高光修剪警告"按钮后，在图像中亮度过高的区域会出现一些红色色块，表示该区域为没有记录任何细节的白色。

查看到照片中发生修剪的区域，就可以借助 "直方图" 面板来调整照片中阴影或高光的亮度，以修复图像中曝光不足或曝光过度的区域。通过对 Camera Raw 中的选项进行设置，调整参数大小，直到画面中的修剪区域消失，即表明图像已恢复到正常曝光状态。

小提示

从直方图了解照片曝光

"直方图" 面板可以反映照片明暗分布情况，如果直方图上的曲线波纹集中在左侧，则表明图像曝光不足；如果直方图上的曲线波纹集中在右侧，则表明图像曝光过度。

3.2
Camera Raw 基础调修技巧

开始学习使用 Camera Raw 处理 RAW 格式照片前，需要对 Camera Raw 中的一些基础的图像处理技巧有一个全面了解。无论是对照片白平衡的设置，还是照片曝光、明暗的调整，在 Camera Raw 中都可以通过几步简单的操作来实现。

3.2.1 巧用白平衡修正照片色彩

人类的眼睛能够自动适应不同的环境光线，将最亮的地方感知为白色，但是数码相机的传感器不具备这样的功能，因此需要借助白平衡这个概念来对其进行定义，使照片中的色彩与肉眼所观察的色彩更为接近。在拍摄照片时，如果在相机中采用了错误的白平衡设置，则拍摄出来的照片容易出现偏色。对于 RAW 格式照片的偏色问题，只需在后期处理时，利用 Camera Raw 中的白平衡校正功能进行处理，就可以快速修复偏色照片，还原其自然色彩。

1. 用自定义白平衡校正

Camera Raw 中提供了一个用于快速校正照片错误白平衡的 "自动" 白平衡功能，对于大多数 RAW 格式照片来说，使用此功能可以快速校正偏色。在 Camera Raw 中单击 "白平衡" 下三角按钮，在展开的下拉列表中即可看到 "自动" 白平衡选项，如右图所示。

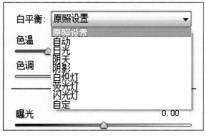

如左图所示，打开一张室内拍摄的人像照片，一眼就会发现这张照片偏黄；单击 "白平衡" 下三角按钮，展开 "白平衡" 下拉列表，在该列表中选择 "自动" 选项，此时在预览窗口中应用 "自动" 白平衡功能，校正了偏色，照片颜色变得更加自然。

2. 用"色温"和"色调"校正偏色

如果通过"自动"白平衡功能不能使照片的色彩达到最佳效果，那么就需要手动调整白平衡来校正照片的色彩。对于数码照片来讲，色温和色调是影响照片的白平衡的两个因素。在 Camera Raw 的"基本"选项卡中同样有"色温"和"色调"两个选项，根据照片的偏色情况，可以调整这两个选项的值，使其更匹配照片中的光影情况，还原照片的真实色彩。

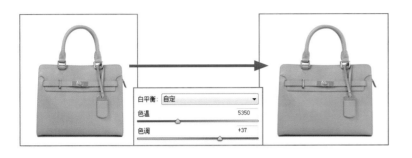

左图所示的原照片中，可以看到蓝色的手提包因为白平衡原因，拍摄出来的照片偏青。在 Camera Raw 中向左拖动"色温"滑块，增加色温，再向右拖动"色调"滑块，加强洋红，可还原手提包的颜色。

3.2.2　改善曝光，平衡影调

曝光对于摄影来讲是非常重要的，如果曝光不合适，就会导致照片过暗或过亮。对于曝光不合适的照片，在后期处理时，就需对曝光进行调整。Camera Raw 中提供了一个手动调整画面曝光情况的"曝光"选项，它位于"基本"选项卡中，如右图所示。使用该选项，可以根据照片的曝光情况手动调整曝光效果。

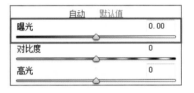

使用"曝光"选项调整照片时，需要知道向左拖动"曝光"滑块会降低曝光量，画面会变得更暗；向右拖动"曝光"滑块则会提高曝光量，画面会变得更亮。调整曝光是大多数照片处理都有的一个过程，如果不知道什么样的"曝光"更为合适，则可以反复拖动"曝光"滑块，以不同的"曝光"值来查看图像，这样就可以确定适合当前照片的曝光设置。

右图中打开了一张素材照片，一眼可以看出其曝光明显不足，所以在进行照片处理前应先提高其曝光量。在"基本"选项卡中，将鼠标指针移至"曝光"滑块上，单击并向右拖动滑块，当拖动到 +3.25 时，可以看到原来较暗的图像变得明亮起来。

3.2.3　一学即会的"自动"校正功能

打开一张 RAW 格式照片后，如果不知道怎么调整，那么最方便、最有效的方法就是单击"基本"选项卡中的"自动"按钮。单击该按钮后，Camera Raw 会根据照片的曝光情况自动调整画面的明暗度，快速展现正常曝光时的画面效果。对于没有数码照片处理基础的人来说，这是一个非常简单、实用的功能。

右图所打开的照片中，可以发现图像对比不强，且轻微曝光不足，单击"自动"按钮，可看到其下方各选项的参数值自动发生了变化，平衡了曝光，图像变得明亮起来。

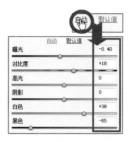

3.2.4 深入剖析"色调曲线"

"色调曲线"与 Photoshop 中的"曲线"功能类似，在 Camera Raw 中可以通过色调曲线的形态来控制画面的明暗变化，且"色调曲线"将图像的调整分为高光、亮调、暗调和阴影 4 个部分，在调整 RAW 格式图像时，只需修正"色调曲线"选项卡中的参数，就可以对该区域图像的明暗进行调整了。为了实现更加完美的影调效果，还可以单击"色调曲线"选项卡中的"点"标签，切换至"点"选项卡，在该选项卡中拖动滑块曲线或选用预设选项，快速对照片的影调进行处理。

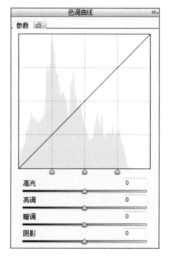

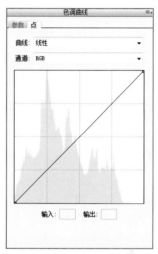

1. 利用"参数"选项卡调整不同区域

在"色调曲线"选项卡中，默认选择的是"参数"标签，其中包括"高光""亮调""暗调"和"阴影"4 个选项。根据这 4 个选项的名称，可以清楚地知道每个选项调整的范围。在处理照片时，可以根据不同的照片对这些选项作调整，同时，在调整过程中，位于选项上方的曲线也会随着参数的变化而变化。

打开一张需要调整的照片后，在 Camera Raw 窗口中单击"色调曲线"按钮，切换到"色调曲线"选项卡，其中包括"参数"和"点"两个标签，如上图所示。其中，"参数"选项卡中包含的 4 个选项用于针对照片的暗部区域和亮部区域作调整；而"点"选项卡则通过曲线形状自由调整图像的明暗效果。

如右图所示，打开一张需要调整的照片，原照片对比偏弱，所以在处理时首先要增强对比效果。单击"色调曲线"按钮，切换到"色调曲线"选项卡，将"高光"和"亮调"滑块向右拖动，使图像的亮部区域变得更亮，再把"暗调"和"阴影"滑块向左拖动，降低亮度，使暗部区域更暗，这样处理后的图像对比度明显得到了提高。

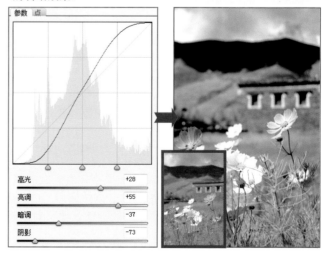

"参数"选项卡

◉ 高光：用于控制画面中高光调范围的明暗程度，设置的参数越大，高光也就越亮。

◉ 亮调：用于设置画面中亮调范围内的明暗效果，其范围比"高光"范围要广，设置的参数越大，亮调范围的图像也就越亮。

◉ 暗调：用于控制画面偏暗区域，提高参数则暗调区域变亮，降低参数则暗调区域变暗。

◉ 阴影：用于设置画面最暗部分的亮度，范围比"暗调"更小。

2. 利用不同曲线实现照片明暗调整

　　在调整照片的明暗时，如果觉得设置参数太麻烦，那么就可以通过手动拖动曲线来调整。单击"色调曲线"选项卡中的"点"标签，切换到"点"选项卡。默认情况下，该选项卡中的曲线以 45°的斜线显示。其中，左侧的曲线用于控制画面中的暗部区域，中间部分的曲线用于控制画面中的中间调区域，而右上部分的曲线用于控制画面中的亮部区域。通过拖动曲线，能够分别提高或降低图像中不同区域的亮度。

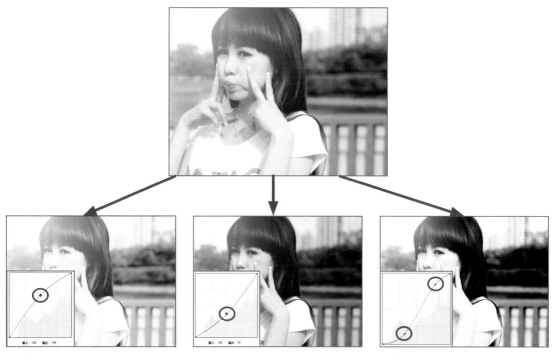

如果需要提高照片中间调部分的亮度，可在曲线中间位置单击并向上拖动曲线，如上图所示。

如果需要降低中间调部分的亮度，可在曲线中间位置单击并向下拖动曲线，如上图所示。

若要加强对比效果，则分别在曲线的左下角和右上角单击，添加曲线控制点，设置 S 形曲线，如上图所示。

3.2.5　"转换为灰度"与"分离色调"的转换技巧

　　黑白照片的魅力是令人无法抗拒的，它简化了图像的颜色，使画面变得更加简洁。在 Camera Raw 中可以应用"HSL/ 灰度"选项卡中的"转换为灰度"复选框，把彩色照片转换为黑白照片，快速获得不错的黑白影像。在 Camera Raw 中单击"HSL/ 灰度"按钮，切换到"HSL/ 灰度"选项卡，就可以看到显示的"转换为灰度"复选框，勾选后会将彩色照片转换为黑白照片。如果取消勾选，则又可以把黑白照片还原为彩色照片。

如右图所示，打开了一张风景照片，这是一张很普通的风景照片，看起来并没有特别的吸引力，所以不妨将它设置为黑白效果：单击"HSL/灰度"按钮，切换到"HSL/灰度"选项卡，勾选"转换为灰度"复选框，将照片转换为黑白效果。此时单击预览窗口右下角"在'原图/效果图'视图之间切换"按钮，可以看到转换之前与转换之后的视觉反差。

利用"转换为灰度"功能把照片设置为黑白效果后，为了让画面呈现出不一样的视觉效果，还可以将照片创建为双色调效果。在 Camera Raw 中应用"分离色调"，可以快速创建双色调影像。它将图像的影调分为"高光"和"阴影"两个部分，分别对应图像中最亮和最暗的部分。如果要对照片中高光部分的颜色进行处理，则在"高光"选项组下，拖动下方的选项滑块进行调整；如果要对照片中阴影部分的颜色进行处理，则在"阴影"选项组下，拖动下方的选项滑块进行调整。

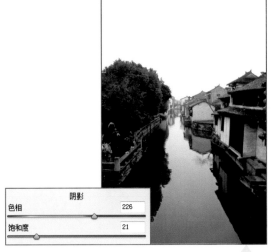

为了表现复古的色调效果，需要为照片的高光部分添加淡淡的黄色，所以将"色相"滑块拖至黄色区域，再向右拖动"饱和度"滑块，提高饱和度，如上图所示。

设置高光颜色后，接下来就是阴影颜色的设置。把"色相"滑块向右拖至蓝色区域，将阴影颜色定为蓝色，再向右拖动"饱和度"滑块，加强蓝色的饱和度，如上图所示。

3.2.6　巧用"自然饱和度"和"饱和度"拯救灰暗色彩

鲜艳的照片谁都喜欢，所以很多人在最初学习后期处理时，都会学习调整照片的颜色饱和度。对于 RAW 格式的照片来说，要想调整它的颜色饱和度，方法非常简单，只需使用"基本"选项卡中的"自然饱和度"和"饱和度"选项就可以实现。如果想要提高颜色饱和度，可以向右拖动"自然饱和度"或"饱和度"滑块；如果认为照片饱和度过高，可以向左拖动相应滑块，降低颜色饱和度。

如上图所示，在 Camera Raw 中打开了一张素材照片，黯淡的色彩不足以呈现出完美的风景，所以在处理时需要提高照片的色彩饱和度：在"基本"选项卡中把"自然饱和度"和"饱和度"滑块向右拖动，当拖至一定大小后，再看预览窗口中的图像，不难发现，处理后的照片中景物的颜色更加鲜艳了。

图像的色彩取决于很多方面，亮度和对比度都会显著影响照片的色彩。一张过亮的照片会显得色彩暗淡，而一张主体对比强烈的照片则往往会显得鲜艳。当你使用影调或色调曲线等功能时，都会在不经意间改变照片的色彩，有时甚至会明显改变照片的色彩。在很多时候，当你完成影调调整后，会发现已经不再需要增强饱和度了，因此，当拿到一张照片后，不要急于使用"自然饱和度""饱和度"功能为照片提高饱和度，而应当把饱和度的调整放在最后，当作画龙点睛之笔。

3.3
Camera Raw 调整工具

Camera Raw 为照片处理提供了一个工具栏，其中列出了一些常用的照片处理工具，运用这些工具可以快速调整照片构图、去除照片污点、修整照片局部细节等。下面深入介绍常用的 Camera Raw 调整工具。

3.3.1 "裁剪工具"的深入解析

几乎所有的图像处理软件都有裁剪工具，因为裁剪是最基本的图像处理步骤。通过裁剪照片可以修正一些拍摄时的构图错误，也可以在后期进行重新构图，改变照片给人的感觉，所以好的裁剪工具对于后期处理来讲是非常重要的。而在 Camera Raw 中进行照片的裁剪是非常方便的，它可以实现照片的可视化裁剪，使裁剪后的照片构图更准确。

Camera Raw 中的"裁剪工具"位于工具栏的中间位置，应用它裁剪照片时可以在照片中显示裁剪的参考线叠加。单击"裁剪工具"右下角的下三角按钮，可启动裁剪工具并显示裁剪工具选项，如右图所示。在这个下拉列表中，你既可以选择预设的裁剪长宽比裁剪照片，也可以自定裁剪大小进行照片的裁剪操作。

1. 按固定比例裁剪照片

对于很多没有经验的人来讲，如何裁剪照片也是一个非常复杂的问题。在 Camera Raw 的"裁剪工

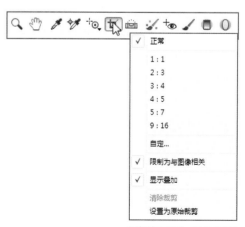

"裁剪工具"下拉列表

具"下拉列表中，不难发现有一些常用的照片构图比例，如果实在不知道怎样裁剪照片，那么可尝试用这些预设的长宽比来裁剪照片。

如右图所示，打开的这张照片采用的是横向构图，尽管这张照片很漂亮，但是为了让画面显得更为紧凑一些，以突出昆虫特写效果，则可以对照片进行裁剪，把照片处理为竖向构图。首先打开"裁剪工具"下拉列表，选择 5：7 选项，然后在画面中单击并拖动鼠标，就会创建一个对应比例的裁剪框。

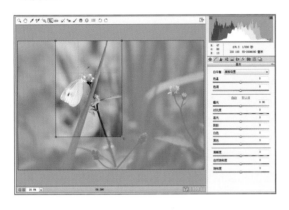

如果对裁剪的范围不是很满意，在创建裁剪框后，还可以通过拖动裁剪框周围的锚点来改变裁剪框的大小。如左图所示，将鼠标移至裁剪框的右下角位置，此时可以看到鼠标指针变为双向箭头，然后就可以拖动裁剪框，调整裁剪框的大小。由于前面选择了裁剪的比例，所以无论怎么拖动锚点，裁剪框的比例都被锁定在 5：7。

下图所示照片表现的是草原风光，原照片采用天空和草地各占一半的构图方式，这种对称的构图方式适合表现草原的宽阔感，所以在处理时，可以使用三分法构图的方式对照片进行裁剪：选择"正常"选项，在画面中单击并拖动鼠标，创建裁剪框，使天空部分占画面的 1/3，草地部分占 2/3。

2. 按任意大小裁剪照片

使用裁剪工具裁剪照片时，默认情况下，在"裁剪工具"下拉列表中选择的是"正常"选项，如左图所示。选中这个选项后，在照片中单击并拖动鼠标，可以按鼠标拖动的轨迹创建任意长宽比例的裁剪框。对于很多有经验的后期处理高手来讲，选择这个选项时，可以根据自己的创意来调整照片的构图，其裁剪的随意性也更强。

完成裁剪框设置后，按 Enter 键或单击工具栏中除"裁剪工具"外的其他任意工具，都可以应用裁剪并退出裁剪工具。当你使用 Camera Raw 完成照片裁剪工作之后，在任何时候单击"裁剪工具"，都将显示有裁剪框时的情况。这时既可以继续对照片进行裁剪，也可以找回之前裁剪掉的部分，也就是说，不必再担心把一些重要的元素裁剪掉了，只要喜欢，随时都可以找回裁剪掉的部分。

3.3.2 深度解析"调整画笔"工具

调整画笔是 Camera Raw 中主要的局部调整工具之一，也是自由度最大的局部调整工具，这是因为它能够在画面中任意描画选区和蒙版。在工具栏中单击"调整画笔"按钮或者按下 K 键，都可以启用调整画笔。启用调整画笔后，会显示"调整画笔"选项卡，如右图所示。"调整画笔"选项卡主要分为两个部分：上半部分为效果控制区域，主要用于控制画笔勾画的选区所应用的效果；下半部分为画笔控制区域，用来选择用怎样的画笔描画选区。所以，使用调整画笔处理照片也分为描画选区和应用效果两个步骤，至于孰先孰后，则完全取决于自己的喜好。

启用调整画笔后，将鼠标移至照片上会显示画笔。画笔由 3 部分组成，其中最中间的锚点为编辑标记。在照片中单击鼠标后，编辑标记就会被留在该位置，以表示当前画笔。在处理图像时，可以单击该标记编辑画笔。画笔上颜色较深的圆代表画笔大小，而颜色较浅的圆代表羽化半径，两个圆之间的环形区域则是应用效果和不应用效果的过渡区域。

效果控制区域

画笔控制区域

"调整画笔"选项卡

右图为打开的一张人像照片，此处为了呈现不一样的画面效果，可以对人物的围巾颜色作调整。先单击"调整画笔"按钮，展开"调整画笔"选项卡，在画笔控制区域设置画笔属性，设置后用画笔在围巾位置涂抹，可以看到被涂抹区域显示为半透明的蒙版效果。

用画笔绘制要处理的范围后，就要在效果控制区域对涂抹区域的图像效果进行设置。将"色温"滑块向左拖动，加深蓝色，向右拖动"色调"滑块，加强洋红色调，然后把"饱和度"滑块向右拖动，提高颜色饱和度。经过设置后，可以看到原来深绿色的围巾被替换为蓝色效果，如右图所示。

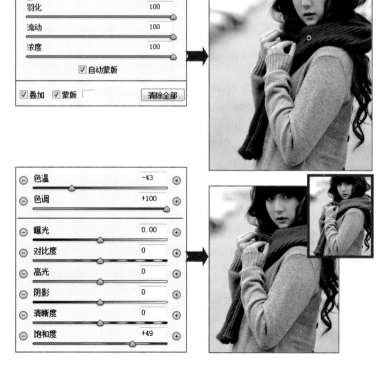

"调整画笔"选项卡

- 色温：调整图像某个区域的色温，向左拖动滑块，提高色温，使其变暖；向右拖动滑块，降低色温，使其变冷。

- 色调：对指定区域补偿绿色或洋红色调，向左拖动滑块，可在图像中添加绿色；向右拖动滑块，可在图像中添加洋红色。

- 曝光：用于调整指定区域的亮度，向左拖动滑块，降低曝光度，使图像变暗；向右拖动滑块，提高曝光度，使图像变亮。

- 对比度：用于增加或减少特定区域的对比度，对图像中间调的影响较大，向右拖动滑块或在其后的数值框中输入正值，可增加图像的对比度；向左拖动滑块或在其后的数值框中输入负值，可减少图像的对比度。

- 高光：用于调整高光区域的亮度，向右拖动滑块，可使高光变亮；向左拖动滑块，可使高光变暗。

- 阴影：用于调整阴影部分的亮度，向右拖动滑块，可使阴影变亮；向左拖动滑块，可使阴影变暗。

- 清晰度：通过增加局部对比来增加图像深度，数值越大，图像越清晰。

- 饱和度：用于更改局部颜色的鲜艳度，输入正值时，提高饱和度；输入负值时，降低饱和度。

- 锐化程度：增强边缘清晰度，以显示照片中的细节。设置为正值时，图像细节变得清晰；设置为负值时，图像细节变得模糊。

- 减少杂色：减少明亮度杂色，向左拖动滑块，可减少杂色；向右拖动滑块，可增加杂色。

- 波纹去除：设置选项以去除波纹或者校正颜色失真。

- 颜色：用于将色调应用到选中的区域中。单击"颜色"后的颜色框，将打开"拾色器"对话框，在其中可设置"颜色""色相"和"饱和度"，也可以利用鼠标单击来调整颜色。设置好后，单击"确定"按钮，即可将设置的颜色应用于选定区域。

- 大小：用于指定画笔笔尖的直径，直接输入数值或用鼠标左右拖动都可以调整其大小。

- 羽化：控制画笔描边的硬度，即调整区域边沿的羽化范围。

- 流量：控制应用调整的速率，即笔刷涂抹作用的强度。

- 浓度：控制描边中的透明度，即笔刷涂抹所能达到的密度。

- 自动蒙版：勾选后可将画笔描边限制在颜色相似的区域。

- 显示蒙版：勾选后，当前调整区域始终显示蒙版；取消勾选时，只有鼠标指针悬停在笔刷标记点上时才显示蒙版。

- 显示笔尖：勾选后会显示当前图像中的所有笔刷标记点。

- 清除全部：单击后将清除现有的调整区域和笔刷标记点，并将笔刷模式设置为"新建"。

1. 画笔的大小和羽化

选择"调整画笔"工具后，画笔大小是可以自由调整的，可以在"调整画笔"选项卡中进行设置，也可以使用 [键或] 键来减小或增大画笔。画笔的羽化半径由"调整画笔"选项卡中的"羽化"选项控制，也可以使用 Shift+[键或 Shift+] 键来控制。虽然羽化值为 0 ~ 100 之间，但是从实际的羽化半径来说，画笔越大，羽化的区域也就越大。使用"调整画笔"绘制图像时需要注意的一点是，画笔大小是以屏幕而不是以实际像素为参照的，也就是说，在 Camera Raw 中，画笔大小与照片放大倍数无关。

2. 画笔的流动和浓度

除了大小和羽化值外，流动和浓度也是影响画笔的关键。流动可以理解为画笔的流量大小。下图中的 3 张图像为不同流动值时的绘画效果，流动值越大，绘制的颜色就越深。形象一点来说，就是低流动值画笔就像一支干涩的水笔，画在纸面上的颜色会变淡。浓度与流动有相似的地方，同样用于控制画笔的浓淡，不同的是，流动控制的是每一笔的流量，而浓度则是控制整个蒙版的浓度。

右图中，最上方的一条线是"大小"
为 5 的画笔画的，中间的一条线是
"大小"为 15 的画笔画的，两种
画笔的"羽化"设置都为 100，从
中可以明显地看到，尽管同为 100
的"羽化"设置，但大画笔的过渡
明显要比小画笔的平滑得多。最下
方的图像也是"大小"为 15 的画
笔画的，不过其羽化值为 0，从这
3 个图像上能很清楚地了解羽化对
画笔边缘的影响。

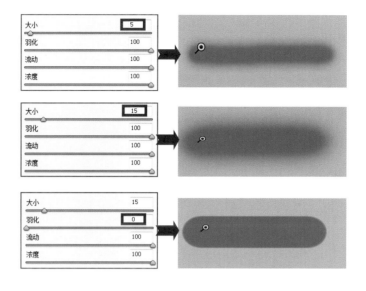

右图中将"大小""羽化""浓度"
的值确定后，当"流动"为 100 时，
画笔颜色非常深；当"流动"为
50 时，与第一幅图像相比，颜色
要淡一些；当"流动"为 5 时，用
画笔涂抹时颜色非常淡。因此，用
"调整画笔"在照片中涂抹时，如
果想调整效果更强，则需要设置较
大的流动值；如果应用效果需要弱
一些，则需要设置较小的流动值。

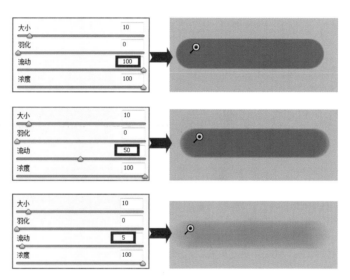

3.3.3　"污点去除"工具的妙用

　　当照片中存在散落的污点或瑕疵时，"污点去除"工具是
解决这些问题最好的手段。虽然有时照片中的污点看起来并不
是很明显，但还是会影响照片的输出，尤其是在打印照片时，
当看到照片中出现了污点，难免会影响心情。因此，在处理照
片时，还是应当应用"污点去除"工具把这些污点或瑕疵去掉，
以保证照片的整洁性。

　　在 Camera Raw 的工具栏中，从左侧起第 8 个按钮即为"污
点去除"按钮，单击该按钮或按下 B 键都可以选中它。选择"污
点去除"工具后，会在窗口右侧显示"污点去除"选项卡，可
以通过设置其中的选项来调整污点修复的效果，如右图所示。

　　选择"污点去除"工具后，在照片中要修复的部分单击或
拖动鼠标，确定修复点，此时会在照片中出现一个红黑圆形和
绿黑圆形。其中，红黑圆形为要仿制或修复的所选区域，而绿

"污点去除"选项卡

黑圆形为样本区域。在处理图像时，可以运用鼠标单击红黑圆形和绿黑圆形，随意地调整要仿制或修复的区域或样本区域。使用"污点去除"工具修复照片污点时，究竟要设置多少个修复点，取决于个人对画质的要求。一般来讲，将瑕疵去除得越彻底，后期柔化的效果就会越好。

右图是拍摄的海景照片，如果将图像放大至100%，可以看到海面上有一些小船，这些从江面划过的小船出现在画面中，使图像显得不够整洁，所以要用"污点去除"工具将它们去掉。单击"污点去除"按钮，在展开的选项卡中设置相关选项。

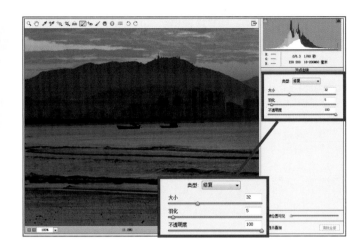

把鼠标移至图像中的小船位置，然后单击并拖动，描绘一个选区进行修复，释放鼠标后，Camera Raw 自动选用小船周围的图像来修补；为了使修复的图像更加自然，在图像中单击并拖动绿黑圆形，调整用于修复图像的样本像素，这样创建多个修复点，修复画面后就会呈现出干净的图像效果，如右图所示。

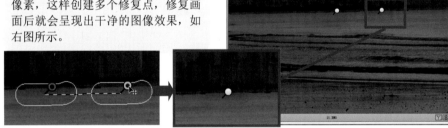

"污点去除"选项卡

- ⊙ 类型：用于选择污点修复方式。在"类型"下拉列表框中包括"修复"和"仿制"两种类型，选择"修复"选项，可将取样区域的纹理、光线、阴影匹配到选区区域；选择"仿制"选项，可将图像的取样区域应用到选定区域。
- ⊙ 大小：用于设置污点修复的范围，数值越大，修复的范围越广。
- ⊙ 羽化：控制修复图像边缘的硬度，即调整区域边沿的羽化范围，控制修复图像边缘的自然度。
- ⊙ 不透明度：设置污点去除的不透明度。

3.3.4 全面掌握"渐变滤镜"工具

　　"渐变滤镜"是 Camera Raw 中的另一个局部调整工具。"渐变滤镜"工具与前面介绍的"调整画笔"工具有许多相似之处，而唯一不同的就是添加滤镜的方法。"渐变滤镜"工具通过向照片中添加一个过渡选区来决定哪些区域应用"渐变滤镜"选项卡中所确定的调整效果，而"调整画笔"工具则是靠画笔来确定应用效果的区域。"渐变滤镜"工具经常被用来营造特殊效果，例如模拟数码相机中的渐变镜拍摄效果。

打开一张室外拍摄的少女照片，单击工具栏中的"渐变滤镜"按钮，将鼠标移至图像左上角位置，单击并向下拖动鼠标，确定应用效果的区域，然后在"渐变滤镜"选项卡中提高"曝光""对比度"和"饱和度"，设置后可以看到位于该区域内的图像颜色变化明显，模拟出了镜头光晕效果，如下图所示。

单击 Camera Raw 工具栏中的"渐变滤镜"按钮🔲或直接按下 G 键，可以选中"渐变滤镜"工具。选择该工具后，在 Camera Raw 窗口的右侧会显示"渐变滤镜"选项卡，其中的选项安排与"调整画笔"的选项安排非常接近，如下图所示。用户可以通过拖动选项下方的滑块或直接在数值框中输入参数来进行设置。

"渐变滤镜"选项卡

- ⊙ 色温：调整图像某个区域的色温。
- ⊙ 色调：对指定区域补偿绿色或洋红色调。
- ⊙ 曝光：用于调整指定区域的亮度，向左拖动滑块，降低曝光度，使图像变暗；向右拖动滑块，提高曝光度，使图像变亮。
- ⊙ 对比度：用于增加或减少指定区域的对比度。
- ⊙ 高光：用于调整高光区域的亮度，向右拖动滑块，可使高光变亮；向左拖动滑块，可使高光变暗。
- ⊙ 阴影：用于调整阴影部分的亮度，向右拖动滑块，可使阴影变亮；向左拖动滑块，可使阴影变暗。
- ⊙ 清晰度：通过增加局部对比来增加图像深度，数值越大，图像越清晰。
- ⊙ 饱和度：调整指定区域内的图像色彩的鲜艳度。
- ⊙ 锐化程度：调整指定区域内的图像的清晰度，数值越大，图像越清晰。
- ⊙ 减少杂色：减少明亮度杂色，向左拖动滑块，减少杂色；向右拖动滑块，增加杂色。
- ⊙ 波纹去除：去除波纹或者校正颜色失真。
- ⊙ 颜色：用于将色调应用到选中区域。

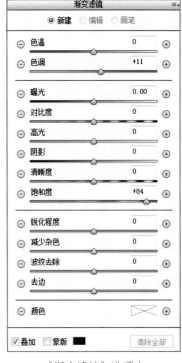

"渐变滤镜"选项卡

3.4 专业技法

经过前面小节的学习，用户对一些简单的 RAW 格式照片处理技法有了一定的了解，那么在具体的实践过程中，怎样才能将这些技法运用起来呢？在本节中，会针对常见 RAW 格式照片问题的处理进行详细讲解。

3.4.1 修复强光环境下死白的细节

　　旅行途中，人们经常会使用手中的相机拍摄下那美丽的蓝天、白云，但很多时候都会遇到这样的问题——明明天空是湛蓝的且有许多白云，但拍摄出来的照片就是显示不出这些细节，甚至有可能出现死白的情况。面对这样的问题，就需要掌握一种快速修复天空细节层次的方法。在 Camera Raw 中提供了一个很好用的工具，那就是"渐变滤镜"工具。使用这个工具，只需简单的两步操作，就能还原死白天空的细节以及层次感。

　　以右图所示的照片为例，尽管开始时在"基本"选项卡中做了设置，对照片进行了简单调整，但是依然难以完全改变天空过亮的情况，此时看到的天空仍然是一片空白，所以接下来还要继续对这些白色的天空部分进行修整。

　　单击工具栏中的"渐变滤镜"工具，选择此工具，在照片中的天空位置单击并向下拖动鼠标，确定要修复的图像范围，然后在右侧的选项卡中进行设置。如果只想加强天空的层次，则只需在效果控制区域对"曝光""对比度""高光"和"阴影"等选项进行设置，增强曝光，提亮阴影并压暗高光部分，这样白色的天空就会出现云层细节，如右中图所示。如果需要向天空增加颜色，则可以单击"颜色"右侧的颜色块，在打开的对话框中对颜色进行设置，如果将色彩设置为蓝色，则得到的效果与加装蓝色渐变镜拍摄的效果类似，如右下图所示。

3.4.2　发灰照片的修复技巧

　　拍摄的照片偏灰是很多人都会遇到的问题。偏灰的照片不但看起来灰蒙蒙的一片，而且颜色看起来也很暗淡。以右图所示的照片为例，这张照片由于拍摄时对相机中的参数设置不合理，导致照片明显偏灰，完全没有将雪山的磅礴气势展现出来，所以在后期处理时就需要加强对比。

步骤 01　提亮偏暗的图像

在 Camera Raw 中将照片打开，先将"曝光"滑块向右拖动，轻微提高曝光量，让偏灰的图像先亮起来。

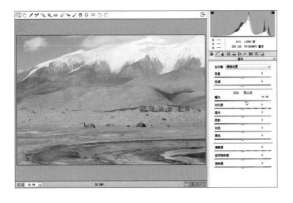

步骤 02　加强对比

提高照片的亮度后，画面颜色反差仍显不足，所以再将"高光""白色"滑块向右拖动，让照片中亮部区域变得更亮，将"阴影""黑色"滑块向左拖动，让照片中暗部区域更暗，以加强对比效果。

步骤 03　控制清晰度和饱和度

　　经过前面的设置后，可以看到照片的对比明显加强了，但为了让图像看起来更清晰，再将"清晰度"滑块向右拖动，当"清晰度"为+33 时，从预览窗口中即可看到更为清晰的画面效果。

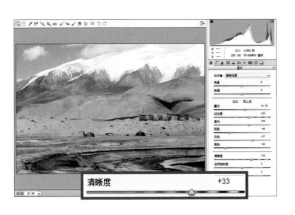

步骤 04　进一步加强对比

　　单击"色调曲线"选项卡中的"点"标签，切换到"点"选项卡，在"曲线"下拉列表框中选择"线性"选项，然后根据照片的情况对曲线的形状作轻微调整，进一步加强对比。

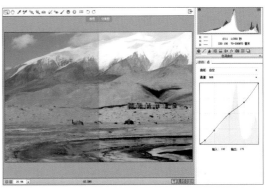

第 4 章
Camera Raw
高级应用

Camera Raw 是目前最为流行的 RAW 格式图像处理程序，除了可以进行一些简单的图像调整外，它还可以无损地校正 RAW 格式照片出现的各种镜头问题、色彩问题等。使用 Camera Raw 处理照片时，完整地保留了原始的数据，如果用户对设置的选项不满意，还能随时恢复原始照片效果。

上一章讲解了一些简单的 RAW 格式照片的处理方法，本章会更深入地介绍如何运用 Camera Raw 校正因镜头问题造成的照片缺陷以及 RAW 格式照片的批处理方法等。

知识点提要

1. 解决镜头缺陷造成的照片问题

2. Camera Raw 高级修复与润饰技巧

3. 专业技法

4.1
解决镜头缺陷造成的照片问题

无论是价值数万元的高级镜头，还是几百元的普通镜头，只要是镜头，总会存在一些光学缺陷，这是镜头设置与制造过程中无法避免的。常见的镜头缺陷有畸变、暗角、色散等。对于这些镜头缺陷，通过后期处理，都能够在一定程度上获得校正。

4.1.1　深度解析自动校正

在 Camera Raw 中可以通过启用相机配置文件的方式来校正因为镜头原因导致的照片变形。启用镜头配置文件校正图像之前，需要了解什么是配置文件。配置文件是 Camera Raw 根据不同的镜头所加载的设置。当选择配置文件校正图像时，Camera Raw 会根据你的镜头自动识别镜头参数来选择配置文件，从而快速校正照片。Camera Raw 中的镜头配置文件是比较丰富的，绝大多数镜头都可以在这里找到相应的配置文件。使用配置文件校正图像时，如果 Camera Raw 没有自动查找到正确的镜头配置文件，那么可以根据照片中的原始 EXIF 数据手动选择制造商、型号和配置文件。

"镜头校正"选项卡中除了使用配置文件自动校正变形的图像之外，还可以使用其"手动"选项卡中的"自动：应用平衡透视校正"功能校正倾斜的照片。以上面的照片为例，可能因为拍摄角度和手持相机的角度等原因，照片已经完全倾斜了，此时使用此功能，只需一次单击操作就能把倾斜的照片自动校正。

在右图中，打开了一张拍摄的鱼眼变形照片，为了快速校正这张照片中的变形部分，可单击"镜头校正"按钮，切换到"镜头校正"选项卡。先勾选"启用镜头配置文件校正"复选框，然后在下面的"镜头配置文件"选项区中选择相机镜头。由于这张照片是使用佳能相机拍摄的，所以在"制造商"下拉列表框中选择 Canon，接着软件根据相机设置自动指定镜头配置文件，并完成图像的校正。

单击"镜头校正"选项卡中的"手动"标签，切换到"手动"选项卡，单击"自动：应用平衡透视校正"按钮，就校正了倾斜的照片，效果如右图所示。

4.1.2 妙用"颜色"功能校正色边

在拍摄过程中，由于被拍摄物体反差较大，在高光与低光部位的交界处出现色斑的现象即为数码相机的色边。在强逆光情况下拍摄时，容易在照片中出现色边现象。Camera Raw 的"镜头校正"选项卡中的"颜色"功能，可消除照片中明显的色边现象。

如左上图所示，打开一张拍摄的鸟儿照片，将图像稍微放大一些，可以看到在树枝和天空的交界处存在明显的紫边。单击"镜头校正"选项卡中的"颜色"标签，切换到"颜色"选项卡，因为色边为紫色，所以在"去边"选项组中对"紫色数量"和"紫色色相"选项进行设置，将"紫色数量"滑块向右拖动，扩大修复的紫边范围，再将"紫色色相"下方的两个滑块向外侧拖动，为紫边区域的图像补偿青色和红色，可以看到设置后照片中的紫边不见了，如右上图所示。

在使用"去边"功能调整图像时，按住 Alt 键并拖动滑块可以更好地查看选项所影响的范围。如果在按住 Alt 键的同时拖动"紫色数量"或"绿色数量"滑块，则照片中白色叠加的区域就是受到去边影响的范围，如左下图所示；如果在按住 Alt 键的同时拖动"紫色色相"或"绿色色相"滑块，则照片中黑色叠加的区域就是去边的范围，如右下图所示。

按住 Alt 键拖动 "紫色数量" 滑块　按住 Alt 键拖动 "紫色色相" 滑块

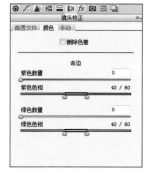

小提示

还原照片

在 Camera Raw 中对照片进行设置后，如果对设置的效果不满意，则可按住 Alt 键不放，位于 Camera Raw 窗口右下角的"取消"按钮会变为"复位"按钮，单击该按钮就会撤销所有设置，将照片还原为原始状态。

"颜色"选项卡

- ⊙ 删除色差：勾选该复选框，去除红色／绿色和蓝色／黄色色偏。
- ⊙ 紫色数量：设置去除紫色的强度，设置的参数值越大，去除紫边的效果越强。
- ⊙ 紫色色相：调整紫色边缘的颜色，向边缘区域补偿青色或红色。
- ⊙ 绿色数量：设置去除绿色的强度，设置的参数值越大，去除的效果越强。
- ⊙ 绿色色相：调整绿色边缘的颜色，向边缘区域补偿黄色或蓝色。

4.1.3　校正或创建晕影效果

晕影也称暗角或边角失光。暗角对于专业摄影师来说也许并不陌生，它是摄影中的常用术语，指拍摄亮度均匀的景物时照片四角变暗的现象。

在 Camera Raw 中，利用"镜头校正"选项卡中的"镜头晕影"选项组（见右图）可以去除 RAW 格式照片中的晕影。当然，也可以利用"镜头晕影"选项组为照片添加晕影，从而突出照片的主对象。

在 Camera Raw 中，单击"镜头校正"按钮，切换到"镜头校正"选项卡，单击"手动"标签，切换到"手动"选项卡，在其底部即可看到"镜头晕影"选项组，包括"数量"和"中点"两个选项，如右图所示。

打开一张素材照片，由于原照片的边缘有晕影，所以看起来偏暗，展开"镜头校正"选项卡，切换到其中的"手动"选项卡，向右拖动"数量"滑块，使照片的边缘部分变亮，去除晕影，再向左拖动"中点"滑块，调整加亮图像边缘的范围，使图像边缘变得明亮，如左图所示。

在 Camera Raw 中，除了可以使用"手动"选项卡中的"镜头晕影"选项组去除照片中的晕影外，还可以使用"配置文件"选项卡的"校正量"选项组中的"晕影"选项来处理照片中的晕影。"晕影"选项的默认值为 100，即应用配置文件中的 100% 晕影校正，大于 100 的值将应用更大的晕影校正，小于 100 的值将应用更小的晕影校正。

处理图像时，并不是所有照片中的晕影都是需要去除的。在某些时候，也可以向照片中添加晕影，突出画面中间部分，以获得更为集中的视觉效果。

"镜头晕影"选项组

- ◉ 数量：用于照片角落的变亮和变暗设置，向右拖动"数量"滑块或输入正值，可使照片角落变亮；向左拖动"数量"滑块或输入负值，可使照片角落变暗。

- ◉ 中间：设置应用晕影的范围，将"中点"滑块向左拖动或直接设置较低的值，可将调整应用于远离中心的较大区域；向右拖动"中点"滑块或直接设置较高的值，可将调整限制在靠近角落的区域。

单击"镜头校正"按钮 🔲，在展开的"镜头校正"选项卡中勾选"启用镜头配置文件校正"复选框，然后向右拖动"晕影"滑块，提高边缘亮度，去除晕影，如右图所示。

4.2
Camera Raw 高级修复与润饰技巧

在 Camera Raw 中，除了可以校正因镜头问题而出现的各种问题外，还可对照片进行更深入的调整与修饰操作，如调整 RAW 格式照片中单个颜色的饱和度、亮度，去除照片中的杂色，同步处理多张照片等。下面将针对这些内容作全面剖析。

4.2.1 解析"同步"功能

处理 RAW 格式照片时，如果要对一批 RAW 格式照片进行相同的调整，则可以使用 Camera Raw 中的"同步"功能进行照片的批量处理。使用"同步"功能处理照片时，可以对多张 RAW 格式照片应用相同的曝光度、饱和度等参数，提高照片处理效率。使用"同步"功能处理照片前，需要打开多张要进行批处理的照片。

右图为多张 RAW 格式照片的打开效果，打开照片后在图像预览窗口中会显示照片的预览图。

单击文件列表中的第一张照片，在窗口右侧单击"自动"按钮，先应用"自动"功能调整照片，再单击"色调曲线"按钮，切换到"色调曲线"选项卡，拖动曲线，调整图像，以增强对比效果，如右图所示。

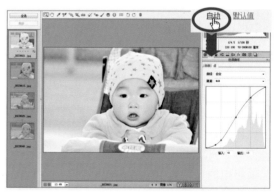

使用"同步"功能批量处理 RAW 格式照片时，需要先对一批照片中的一张照片进行调整，然后将相同的设置应用到其他多张照片中，实现 RAW 格式照片的批量调整。单击 Camera Raw 窗口左上角的"同步"按钮，即可打开"同步"对话框，在其中可设置同步处理的范围，即勾选要进行批量编辑的选项，也可以单击"同步"右侧的下三角按钮，在展开的下拉列表中选择需要编辑的选项，当选择一个选项后，在下方会自动勾选与之相关的设置选项，确认设置后就可以实现照片的同步处理。

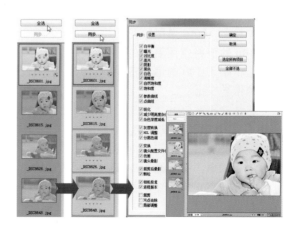

单击"全选"按钮，选择所有打开的照片，单击"同步"按钮，打开"同步"对话框，在其中勾选要同步处理的选项，单击"确定"按钮，同步处理照片，快速完成 RAW 格式照片的批量处理，如右图所示。

4.2.2 HSL/ 灰度的深度解析

使用 Camera Raw 调整照片色彩时，除了可以调整照片整体的颜色饱和度外，还可以利用 "HSL/ 灰度"选项卡中的选项调整单个颜色的色相、饱和度及亮度。此选项卡的功能与 Photoshop 中的 "色相 / 饱和度"命令非常相似。单击 "HSL/ 灰度"按钮，切换到 "HSL/ 灰度"选项卡（见右图），可以看到 "色相""饱和度"和"明亮度"3 个标签，它们分别用于调整指定颜色的色相、饱和度及明亮度。

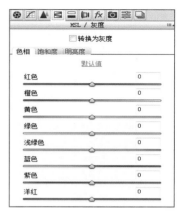

HSL/ 灰度选项卡

在 Camera Raw 中打开一张秋景照片，为了更加强烈地渲染秋意氛围，单击 "HSL/ 灰度"按钮，切换至 "HSL/ 灰度"选项卡，单击 "色相"标签，向左拖动 "橙色"和"黄色"滑块，加强色调；再单击 "饱和度"标签，向右拖动 "橙色"和"黄色"滑块，增强颜色饱和度，可得到更加艳丽的秋景照片，如下图所示。

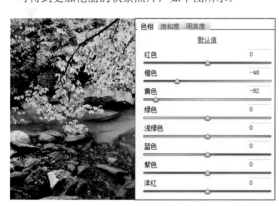
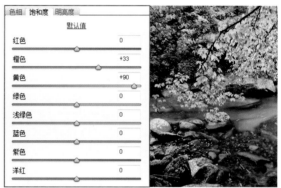

"HSL/ 灰度"选项卡

- 色相：设置选项改变颜色，要改变哪种颜色，就拖动其下方的滑块。
- 饱和度：可调整各种颜色的鲜明度或颜色浓度。
- 明亮度：可以调整各种颜色的亮度。
- 转换为灰度：勾选该复选框后，可以将彩色照片转换为黑白效果，并显示 "灰度混合"选项卡。

1. 通过选项调整颜色

在 "HSL/ 灰度"选项卡中，如果要对某个颜色的色相进行调整，则需要利用其中的 "色相"选项卡来完成。在 "色相"选项卡中显示了多个不同的颜色选项，可以直接在颜色选项右侧的数值框中输入数值，或者左右拖动选项滑块，调整指定颜色的色相。调整颜色时，可以通过切换视图的方式查看颜色调整前与调整后的照片效果。

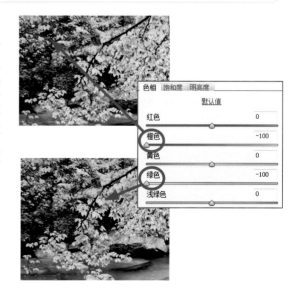

右图中分别调整 "橙色"和"绿色"选项，设置后将只更改原画面中橙色和绿色区域的图像颜色，其他颜色则没有发生改变。

2. 通过选项调整饱和度及亮度

在"HSL/ 灰度"选项卡下，除了使用"色相"更改照片中的指定颜色外，还可以对指定颜色的饱和度及亮度进行调整。要调整饱和度及亮度时，需要单击其中的"饱和度"或"明亮度"标签，切换到相应的选项卡。在"饱和度"和"明亮度"选项卡中可以看到，其中包括的颜色数量与"色相"选项卡中的颜色数量一样，不同的是"饱和度"选项卡中的颜色是对指定颜色的饱和度进行调整，向右拖动滑块会增加饱和度，向左拖动滑块会降低饱和度；而"明亮度"选项卡中的选项是对指定颜色的亮度进行调整，向左拖动滑块会降低颜色亮度，向右拖动滑块会增加颜色亮度。

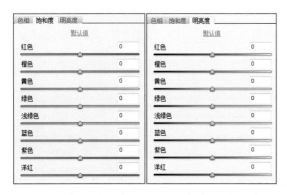

"饱和度"选项卡　　　"明亮度"选项卡

如右图所示，单击"饱和度"标签，在展开的选项卡中向左拖动"黄色"滑块，降低黄色的饱和度。

如右图所示，单击"明亮度"标签，在展开的选项卡中向左拖动"黄色"滑块，降低黄色的亮度。

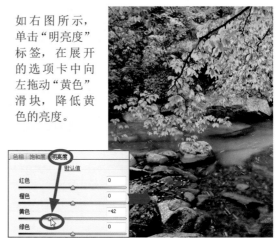

4.2.3　理解校准相机的意义

如果你拍摄的是 RAW 格式照片，那么当你在 Camera Raw 中浏览照片时，最直观的感受就是似乎与在相机屏幕中所看到的不一样。造成这一情况的主要原因是 Camera Raw 对 RAW 格式照片的默认渲染方式与相机内置图像处理器或原厂软件的渲染方式有所区别。比如，当在相机中设置了一个非常鲜艳的模式时，自然在相机屏幕上看到的是一张很鲜艳的照片，但是如果 Camera Raw 中的色彩配置文件不对，那么在 Camera Raw 中看到的则可能是一张色彩很暗淡的照片。

在 Camera Raw 中，可以利用"相机校准"选项卡解决照片颜色不一致的问题。在"相机校准"选项卡中有一个"相机配置文件"列表，通过它可以根据所使用的相机品牌来选择对应的配置文件，这样就可以快速校准照片的色彩。如果在 Camera Raw 中打开的照片是 JPEG 格式的，则在"相机配置文件"列表中只能看到"嵌入"选项，而只有打开 RAW 格式的照片时，才会出现更多的相机配置文件，至于配置文件的多少，则与使用的相机品牌密切相关。

下图为打开RAW格式照片后，在"相机配置文件"列表中显示的、可用于匹配颜色的配置文件。

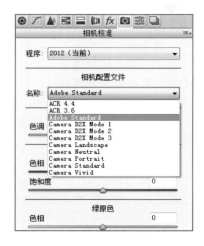

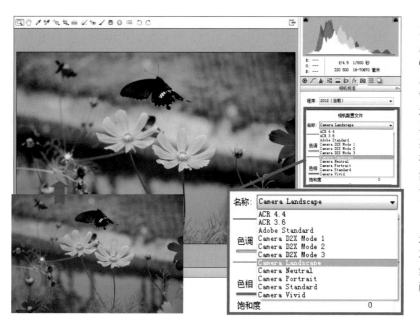

左图所示的照片是使用尼康 D80 拍摄的，所以在 Camera Raw 中打开照片后，单击"相机校准"按钮，切换到"相机校准"选项卡，单击"名称"下三角按钮，展开下拉列表，其中的选项对应了照片风格中的中性、风光、自然、人像等标准选项；由于这张照片在相机中选择了风景拍摄模式，所以在"相机配置文件"列表中选择 Camera Landscape 选项，对应照片风格中的"自然"，设置后会发现照片颜色变得更鲜艳了。

4.2.4　灰度杂色和彩色噪点的处理技巧

噪点在数码照片中是相当常见的现象。照片中出现噪点会严重影响图像的质量，所以在处理照片时，如果图像有较明显的噪点，那么首先就要将这些噪点去除。Camera Raw 的"细节"选项卡中设置了"减少杂色"选项组（见右图），通过调整其中的选项，可以在不破坏图像边缘锐化的情况下减少画面的杂色，得到更干净的图像。单击 Camera Raw 窗口中的"细节"按钮，切换到"细节"选项卡，在该选项卡下可看到"减少杂色"选项组，其中包括 6 个选项："明亮度""明亮度细节"和"明亮度对比"3 个选项用于亮度降噪，"颜色""颜色细节"和"颜色平滑度"3 个选项用于颜色降噪。

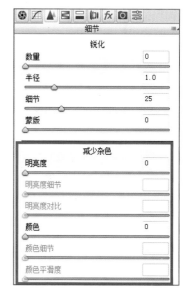

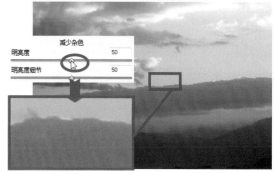

打开一张夜景照片，放大图像后可以看到照片中较明显的噪点，单击"细节"按钮，切换到"细节"选项卡，在下方的降噪区域向右拖动"明亮度"滑块，当拖至 50 时，可以看到照片中的噪点已经没有了，得到了更为干净的画面效果，如上图所示。

"减少杂色"选项组

- 明亮度：减少明亮度杂色。
- 明亮度细节：控制明亮度杂色阈值。值越高，保留的细节就越多；值越低，产生的结果就越干净。
- 明亮度对比：控制明亮度对比，适用于杂色照片。值越高，保留的对比度就越高，但可能会产生杂色的花纹或色斑；值越低，产生的结果就越平滑，但也可能使对比度降低。
- 颜色：减少彩色杂色。
- 颜色细节：控制彩色杂色阈值。值越高，边缘就能保持得更细、色彩细节更多，但可能会产生彩色颗粒；值越低，越能消除色斑，但可能会产生颜色溢出。
- 颜色平滑度：用于控制彩色杂色的平滑度，数值越大，保留的细节越少，图像越干净。

1. 颜色降噪

由于彩色噪点对画面的影响很大，会明显影响色彩表达，因此在处理噪点时，应首先考虑颜色噪点。对于 RAW 格式照片来说，Camera Raw 默认会使用 25 的颜色降噪值。在这个设置下，绝大多数照片都不容易看到颜色噪点，因此这也是一个不错的平衡值设置。但是，有时"颜色"为 25 的设置会导致小部分图像细节的丢失，所以可以再适当降低降噪值，以减少对 RAW 格式照片细节的影响。

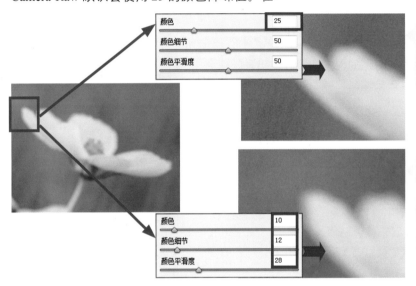

左图所示是"颜色"为默认值 25 时对照片进行颜色降噪的效果，画面中还有一些细节的颜色噪点。

左图所示为向左拖动"颜色"滑块，将其设置为 10，再调整"颜色细节"和"颜色平滑度"，去除噪点后的效果。

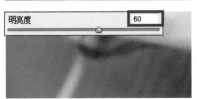

如上图所示，两幅图像分别展示不同"明亮度"对照片灰度降噪所产生的效果。

2. 灰度降噪

对于照片的亮度噪点，在降噪的时候要考虑细节与噪点的平衡。照片中少量的亮度噪点往往不会对照片造成太明显的影响，因此，在做明亮度降噪时不要只注意到噪点，同时也要考虑照片的细节部分，注意降低噪点对图像细节所产生的影响。在 Camera Raw 中，将"减少杂色"选项组中的"明亮度""明亮度细节"和"明亮度对比" 3 个选项结合起来，才能准确地完成灰度降噪。其中，"明亮度"选项主要用于控制降噪的程度，参数较大时有可能会造成图像细节的损失，这时要利用"明亮度细节"和"明亮度对比"两个选项对降噪效果进行微调，向右拖动滑块会找回一些细节，向左拖动滑块则会起到协同降噪的作用。"明亮度细节"和"明亮度对比"选项主要用于轻微地减少降噪所带来的负面影响。

4.3
专业技法

经过前面的讲解，读者学到了更多的 RAW 格式图像的处理方法。在本节中会综合前面所学，运用 Camera Raw 软件进行更有针对性的照片处理工作，同时还将对 Lightroom 软件作简单讲解，学习更多的 RAW 格式图像处理技巧。

4.3.1　掌握"快速修改照片"处理技法

对于 RAW 格式照片的快速处理，除了可以使用 Camera Raw 来实现外，还可以使用 Lightroom 进行设置。在 Lightroom 的"图库"模块中有一个"快速修改照片"面板（见右图），只需单击"色调控制"选项组下方的按钮，就可以快速完成照片的一键式调整。

在"网格视图"或"胶片显示窗口"中选择需要应用自动功能调整曝光的照片，单击"快速修改照片"右侧的下三角按钮，即可展开"快速修改照片"面板。如果单击"自动调整色调"按钮，将会自动调整照片的影调；如果对自动调整效果不满意，则可以单击"曝光度""对比度"等选项旁的三角按钮作进一步调整，以便获得最佳的效果。

以左图所示照片为例，这张照片看起来很普通，不仅明显对比不强，而且色彩也很灰暗，因此需要通过后期处理进行修复。使用 Lightroom 处理照片前，需要先把照片导入到"图库"中。导入照片以后，先单击"自动调整色调"按钮，尝试用自动调整功能对照片作简单处理，经过处理后，会发现照片亮度、对比都得到了一定提升。

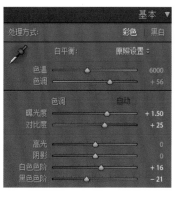

当单击"快速修改照片"面板中的"自动调整色调"按钮后，在"修改照片"模块的"基本"面板（见右图）中会自动对相关参数进行调整。如果想知道具体的参数调整值，则可以单击"修改照片"按钮，切换到"修改照片"模块，在该模块下即可看到单击"自动调整色调"按钮后，面板中各选项参数值的变化。

4.3.2 全面解析 Lightroom 中的照片处理

在 Lightroom 中，不但可以使用"快速修改照片"面板来
快速调整 RAW 格式照片，还可以使用"修改照片"模块对照
片做进一步的修整与美化。在"修改照片"模块中同样包括"基
本""色调曲线""HSL/ 颜色 / 黑白""分离色调""细节""镜
头校正""效果"和"相机校准"等 8 个面板，其中的选项设
置与 Camera Raw 中的非常相似。单击名称右侧的三角按钮，就
会展开对应的面板，通过调整其中的选项，能够快速完成 RAW
照片处理。下面结合实例讲解 Lightroom 中的照片处理流程。

步骤 01 提亮偏暗的图像

在 Lightroom 中处理照片时，首先要把照片导入
到图库中，导入后在"图库"中即会显示原始的
照片效果。

步骤 03 控制清晰度及饱和度

经过前一步操作，图像虽然变亮了，但是画面却
不够柔美。此时单击"色调曲线"旁的三角按钮，
展开"色调曲线"面板，在其中先单击并向上拖
动曲线，提高图像亮度，再选择"蓝色"通道，
向上拖动曲线，提高"蓝色"通道中的图像亮度，
以得到更梦幻的色调效果。

步骤 02 加强对比

单击"修改照片"按钮，切换到"修改照片"模块。
由于原照片明显曝光不足，所以先单击"基本"
面板中的"自动"按钮，单击后将自动更改下方
的曝光度、对比度等选项，并应用设置自动校正
曝光度，使图像变得明亮。

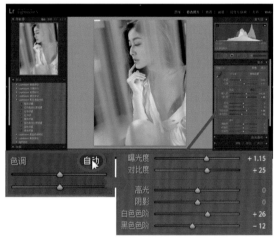

小提示

选择颜色通道

在"色调曲线"面板中，单击"通道"右侧的
三角按钮，展开"通道"下拉列表，在其中即
可选择单个颜色通道。

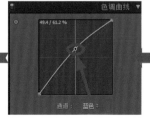
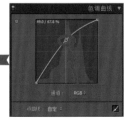

第 5 章
照片的基本调校

想要得到一张高品质的照片，除了前期的选景、构图、环境和光线等因素的把握外，恰当的后期处理也是必不可少的。在后期处理时，不但可以调整照片的构图方式，还可以根据照片的最终用途以不同的方式输出等等。

在本章中，会为读者讲解一些关于数码照片后期处理的基础设置，如照片大小调整、画布大小调整、二次构图以及照片的存储等。通过学习，读者能够深入掌握简单的数码照片后期处理技术。

知识点提要

1. 照片尺寸的调整

2. 全面剖析二次构图

3. 重新存储照片

4. 专业技法

5.1
照片尺寸的调整

数码照片的用途多种多样，如用作电脑壁纸、用于打印、传输到网络相册等，所以，为了尽可能地满足大部分用途，在拍摄照片时，在相机中设置的图像尺寸应尽可能大一些，这样在进行后期处理时，就能根据照片的最终用途对图像尺寸进行重新设置。

5.1.1 调整图像大小的意义

调整图像大小是用 Photoshop 编辑照片最为基础的一项操作。由于数码相机中可设置的照片尺寸有很多，所以拍摄照片之前，会考虑后期的多种用途而尽可能将尺寸设置得大一些。当照片的尺寸过大时，并不利于后期处理，所以为了更快、更好地完成照片后期处理工作，在处理之前，首先要对照片的大小作简单调整。在 Photoshop 中，利用"图像大小"命令可以快速调整照片的像素大小、打印尺寸以及分辨率。修改照片大小不但会影响图像在屏幕上的视觉效果，还会影响图像的质量及其打印特性，同时还将决定其占用多大的存储空间等。

打开一张照片素材，执行"图像 > 图像大小"菜单命令，打开"图像大小"对话框，在其中可以看到原片的宽度值和高度值都非常大，说明照片尺寸相对较大，在后期处理时会降低处理速度，而在实际操作中，往往不需要这么大的照片，所以可缩小图像。将"宽度"值更改为 1500 像素，单击"确定"按钮，返回图像窗口，可以看到在相同显示比例下图像显示效果的区别，如右图所示。

"图像大小"对话框

- 调整为：在此下拉列表框中可选择系统预设的大小，快速调整图像尺寸。

- 宽度：用于设置调整后图像的宽度值，在数值框中输入具体数值，在右侧的下拉列表框中选择调整后的单位。

- 高度：用于设置调整后图像的高度值，在数值框中输入具体数值，在右侧的下拉列表框中选择调整后的单位。

- 分辨率：设置调整后图像的分辨率大小。

- 重新采样：勾选该复选框，可根据文档类型选择是放大还是缩小文档的方式对照片进行重新采样。

限定长宽比

在"图像大小"对话框中，如果要对图像的大小进行调整，默认情况下会限制长宽比，此时调整图像大小，会根据原图像的大小进行等比例缩放，即当更改"宽度"或"高度"中的一个选项时，另一个选项也会随之发生改变。如果单击链接图标，取消链接，则不会再约束长宽比，此时调整图像大小容易导致图像发生变形。

5.1.2　画布大小的选择与解析

画布大小是图像完全可编辑区域。使用 Photoshop 编辑的图像都是在画布中进行的，所以画布大小对于照片的后期处理也是非常重要的。在 Photoshop 中，如果要对编辑图像的画布大小进行调整，可以使用"画布大小"命令实现。"画布大小"命令可增加或减小图像的画布大小，如果增大画布尺寸，可在现有图像周围增加空间；如果减小画布尺寸，则会对图像实行裁剪操作。

如右图所示，打开一张素材照片，执行"图像＞画布大小"菜单命令，打开"画布大小"对话框。这里为了突出画面右侧最高的一座山峰，可把左侧多余的部分从可编辑区域中删去。单击"定位"选项旁边的右箭头，从最右侧定位，再对照片的"宽度"进行调整，将原来的 36.03 更改为 14，设置后单击"确定"按钮，从画布中减去图像，得到水平构图效果。

更改实际的画布大小

在"画布大小"对话框中，若勾选"相对"复选框，则"宽度"和"高度"选项中的数值将代表实际增加或减少的区域的大小，而不再代表整个文档的大小。此时输入正值会增加画布，输入负值会减小画布。

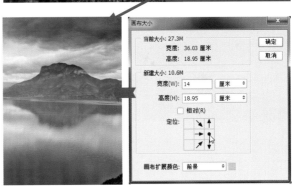

处理照片时，如果要为拍摄到的照片快速添加边框效果，可使用"画布大小"命令来完成。当在"画布大小"对话框中输入的"宽度"和"高度"值大于当前图像原来的宽度和高度时，Photoshop 就会利用选择的画布扩展颜色扩展画布，这样会在图像边缘生成边框效果。

"画布大小"对话框

- ◉ 当前大小：显示当前打开的图像的宽度和高度。
- ◉ 新建大小：用于设置调整后画布的宽度和高度，可直接输入数值。
- ◉ 定位：设置画布扩展的方向，通过单击旁边的方向箭头来设置方向。
- ◉ 画布扩展颜色：选择画布扩展的颜色，单击右侧的三角按钮进行设置。选择"其他"选项，或者单击右侧的颜色块，将打开"拾色器（画布扩展颜色）"对话框，在该对话框中可根据个人喜好定义画面颜色。

5.2
全面剖析二次构图

一张好的照片离不开好的构图方式，好的构图方式可使照片中的主体变得更加明确。但是对于大多数照片来说，最初的构图都会存在一些小问题，所以在后期处理时都会对构图作简单调整，修正拍摄时的构图错误或者改变图像的构图方式，完成照片的二次构图。

5.2.1 裁剪工具的深度解析

Photoshop 中调整照片构图的工具里，最为常用的就是"裁剪工具"。使用工具箱中提供的"裁剪工具"可以快速对照片的构图方式进行调整，裁剪掉照片中多余的图像，达到重新定义构图的目的。

打开一张花卉照片，此图像要表现的主体本来是左下角的玫瑰花，但是因为构图不合适，导致主体被忽略。为了突出画面左下角的玫瑰花，选择工具箱中的"裁剪工具"，在图像窗口中单击，添加一个裁剪框，使用鼠标单击并拖动裁剪框的边线，调整裁剪框的大小，将玫瑰花置于三分线上，按 Enter 键确认裁剪，调整画面的构图，如下图所示。

"裁剪工具"选项栏

- 数值框：在裁剪过程中要对图像进行重新取样，可在选项栏的数值框中输入高度、宽度或分辨率，或者使用预设选项，选中预设选项的同时，数值框中的参数也会发生相应变化。
- 清除：单击"清除"按钮可清除选项栏中"宽度"和"高度"选项的值。如果显示了分辨率，也会清除该选项的值。
- 拉直：用于拉直校正倾斜的图像。
- 叠加选项：单击该按钮，可选择裁剪叠加选项，即选择需要在裁剪框中显示的参考线效果。
- 裁剪选项：用于指定其他裁剪选项。如果希望像在之前版本的 Photoshop 中一样使用裁剪工具，则勾选"使用经典模式"复选框；如果勾选"显示裁剪区域"复选框，则可以显示裁剪的区域，若取消勾选，则仅预览裁剪后的保留区域；如果勾选"启用裁剪屏蔽"复选框，则使用裁剪屏蔽将裁剪区域与色调叠加。
- 复位裁剪框：用于取消裁剪操作并删除裁剪框。
- 提交当前裁剪操作：单击该按钮将确认当前裁剪框并裁剪图像。
- 删除裁剪的像素：取消勾选该复选框，可应用非破坏性裁剪，并在裁剪边界外部保留像素，且不会移去任何像素。

1. 裁剪范围的确定

使用"裁剪工具"调整照片构图时，并不是一次就能准确绘制出一个用于裁剪照片的裁剪框，很多时候都需要对绘制的裁剪框的大小进行调整，这样才能在反复调整操作中获得更完美的构图效果。在图像中创建裁剪框后，如果需要对裁剪框进行编辑，可移动鼠标至裁剪框的边线位置，当鼠标指针呈双向箭头时，单击并拖动鼠标可调整裁剪框的宽度或高度；如果要移动裁剪框到其他位置，则将鼠标指针放于裁剪框内，当鼠标指针变为实心的黑色箭头时，单击并拖动鼠标调整位置；如果要对裁剪框进行旋转操作，则移动鼠标至裁剪框的转角位置，当鼠标指针变为弯曲的双向箭头时，单击并拖动鼠标即可旋转裁剪框；如果要对裁剪框的中心点位置进行调整，则移动鼠标至裁剪框的中心位置，当鼠标指针变为带正方形的箭头时，单击并拖动鼠标即可重新定义裁剪中心点。

如上图所示，将鼠标移至创建的裁剪框上边线的中间位置，此时鼠标指针变为双向箭头，单击并向上拖动鼠标，调整裁剪框，扩大裁剪范围。

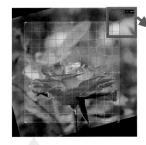

如上图所示，将鼠标移至创建的裁剪框底角的转角位置，此时鼠标指针变为弯曲的双向箭头，单击并拖动鼠标，即可对裁剪框进行旋转操作，且会在鼠标指针旁显示对应的旋转角度。

2. 选用预设裁剪值快速裁剪照片

在裁剪照片时，如果不能确认裁剪的尺寸，那么可以尝试选用系统预设的长宽比或像素裁剪照片。在"裁剪工具"选项栏中提供了几种不同的预设裁剪方案，使用这些方案可以快速对原素材图像的构图进行调整。在"裁剪工具"选项栏中，单击"比例"选项右侧的三角按钮，即可展开"选择预设长宽比或裁剪尺寸"下拉列表，当选择其中一个选项后，就会自动在

图像中创建一个同等长宽比或裁剪尺寸的裁剪框。如果选择了裁剪比例选项，那么无论如何拖动裁剪框上的锚点，裁剪的比例都是固定不变的。

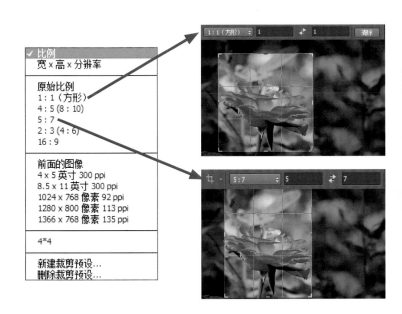

如果要将照片裁剪为方形，可在"选择预设长宽比或裁剪尺寸"下拉列表中选择"1：1（方形）"选项，如左图所示。选择该选项后，在图像中创建了一个比例为 1：1 的等比例裁剪框。

为了让画面变得更紧凑，可以将照片转换为竖向构图，可在"选择预设长宽比或裁剪尺寸"下拉列表框中选择"5：7"选项，如左图所示，此时在图像中创建了一个比例为 5：7 的纵向裁剪框，调整裁剪框，将花朵置于裁剪框内。

3. 不同裁剪叠加方式营造经典构图效果

摄影中有许多经典的构图方式，如黄金分割法构图、三分法构图、水平线构图、对角线构图等。如何使用 Photoshop 中的裁剪工具裁剪照片，获得经典的构图效果呢？此时就需要借助裁剪叠加选项。在"裁剪工具"选项栏的"叠加选项"下拉列表中罗列了多种不同的构图参考线（见右图），启用这些参考线可以帮助人们对裁剪框进行精确调整，从而获取更满意的构图效果。在"叠加选项"下拉列表中，根据不同的照片构图需要，可以选择相应选项。当选择选项后，使用"裁剪工具"创建裁剪框时，就会在裁剪框中显示对应的裁剪参考线。

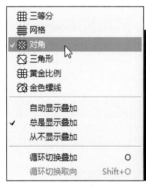

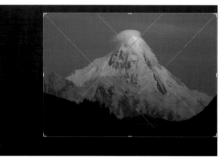

左图为拍摄的日落时的雪山风光，在后期处理时，为了增强画面的稳定感，在"裁剪工具"选项栏的"叠加选项"中选择"对角"选项，在画面中创建裁剪框，裁剪图像，把图像更改为三角形构图，让画面更有感染力。

4. 调整屏蔽颜色

在使用"裁剪工具"的过程中，被裁剪区域默认的显示方式为黑色半透明的蒙版遮盖效果，但是有的照片由于图像本来的色彩和影调的原因，与蒙版的颜色接近，不利于观察裁剪区域是否合适。这时就需要选中"启用裁剪屏蔽"复选框，更改被裁剪区域的叠加颜色和不透明度，让蒙版颜色与原图像能明显区分。

如上图所示，单击"颜色"右侧的下三角按钮，在展开的下拉列表中选择"自定"选项，打开"拾色器"对话框，将颜色设置为红色，设置后原黑色半透明的蒙版将显示为红色半透明的蒙版效果。再通过调整不透明度，可以更直观地观察被裁剪区域和保留区域的图像。

小提示

保留被裁剪的图像

运用"裁剪工具"裁剪图像时，如果不能确定裁剪的效果，那么在裁剪照片之前，可以先在"裁剪工具"选项栏中取消勾选"删除裁剪的像素"复选框，这样在裁剪照片时，会将裁剪框外的图像保留并隐藏起来。如果需要调整裁剪范围，只需选择"裁剪工具"，然后在图像中单击，就会重新显示被裁剪区域的图像，也可以重新对裁剪框的大小进行调整。

5.2.2　掌握透视裁剪工具

　　当人们从地面拍摄高楼时，会因透视角度的问题使得拍摄出来的照片透视效果不理想。当照片中出现了透视错误时，可以使用 Photoshop 中的"透视裁剪工具"加以修正。"透视裁剪工具"可以从一定的角度对图像的透视角度进行校正，并在裁剪图像的同时变换图像的透视，帮助人们校正照片中错误的透视问题，使画面恢复正常的透视视觉效果。

　　使用"透视裁剪工具"裁剪照片时，只需在画面中连续单击，绘制四边形的裁剪框，并根据照片中主体对象的透视角度，拖动裁剪框边角点，将裁剪框的边缘与照片中畸变对象的矩形边缘匹配，使其基本重合或平行，这样才能让裁剪后的照片恢复到正常的透视视觉效果。除此之外，在创建的透视裁剪框中，也可以运用鼠标对已创建的透视裁剪框的透视角度做进一步的修改操作。

　　如上图所示，打开一张夜晚拍摄的建筑照片，图像的透视效果与实际景象存在一定的差别，因此选择"透视裁剪工具"，在图像窗口中单击并拖动鼠标，创建透视裁剪框，再调整裁剪框的形状，使裁剪框边线与建筑物的垂直线平行，按 Enter 键裁剪照片，校正透视效果。

"透视裁剪工具"选项栏

- ⊙　W：设置透视裁剪的宽度，在右侧的数值框中输入参数即可。
- ⊙　H：设置透视裁剪的高度，在右侧的数值框中输入参数即可。
- ⊙　高度和宽度互换：单击后可以互换"W（宽度）"和"H（高度）"值。
- ⊙　分辨率：用于设置裁剪后的图像分辨率，单击选项后面的三角按钮，可以在弹出的下拉列表中选择所需的分辨率单位。
- ⊙　前面的图像：单击该按钮，可以使用"图层"面板中最顶层图层的数值进行裁剪。
- ⊙　清除：单击该按钮，可以将设置的 W、H 和分辨率等选项全部重置为 0。
- ⊙　显示网格：勾选该复选框，可以显示透视裁剪框中的网格辅助线；取消勾选时，则不会显示网格辅助线。

5.2.3　倾斜照片的修复技巧

　　由于在拍摄时疏忽大意，相机没有端正，所拍摄的画面地平线或水平线难免会出现倾斜的情况，这时在后期处理时，首先就要做水平校正。在 Photoshop 中，使用"裁剪工具"的拉直功能或"标尺工具"均可以对照片中的水平线或垂直线进行重新定义，并通过调整图像的角度后对其进行旋转裁剪操作，从而校正倾斜的照片。

1. 使用"拉直"裁剪校正

在"裁剪工具"选项栏中提供了一个"拉直"按钮，单击该按钮并在画面中创建水平或垂直基线，Photoshop 就会根据基线创建一个带有一定角度的裁剪框，此时裁剪框中倾斜的图像将被拉直。如果对裁剪框的大小不满意，还可以对其进行调整，直到满意为止。

> 打开一张水平线倾斜的照片，单击"裁剪工具"按钮，再单击选项栏中的"拉直"按钮，使用鼠标在照片中单击并沿画面的水平方向拖动，重新绘制一条水平基线，绘制时在直线末端会显示直线的角度，释放鼠标后，旋转图像并创建裁剪框，按 Enter 键应用裁剪，如右图所示。

2. 使用"标尺工具"校正

除了使用"裁剪工具"中的"拉直"功能拉直图像外，还可以使用"标尺工具"对图像进行旋转操作。需要注意的是，使用"标尺工具"拉直图像时，仅仅只对图像进行旋转，并不会在图像中创建裁剪框，如果要将图像边缘的透明区域删除，还需要使用"裁剪工具"裁剪图像。除此之外，使用"标尺工具"沿水平线或垂直线绘制直线后，还可以执行"图像 > 图像旋转 > 任意角度"菜单命令，打开"旋转画布"对话框，在其中可根据绘制的直线自动设置旋转角度，单击"确定"按钮，同样可以对倾斜的照片进行旋转操作。

> 选择工具箱中的"标尺工具"，使用此工具沿照片的水平线拖动，绘制一条直线，单击选项栏中的"拉直图层"按钮，Photoshop 将根据绘制的直线旋转图像，然后使用"裁剪工具"在图像上绘制裁剪框，裁剪掉多余图像，如上图所示。

> 使用"标尺工具"绘制如上图所示的相同角度的直线后，执行"图像 > 图像旋转 > 任意角度"菜单命令，打开"旋转画布"对话框，其中显示了照片要旋转的角度，单击"确定"按钮，就会对照片进行旋转操作，如右图所示。

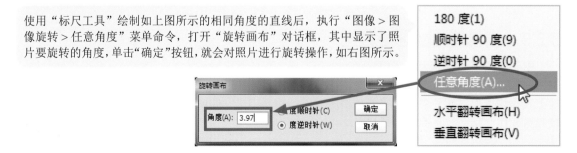

5.2.4　利用裁剪命令快速调整照片构图

使用"裁剪工具"裁剪照片时，如果裁剪框太靠近文档窗口的边缘，则会自动将裁剪框边线吸附到画布边界上，此时将无法再对裁剪框的边线位置进行更细微的调整。为了避免这一问题，可以使用"裁剪"命令来裁剪照片。使用"裁剪"命令裁剪照片，可以更自由地控制要裁剪的图像范围，它根据绘制的选区进行照片的裁剪操作，即运用选框工具绘制选区，确定要保留的图像，然后通过执行"裁剪"命令裁剪照片。

打开素材图像，为了突出模特精致的五官，选用"矩形选框工具"在画面中单击并拖动鼠标，绘制选区，选中人物的脸部区域，执行"图像 > 裁剪"菜单命令，裁剪照片，突出人物的面部细节，如左图所示。

5.2.5　巧用内容识别缩放实现无损的照片裁剪

"内容识别缩放"命令能在保持照片内容不发生改变的前提下对照片的构图进行调整，并同时保护画面中不需要更改的主体对象不发生变化，这样在调整照片构图的同时，也能让裁剪出来的照片内容更完整。"内容识别缩放"命令仅适用于普通图层和选区，它不能作用于调整图层、图层蒙版、各个通道等，并且此命令只能用于 RGB、CMYK、Lab、灰度以及所有位深度的颜色模式。

打开一张照片，为了突出画面中的小狗，先复制图像，切换至"通道"面板，新建 Alpha 1 通道，使用"画笔工具"对通道进行编辑，用白色画笔将不需要变换的小狗区域涂抹出来；执行"编辑 > 内容识别缩放"菜单命令，设置"保护"为 Alpha 1，接下来对照片进行自由变换，在变换时可以看到被保护区域内的图像没有受到操作的影响。完成变形调整后，使用"裁剪工具"裁剪照片，更改画面构图效果，如下图所示。

5.3
重新存储照片

在应用 Photoshop 处理照片时，经常需要对处理的照片进行存储。存储照片可以将照片处理的过程更完整地保存下来，同时还能防止因各种原因导致的图像丢失。

5.3.1 认识"存储为"对话框

在 Photoshop 中，图像的存储操作非常简单。如果是首次存储处理后的图像，则执行"文件 > 存储"菜单命令；如果需要将文件存储到其他位置，则执行"文件 > 存储为"菜单命令。执行菜单命令后会打开"另存为"对话框，其中包括多个存储选项，通过设置这些选项，能够将照片以不同的格式存储到指定的文件夹中。

执行"文件 > 存储为"菜单命令，打开"另存为"对话框，如右图所示。在该对话框中可以指定图像的存储名称、存储位置等。

在"另存为"对话框中，可以根据不同的使用需求，为存储的照片设置各种文件存储选项。下方选项的可用性取决于要存储的图像和所选的文件格式，选择不同的存储格式，在"另存为"对话框下方启用的选项也不一样。如果要启用"图像预览"选项，则需要在"首选项"对话框的"文件处理"中设置"图像预览"为"存储时询问"。

如果需要在 Photoshop 中存储 Camera Raw 程序中的增效工具，则需要使用其他文件格式来存储想要的原始图像文件，如数字负片（DNG）格式。如果选择的格式不支持文档的所有功能，则会在该对话框的底部显示一个警告。如果看到此警告，最好以 Photoshop 格式或支持所有图像数据的另一种格式存储文件的副本。

"另存为"对话框

- **作为副本：** 勾选此复选框，在存储文件的同时，使当前文件保持打开。

- **Alpha 通道：** 勾选此复选框，可将 Alpha 通道信息与图像一起存储；若取消勾选，则将 Alpha 通道从存储的图像中删除。

- **图层：** 勾选此复选框，存储图像时将保留图像中的所有图层；若取消勾选或不可用，则会拼合或合并所有可见图层。

- **注释：** 勾选此复选框，存储图像时会将注释与图像一起存储。

- **专色：** 勾选此复选框，可将专色通道信息与图像一起存储；若取消勾选，则会在存储的时候移去专色。

- **缩览图：** 在 Windows 系统下存储文件的缩览图数据。

5.3.2　存储为 Web 所用格式

为了让更多人看到用 Photoshop 处理后的图像，可以将其上传至网络。在将照片上传到网络之前，首先要将处理后的照片运用切片工具进行切片，然后将切片后的图像以 Web 所用格式存储起来。如果将照片直接存储为 Web 所用格式，很可能因为各种原因出现失真的情况，而切片图像的好处就是可以防止在上传图像时图像产生失真的情况。在 Photoshop 中使用"存储为 Web 所用格式"命令可以导出和优化 Web 图像，并且还能对 Web 图形进行更深入的优化选项设置。

对图像执行"文件 > 存储为 Web 所用格式"菜单命令，打开如下图所示的"存储为 Web 所用格式"对话框，在其中可以根据预览框中显示的图像和图像画质、文件容量来调整压缩率和颜色数，还可以随意调整并保存这些设置，以便按特定的模式保存文件等。

 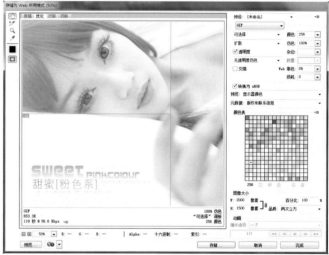

"存储为 Web 所用格式"对话框

- 工具箱：工具箱中从上至下依次为"抓手工具""切片选择工具""缩放工具""吸管工具""吸管颜色"和"切换切片可见性"。"抓手工具"用于在预览框中拖动图像；"切片选择工具"用于对切片图像进行选取；"缩放工具"用于设置图像的缩放大小；"吸管工具"用于在画面中单击吸取并显示颜色信息，也可以单击此按钮打开"拾色器（吸管颜色）"对话框，在对话框中自定义颜色。
- 显示区域：用于设置优化图像的显示方式，Photoshop 中提供了 4 种优化显示方式，分别为"原稿""优化""双联"和"四联"，默认以"优化"方式显示。
- 优化文件区域：此区域主要用于对图像进行优化设置，可以将图像设置为不同的格式。
- 颜色表：用于显示组成图像的颜色。使用"颜色表"自定义并优化 GIG 和 PNG-8 图像中的颜色，当减少图像中的颜色数量时，将会保留图像品质并减小文件的大小，因此，可以将图像中的颜色表存储并应用于其他图像上，得到最佳的优化方式。
- 浏览器：单击该按钮，将会在浏览器中预览图像。
- 图像大小：此区域显示了当前图像的大小，可以通过选项来调整优化后图像的宽度、高度以及百分比，以达到更改图像大小的目的。
- 动画：如果当前图像中创建了动画图像，使用"动画"选项组可以设置并播放动画。

5.4
专业技法

　　本章前面的小节中介绍了调整照片大小和二次构图等照片处理方法。在具体的照片处理中，这些方法是如何应用到实践中的呢？本节将结合前面学习的知识示范专业的照片后期处理步骤，以便读者更全面、深入地掌握数码照片后期处理技术。

5.4.1　调整到更适合后期处理的尺寸

　　数码相机拍摄的照片一般为 JPEG 格式或 RAW 格式。其中，RAW 格式的文件会比 JPEG 格式的更大一些，有时会达到几十兆字节。当人们用看图软件浏览照片时，所用显示器的分辨率多为 1440×900，当然，也有更高分辨率的显示器。虽然在浏览图像的时候，可将像素高的图像缩小来显示（与像素低的图像看起来并无太大区别），但是在进行后期处理时会影响处理速度和文件最终的尺寸，因此在处理照片的时候，要根据照片的输出方式调整照片的尺寸。例如，要将照片冲印出来，可将照片的分辨率设置为 300，大小约设为 1024 像素 ×768 像素；要将照片用于网络，可将照片的分辨率设置为 72，大小约设为 800 像素 ×600 像素。

　　以下图所示的照片为例，执行"图像 > 图像大小"菜单命令，打开"图像大小"对话框，在其中可以看到原照片的"宽度"为 6000 像素，"高度"为 4000 像素，"分辨率"为 300 像素 / 英寸，这张照片的尺寸明显较大。

　　如果要将这张照片用做网店商品细节展示，那么肯定就会因为图片太大而影响上传速度，而且极可能会导致上传失败，所以处理照片时，就需要在 Photoshop 中把照片尺寸改小。由于网店图片的宽度一般不超过 950 像素，所以可在"图像大小"对话框中将"宽度"设置为 950 像素，还可将"分辨率"设置为 72 像素 / 英寸。经过设置后，图像的尺寸变小，再通过进一步的处理操作，如为图像添加文字等，就可制作出一张商品细节展示效果图。

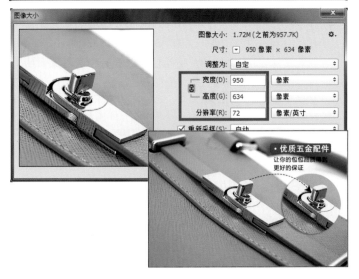

5.4.2　三分法构图的处理技法

三分法构图一直以来都被摄影师广泛应用在风景照片的拍摄中，为了获得更大气、更开阔的画面，摄影师很多时候都会选择这种构图方式。右图所示的照片虽然色彩很漂亮，蓝蓝的天空、碧绿的湖水，但是由于采用了水平线构图，天空和下方湖面几乎各占一半，让人不清楚摄影师主要想表现什么，因此在处理时，应调整照片的长宽比，创建三分法构图效果。

这里由于需要突出画面下半部分的湖光山色，因此可将画面上半部分多余的天空去掉。选择"裁剪工具"，在其选项栏中将"叠加选项"设置为"三等分"，然后单击图像，创建裁剪框，单击并拖动裁剪框上边线，使得画面中的天空占 1/3，湖面和山峰占 2/3，调整裁剪框后按 Enter 键，效果如下图所示。

5.4.3　将照片裁剪为三角形构图效果

三角形构图形式（这里所说的三角形构图是指 Photoshop 中 "裁剪工具"的叠加选项）也被广泛应用于摄影构图。

在摄影构图中，利用三角形构图的原理，可将画面看作一个矩形，连接该矩形左上角和右下角之间的对角线，然后分别从另外两个角点向对角线引垂线画出直线，这样就将矩形分为了 4 个三角形。理论上画面已经完成了三角形分割，此时得到的两个交汇点即为画面的分割点，把拍摄的主体置于分割点位置，即可打造出三角形构图效果的画面。

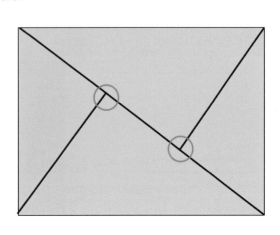

以右图所示的照片为例，为捕捉蜜蜂采蜂蜜的动人瞬间，拍摄时没有对画面进行很好的构图，在后期处理时，如果要让花朵中的小蜜蜂成为整个图像的视觉焦点，那么就可以将此图裁剪为三角形构图效果。

如左图所示，选择工具箱中的"裁剪工具"，并在其选项栏中将"叠加选项"设置为"三角形"，然后在图像中创建裁剪框，借助裁剪框调整裁剪的范围，将图像中的小蜜蜂置于左上角的分割点位置，裁剪照片后，就会将图像转换为经典的三角形构图效果。

5.4.4　存储并上传照片到个人空间

由于 Photoshop 不具备照片上传功能，所以完成照片的后期处理后，如果要将处理后的图片上传到个人空间中，则可以运用 Lightroom 中的图片上载功能。在上传之前，首先要将网络服务器地址、用户名及密码等记录下来。单击"上载设置"面板中的"自定设置"，在弹出的下拉列表中选择"编辑"选项，打开"配置 FTP 文件传输"对话框；在其中将网络服务器地址、用户名及密码等输入到对应的文本框中，如下图所示。

确认设置后，返回 Lightroom 工作界面，在"上载设置"面板的"完整路径"区域会显示设置的上传路径，如果确认路径没有问题，那么直接单击右下角的"上载"按钮，软件将开始自动向指定的网站或网络空间上传照片，如左图所示。

第 6 章
照片修复核心
技巧

　　拍摄照片时难免会因为各种原因导致拍摄出来的照片或多或少出现一些小问题，而这些问题的出现必然会降低照片的品质，所以修复图像也是后期处理的一个重要环节。对于一些有细小瑕疵的照片，只需要利用合适的工具或命令进行修复和修整，就能让照片焕然一新。

　　本章将主要针对数码照片的瑕疵修复、降噪处理、镜头瑕疵与缺陷修复等知识进行讲解，根据照片中出现的各种问题提供最实际有效的处理方法，帮助读者学习更多实用的后期处理技法。

知识点提要

1. 修复照片瑕疵

2. 数码降噪

3. 校正镜头瑕疵与缺陷

4. 镜头晕影修复

5. 专业技法

6.1
修复照片瑕疵

　　拍摄照片时，难免会因为一些干扰元素的影响，使拍摄出来的照片不那么好看，这时就需要应用 Photoshop 中的图像修补功能修复照片中的瑕疵。Photoshop 中常用的瑕疵修复工具包括"污点修复画笔工具""修补工具""仿制图章工具"等。在处理照片的时候，可以根据需要选择合适的修复工具去除照片瑕疵，以获取更干净、整洁的图像。

6.1.1　污点修复画笔工具的技术解析

　　"污点修复画笔工具"可以快速移去照片中的污点和其他不理想部分。污点修复画笔的工作方式是使用图像或图案中的样本像素进行绘画，并将样本像素的纹理、光照、透明度和阴影与所修复的像素相匹配。使用"污点修复画笔工具"修复图像时，不需要指定样本点即可快速完成图像瑕疵的修复工作。

　　"污点修复画笔工具"主要通过在污点上单击或涂抹的方式来去除照片中的污点。当照片中的污点间距较远时，只需要在污点位置单击，就会运用鼠标单击位置相邻区域的像素来替换鼠标单击位置的污点。当画面中污点较多且密集时，可以直接用单击鼠标并拖动的方式修复照片中的瑕疵。

| 💊 ▾ | 💡 100 ▾ | 模式： 正常 ⬍ | 类型： 近似匹配 创建纹理 内容识别 | ☐ 对所有图层取样 | ✐ |

打开一张照片素材，放大图像后可看到图像左下角有一些较明显的镜头污点，如右图所示。选择"污点修复画笔工具"，在其选项栏中设置工具选项，然后将鼠标移至湖面中的污点所在位置，如左下图所示；鼠标指针会变为一个空心圆形，此时单击鼠标就可以去除该位置上的污点，如中下图所示；如果需要去除其他位置的污点，则将鼠标移至污点位置，这样经过连续的单击操作，就可以完成照片中更多明显污点的修复工作，修复后的效果如右下图所示。

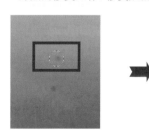  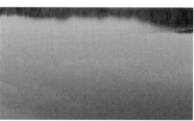

"污点修复画笔工具"选项栏

- ⦿ 近似匹配：单击该按钮，可使用修复区域边缘周围的像素，找到要用作修补的区域。
- ⦿ 创建纹理：单击该按钮，可使用修复区域中的像素创建纹理。
- ⦿ 内容识别：单击该按钮，将比较附近的图像内容不留痕迹地填充选区，同时保留图像关键细节，如阴影和对象边缘等。
- ⦿ 对所有图层取样：勾选该复选框，可以对所有可见图层中的数据进行取样；如果取消勾选，则只从当前图层中取样。

6.1.2　深度解析修复画笔工具

　　"修复画笔工具"可用于校正瑕疵，避免其出现在周围的图像中。与"污点修复画笔工具"一样，"修复画笔工具"同样可以利用图像或图案中的样本像素来绘画，并且将样本像素的纹理、光照、透明度和阴影与所修复的像素进行匹配，从而使修复后的像素不留痕迹地融入图像的其余部分。

右图中打开了一张人像照片，将图像放大后，可以看到人物脸部的一些斑点、痘印等瑕疵。选择"修复画笔工具"，在其选项栏中设置参数后，按住 Alt 键不放，先在干净的皮肤位置单击，取样图像，然后在皮肤上的瑕疵位置涂抹，用取样的图像修复皮肤瑕疵，以得到更加光滑、细腻的肌肤图像。

"修复画笔工具"选项栏

- ◉ 模式：指定混合模式。当选择"替换"模式时，可以在使用"柔边"画笔时，保留画笔描边边缘处的杂色、胶片颗粒和纹理。
- ◉ 源：指定用于修复像素的源。单击"取样"按钮，可以在修复图像的过程中使用当前图像的像素进行修复；单击"图案"按钮，会开启后面的"图案"选取器，此时使用"图案"选取器中的图案像素来修复图像。
- ◉ 对齐：勾选该复选框，可连续对像素进行取样，即使松开鼠标，也不会丢失当前取样点。如果取消勾选，则会在每次停止并重新开始绘制时使用初始取样点中的样本像素。
- ◉ 样本：从指定的图层中进行数据取样。如果要从当前图层及其下方的可见图层中取样，则选择"当前和下方图层"选项；如果仅从当前图层中取样，则选择"当前图层"选项；如果要从所有可见图层中取样，则选择"所有图层"选项。

6.1.3　深度解析修补工具

　　如果图像中的瑕疵范围较大，使用"污点修复画笔工具"和"修复画笔工具"需要反复涂抹，会浪费很多时间，此时最好的方法就是利用"修补工具"来修复图像。

　　"修补工具"与"修复画笔工具"的工作原理类似，可以用其他区域或图案中的像素来修复选中的区域，并且在修复图像时会将样本像素的纹理、光照和阴影与源像素进行匹配，让修补后的图像更自然。使用"修补工具"修复图像时，需要先在图像中选择要修补的区域并将其创建为选区，再对选区内的图像实行修复操作。

左图为一张草原照片,图像右侧出现了多余的人物,处理时先要把这个人物去除。选择"修补工具",在其选项栏中设置好选项后,用"修补工具"在人物所在位置单击并拖动鼠标,创建选区,选中照片中多余的人物,再把选区内的人物向右侧的草地位置拖动,此时可以看到原选区内的人物图像已替换为干净的草地。

小提示

更改修补方式

在"修补工具"选项栏中提供了"正常"和"内容识别"两种修补方式,默认选择"正常"方式,将以修补区域内的图像像素进行修补。如果选择"内容识别"方式,则在修补的同时会自动识别周围像素,让修补效果更自然。

"修补工具"选项栏

- ⊙ 源:单击该按钮,然后在图像中单击并拖动,以选择想要修复的区域。
- ⊙ 目标:单击该按钮,然后在图像中拖动,选择要从中取样的区域。
- ⊙ 透明:用于具有清晰、分明的纹理的纯色背景或渐变背景图像的修补。
- ⊙ 图案:使用图案对创建的修补区域进行修复。在图像中绘制修补"源"后,将激活"图案"选项,单击其右侧的下三角按钮,会打开"图案"选取器,在其中可以选择图案,用于修补图像。

1. 指定用于修补的选区

运用"修补工具"修复图像瑕疵时,需要选择要进行修复的选区。在"修复工具"选项栏中提供了多个用于计算选区的按钮,通过单击这些按钮可以对选区进行添加或删除,从而更准确地选取需要修补的图像。"修补工具"选项栏中的选取方式分别为"新选区" ■、"添加到选区" ■、"从选区减去" ■、"与选区交叉" ■,单击不同的按钮后,在图像中绘制,可以创建出不同的选区效果。

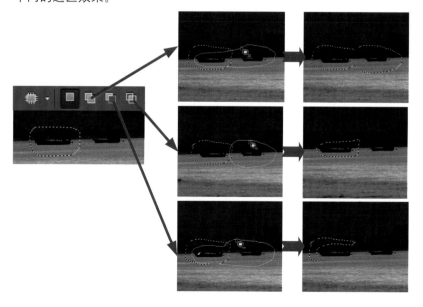

单击"添加到选区"按钮 ■,在图像中单击并拖动鼠标,在创建的选区中添加新选区,如左图所示。

单击"与选区交叉"按钮 ■,在图像中单击并拖动鼠标,保留新选区与原选区的重叠部分作为创建的选区,如左图所示。

单击"从选区减去"按钮 ■,在图像中单击并拖动鼠标,在创建的选区中减去新选区,如左图所示。

2. 修复的目标与源的选择

在"正常"修补方式下，"修补工具"选项栏中会选择以"源"修补图像，当在图像中创建选区并拖动选区时，会以选区下方的图像来修复原选区中的图像；如果选择"目标"选项，在拖动选区时，会用选区中的图像替换位于选区下方的图像。

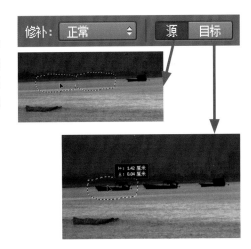

如右图所示，用"修补工具"选择画面中的一只船，当选择"源"选项时，向左拖动选区，会用选区下方的海面图像修复原选区中的船只；而选择"目标"选项并向左拖动选区时，可以看到复制了原选区中的船只并替换了选区下方的海面部分。

6.1.4　仿制图章工具的选择与解读

"仿制图章工具"可以将图像的一部分绘制到同一图像的另一部分或绘制到具有相同颜色模式的任何打开文档的另一部分，同时还可以将一个图层的一部分绘制到另一个图层中。仿制图章工具对于复制对象或移去图像中的缺陷很有作用。

使用仿制图章工具时，需要在图像中设置一个取样点，然后在照片的瑕疵位置单击或涂抹，以修复图像。运用"仿制图章工具"绘制时，可以利用其选项栏对画笔的笔尖形态、画笔的不透明度、流量等进行设置，从而使仿制出来的图像更加自然。

打开一张素材图像，这张图像中出现了多余的人影，因此要把它去掉。选择"仿制图章工具"，在其选项栏中对参数进行设置，按 Alt 键在人影旁边的草地位置单击取样，选择与色调更为接近的图像作为仿制源，然后将鼠标移到照片中的人影位置涂抹，用取样的图像修复照片中多余的人影，如左图所示。在仿制修复图像时，可以分别在颜色相近的区域连续取样，从而使修复的图像显得更加自然。

"仿制图章工具"选项

- ◉ 模式：设置仿制后的图像与背景之间的叠加模式。
- ◉ 不透明度：用于控制对仿制区域所应用的不透明度，参数越大，图像效果越明显。
- ◉ 流量：用于控制仿制的程度，设置的参数越大，仿制的效果就越明显。
- ◉ 对齐：勾选该复选框，可连续对像素进行取样，即使松开鼠标，也不会丢失当前取样点；如果取消勾选，在每次停止并重新开始绘制时都需要使用初始取样点中的样本像素。
- ◉ 样本：从指定的图层中进行数据取样。选择"当前和下方图层"选项，可从当前图层及其下方的可见图层中取样；选择"当前图层"选项，将仅可从当前图层中取样；选择"所有图层"选项，则可从所有可见图层中取样。

6.2
数码降噪

噪点是照片呈现暗部细节时常有的现象，尤其是夜晚拍摄的时候，为了保证画面不虚，大多会提高感光度，此时在照片中就会出现较明显的噪点。噪点是一张好照片的"杀手"，掌握简单的数码降噪技术可以快速去除照片中难看的噪点。

6.2.1　了解噪点产生的原因

要学习数码降噪，首先要知道什么是噪点。一般情况下，数码相机的噪点主要是指 CMOS 或 CCD 将光线作为接收信号接收并输出的过程中所产生的图像中粗糙的部分。大多数情况下，如果将图像缩小显示，则画面中的噪点并不会太明显，但是如果将图像放大，那么就会很容易辨别出画面中的噪点。一张数码照片中，较暗以及阴影等部分最容易出现噪点。如下图所示，这张照片是在夜晚光线不足的情况下拍摄的，为了得到更多的细节，拍摄时提高了感光度，将照片放大显示时，可以很明显地看到存在于画面中较明显的噪点。

在 Photoshop 中打开照片时，默认以 16.7% 显示，此时发现照片中的噪点并不明显，如上图所示。

按 Ctrl++ 键，放大图像并以 100% 显示，此时可以看到照片中较明显的噪点，如上图所示。

图像产生噪点有多种因素，可能是数码相机本身的结构原因，也可能是在拍摄过程中设置不当，或者在图像处理过程中产生噪点。归纳起来，噪点的明显与否主要取决于以下 3 个因素。

（1）噪点与记录信息的亮度密切相关。简单来说，就是照片越亮，越不容易产生噪点；照片越暗，越容易产生噪点。因此，在昏暗环境下拍摄的照片比在明亮环境下拍摄的照片噪点要多得多。

（2）噪点与拍摄照片所采用的感光度有关。在其他条件一定的情况下，感光度越高，拍摄出来的照片越容易出现噪点；感光度越低，拍摄出来的画面相对就会越干净。因此，使用高感光度拍摄的照片会更容易产生噪点。

（3）噪点与感光元件的物理性能有关。决定噪点的感光元件物理特性主要包括单位像素面积以及感光元件的制作工艺水平。一般来说，单位像素面积越大，对噪点的控制就会越好。所以，在总像素一定的情况下，普通相机就要比感光元件尺寸更大的单反相机更容易出现噪点。

6.2.2 减少杂色功能的深入讲解

噪点会大大降低图像的品质。图像噪点分为彩色噪点和灰度噪点,彩色噪点使图像呈现颗粒状,不够平滑;灰度噪点会使图像颜色看起来不自然。如果拍摄出来的照片中出现了明显的噪点,那么可以在 Photoshop 中应用"减少杂色"滤镜来去除照片中的噪点,让处理后的图像变得更为干净、整洁。

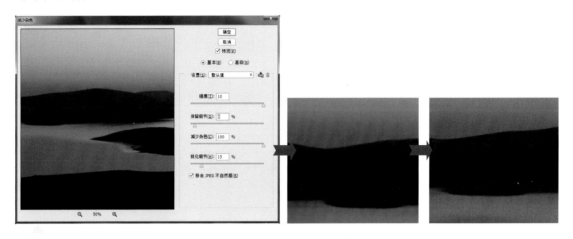

打开一张傍晚拍摄的山景照片,按 Ctrl++ 键,放大图像,可以看到照片中的山峰位置有噪点。执行"滤镜 > 杂色 > 减少杂色"菜单命令,打开"减少杂色"对话框,在其中将"强度"设置为最大,然后适当调整"保留细节""减少杂色""锐化细节"等选项,设置好后单击"确定"按钮,应用滤镜去除照片中的明显杂色,如上图所示。

"减少杂色"对话框

- 强度:控制应用于所有图像通道的明亮度杂色减少量。
- 保留细节:控制降噪过程中保留边缘和图像细节的多少,如果值为 100,则会保留大多数图像细节,但会将明亮度杂色减到最少。
- 减少杂色:用于移去随机的颜色像素,设置的参数越大,减少的颜色杂色就越多。
- 锐化细节:用于对图像的细节进行锐化,移去杂色将会降低图像的锐化程度。
- 移去 JPEG 不自然感:勾选该复选框,将移去由于使用低 JPEG 品质设置存储图像而导致的斑驳的图像伪像和光晕。

1. 有针对性的"高级"降噪

照片中的杂色并不是在所有通道中都是均匀分布的,很多时候,杂色会集中于某一个通道中,在后期处理时,只需要对该通道应用杂色去除功能就可以轻松去掉照片中的杂色。如果需要对单个通道进行降噪处理,则可在"减少杂色"对话框中选中"高级"单选按钮,切换到"高级"选项卡,其中包括"整体"和"每通道"两个标签,用于选择去除杂色的图像范围。

"基本"选项卡

"高级"选项卡

　　由于可以对单个通道应用杂色去除功能，所以在使用"减少杂色"滤镜去除杂色时，可以借助"每通道"选项卡中的通道缩览图，观察每个通道中的杂色分布情况，以便选择合适的通道应用杂色去除功能。在"每通道"选项卡中，单击"通道"右侧的下三角按钮，在展开的下拉列表中可选择不同的颜色通道，选择通道后在其上方的缩览图中就会显示对应通道中的灰度图像。

如右图所示，单击"通道"右侧的下三角按钮，分别选择"红""绿""蓝"3个颜色通道，选择通道后，观察这3个通道中的图像，可以发现"蓝"通道中的杂色较多。

经过比较3个通道中的图像，可以确定只需对"蓝"通道中的图像进行降噪处理。将"强度"滑块设置为最大，再将"保留细节"滑块适当向右拖动，保留该通道中图像的部分细节，设置后在该对话框左侧可以看到图像中的杂色被去除，画面重新变得干净起来，如右图所示。

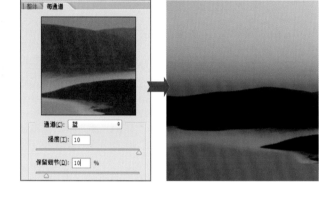

2. 保留细节的杂色处理

　　数码照片降噪，其本质都是通过一些模糊的算法来"降低"噪点，而不是"消除"噪点，因此会使图像的部分细节丢失。一张照片如果噪点严重固然不好看，但是一张细节缺失的照片同样也是不好的。针对这一问题，Photoshop 中的"减少杂色"滤镜设置了一个"锐化细节"选项，它可以在去除杂色的同时锐化图像，从而得到更为清晰的画面效果。

下图所示的图像中，当"强度""保留细节""减少杂色"选项一定时，可以看到设置不同的"锐化细节"值，所得到的画面效果的不同之处。从图中可以发现，设置的"锐化细节"值越小，得到的图像就越模糊；设置的"锐化细节"值越大，得到的图像就越清晰。

小提示

创建智能滤镜

使用"减少杂色"滤镜对照片进行降噪时，可以先将图层转换为智能对象图层，然后对图层中的图像应用滤镜效果，这样以后还能随时更改滤镜选项，从而得到更为满意的画面效果。

6.2.3　"去斑"滤镜的应用

　　前面介绍了如何使用"减少杂色"滤镜去除图像中的噪点，但是对于很多人来讲，太多的选项设置反而显得太过麻烦，这里介绍一种非常简单的数码降噪方法。在 Photoshop 中使用"去斑"滤镜同样可以去除照片中的杂色。与"减少杂色"滤镜不同的是，它无须对参数进行设置，只需执行"滤镜 > 杂色 > 去斑"菜单命令就可以完成照片的杂色去除。"去斑"滤镜可以检测图像的边缘，即画面中发生显著颜色变化的区域，并模糊这些区域外的所有图像，同时还会将图像细节保留下来。

　　打开一张雪景照片，按 Ctrl++ 键放大图像，可以看到雪山及蓝色的天空部分都有较明显的噪点，如左上图所示。执行"滤镜 > 杂色 > 去斑"菜单命令，应用"去斑"滤镜编辑图像，处理后可以看到照片中的杂色明显减少了，画面也变得更干净，如右上图所示。

6.2.4　"表面模糊"滤镜的多种功能

　　Photoshop 具有非常强大的数码降噪功能，所以利用它去除照片噪点的方法也很多，"表面模糊"滤镜就是其中之一。"表面模糊"滤镜可以在保留边缘的同时模糊图像，也可以用该滤镜创建特殊效果消除杂色或粒度。使用"表面模糊"滤镜模糊图像时，通过控制"半径"和"阈值"来控制模糊程度，同时还可以对应用滤镜的图层添加蒙版，还原不需要模糊的图像，从而得到更为准确的杂色去除效果。

如左图所示，打开一张风景图像，可以看到远处的山峰与天空部分的杂色特别明显，所以先用"快速选择工具"把这一部分图像选中，然后执行"滤镜 > 模糊 > 表面模糊"菜单命令，打开"表面模糊"对话框，向右拖动"半径"滑块，加强模糊范围，再向右拖动"阈值"滑块，扩大要模糊的像素，此时可以从对话框上方的预览框中查看到应用滤镜处理后的图像效果。

"表面模糊"对话框

- ⊙ 半径：用于设置模糊取样区域的大小，数值越大，模糊的范围就越大，得到的图像就越模糊；反之，图像就越清晰。
- ⊙ 阈值：控制相邻像素色调值与中心像素值相差多大时才能成为模糊的一部分，色调值差小于阈值的像素将被排除在模糊之外。

使用"表面模糊"滤镜对照片进行降噪处理时，需要知道并不是模糊强度越高越好，需要根据不同图像的杂色的多少来确定参数值。在具体操作过程中，可以尝试在不同的"半径"或"阈值"下模糊图像，从而确定最终的模糊效果，切记不要丢失照片的真实性。

6.2.5 "蒙尘与划痕"滤镜的介绍

"蒙尘与划痕"滤镜可以通过修改具有差异化的像素来减少杂色，还可以有效地去除图像中的噪点。为了在锐化图像和隐藏图像瑕疵之间取得平衡，应用"蒙尘与划痕"滤镜处理图像时，用户可以尝试对"半径"和"阈值"选项匹配各种组合值，从而实现更精细的数码降噪。

如右图所示，打开一张傍晚时拍摄的风景照片，仔细观察会发现照片中有明显的噪点。执行"滤镜>杂色>蒙尘与划痕"菜单命令，打开"蒙尘与划痕"对话框，为了更清楚地了解杂色分布，可将"半径"设置为1并向右拖动"阈值"滑块。

掌握杂色分布情况后，如果要对全图进行降噪处理，则将"阈值"设置为0，再向右拖动"半径"滑块，当拖至3像素时，可以看到图像变得模糊且噪点被去除，确认设置，返回图像窗口，添加蒙版后，把不需要模糊的图像用蒙版隐藏，如右图所示。

"蒙尘与划痕"对话框

- ⊙ 半径：用于设置柔化图像边缘的范围。
- ⊙ 阈值：用于定义像素的差异有多少时才被视为杂点，设置的数值越高，消除杂点的能力越弱。

"蒙尘与划痕"滤镜不但可以用于数码照片的降噪处理，它还经常被用于人像照片的处理中，使用它可以快速去除人物皮肤上的瑕疵，从而获得更光滑、更细腻的肌肤图像。在使用"蒙尘与划痕"滤镜处理图像时，如果无法确定准确的参数设置，那么可以将要应用滤镜的图层先转换为智能图层，然后对图层应用智能滤镜来处理图像，之后就能根据图像的具体情况，再对滤镜的参数设置进行其他的更改与设置。

6.3
校正镜头瑕疵与缺陷

第 4 章介绍了使用 Camera Raw 校正 RAW 格式照片中因镜头原因造成的瑕疵的修复方法，在本节中，将介绍如何在 Photoshop 中校正镜头瑕疵和缺陷。

6.3.1　镜头变形的校正

根据镜头畸变的形态，人们通常把畸变分为桶形畸变和枕形畸变两种。如果画面只是少量畸变，或许对照片影响不大，但是如果畸变很明显，且画面中又包括直线的话，畸变就会给构图带来不小的影响。在 Photoshop 中，使用"镜头校正"滤镜不但可以快速校正因镜头原因出现的变形，还能根据需要校正倾斜的图像等。

打开一张因镜头原因造成变形的照片，执行"滤镜 > 镜头校正"菜单命令，打开"镜头校正"对话框。从照片的原数据中可知这张照片是用佳能相机拍摄的，所以在"镜头校正"对话框中将"相机制造商"设置为"Canon"，再选择对应的镜头、配置文件进行设置，设置后可看到校正了变形的图像，如右图所示。

小提示

快速校正镜头变形

使用"镜头校正"滤镜校正镜头畸变时，除了可以利用镜头配置文件进行校正外，还可以使用"移去扭曲工具"进行校正。单击"镜头校正"对话框左上角的"移去扭曲工具"按钮，将鼠标移至图像上，朝图像的中心拖动可校正枕形失真，而朝图像的边缘拖动可校正桶形失真。

校正变形后，发现照片还略微倾斜。单击工具栏中的"拉直工具"按钮，沿图像中的水平线单击并拖动鼠标，拉直校正倾斜图像，此时切换到"自定"选项卡，可以看到下方的"角度"选项也随之发生了变化，如下图所示。

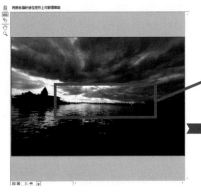

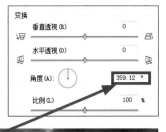

1. 快速校正图像

在"镜头校正"对话框中，默认会打开"自动校正"选项卡，在其中只需要根据照片选择对应的相机制造商、相机型号、镜头配置文件等，就可以快速校正因镜头原因导致的各种变形或色差问题。

"自动校正"选项卡

◉ 校正：用于选择要解决的问题，如果校正没有按预期的方式扩展或收缩图像，从而使图像超出了原始尺寸，则可选择"自动缩放图像"复选框。

◉ 边缘：指定如何处理由于枕形失真、旋转或透视校正而产生的空白区域。单击其右侧的下三角按钮，即可展开"边缘"下拉列表。

◉ 搜索条件：对"镜头配置文件"列表框的内容进行过滤，根据拍摄照片时所使用的相机、镜头进行匹配设置。

◉ 镜头配置文件：选择与照片匹配的配置文件。默认情况下，Photoshop 只显示与用来创建图像的相机和镜头相匹配的配置文件。

2. 手动校正图像

如果使用"自动校正"选项卡中的选项并不能完成照片的校正处理，那么就需要手动进行照片的校正操作。在"镜头校正"对话框中，单击"自定"标签，可切换至"自定"选项卡，其中提供了更多的手动调整选项，结合这些选项能够校正并旋转图像等。

"自定"选项卡

◉ 移去扭曲：用于校正镜头桶形或枕形失真。

◉ 色差：通过相对其中一个颜色通道来调整另一个颜色通道的大小，以补偿边缘。

◉ 数量：设置沿图像边缘变亮或变暗的程度，校正由于镜头缺陷或镜头遮光处理不正确而导致拐角较暗的图像。

◉ 中点：指定受"数量"滑块影响的区域的宽度。如果设置"中点"较小，则会影响较大的图像区域；如果设置"中点"较大，则只会影响图像的边缘。

◉ 垂直透视：校正由于相机向上或向下倾斜而导致的图像透视，使图像中的垂直线平行。

◉ 水平透视：校正图像透视，并使水平线平行。

◉ 角度：旋转图像以针对相机歪斜加以校正，或在透视校正后进行调整；也可以使用"拉直工具"来进行此校正。

◉ 比例：在不更改图像像素尺寸的条件下，对图像进行放大或缩小设置，此选项的主要用途是移去由于枕形失真、旋转或透视校正而产生的图像空白区域。

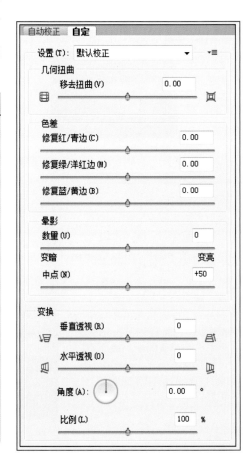

6.3.2　详解"自适应广角"滤镜

使用广角镜头或鱼眼镜头拍摄出来的画面虽然能够强调画面的空间感和透视效果，增加图像的感染力，但是如果处理不当，则会导致图像产生不理想的畸变，使对象本来笔直的边角变得过于弯曲。对于因镜头原因造成变形的数码照片，可以运用 Photoshop 中的"自适应广角"滤镜加以校正。"自适应广角"滤镜主要用于校正广角透视及图像中的变形问题，它可以自动读取照片的 EXIT 并进行校正，也可以根据使用的镜头类型来选择不同的校正选项，配合"约束工具"和"多边形约束工具"使用，达到校正透视变形问题的目的。

打开一张使用广角镜头拍摄的照片，可以看到照片因为镜头原因产生了变形。执行"滤镜 > 自适应广角"菜单命令，打开"自适应广角"对话框。由于此照片是采用广角拍摄的，其透视角度存在问题，所以在"校正"下拉列表框中选择"透视"选项，选择"约束工具"，沿建筑物的垂直边缘绘制直线，接着分别在建筑物的其他边缘绘制线条，校正照片中建筑物弯曲的线条，如下图所示。

"自适应广角"对话框

- ⊙ 缩放：指定校正后图像的缩放比例。
- ⊙ 焦距：指定镜头的焦距。如果在照片中检测到透镜信息，则会自动填充"焦距"值。
- ⊙ 裁剪因子：指定数值以确定如何裁剪最终图像。将"裁剪因子"与"缩放"结合起来使用可以补偿在应用此滤镜时导致的任何空白区域。
- ⊙ 原照设置：勾选该复选框，以使用镜头配置文件中定义的值。如果没有找到镜头信息，则禁用此复选框。
- ⊙ 细节：用于放大显示调整区域，查看更准确的照片校正结果。

1. 选择校正类型

使用"自适应广角"滤镜校正图像时，首先需要选择校正类型，然后 Photoshop 才能根据所选的类型来校正扭曲或变形的图像。利用"自适应广角"滤镜可校正"鱼眼""透视""自动"及"完整球面"4 种类型的变形图像。打开照片后，要先观察照片并确定变形类型，然后在"校正"下拉列表框中选择对应的校正类型。默认情况下会选择"鱼眼"选项，用于校正由鱼眼镜头所引起的极度弯曲；若选择"透视"选项，则校正由视角和相机倾斜角所引起的倾斜的透视效果；若选择"自动"选项，则可自动检测出合适的校正类型；若选择"完整球面"选项，则可校正360°全景图，且全景图的长宽比必须为 2:1。

在上图中单击"校正"下三角按钮，在展开的下拉列表中查看、选择校正类型。

2.校正弯曲的变形照片

运用"自适应广角"滤镜校正图像时，选择校正类型校正照片后，会发现照片的变形效果虽得到了修正，但是照片中的一部分图像可能还是弯曲变形的，此时还需要使用"自适应广角"滤镜中的"约束工具""多边形约束工具"对图像进行约束编辑，进一步校正照片中的弯曲变形部分。其中，"约束工具"可绘制线条并拉直校正弯曲的图像；"多边形约束工具"可绘制多边形并拉直校正弯曲的图像。

上图中选择了"透视"校正，校正图像后，在窗口中可看到本来应该是笔直的建筑轮廓线反而变得弯曲了，因此选择"约束工具"，沿照片右上角白色的建筑边缘绘制一条倾斜的直线，绘制完成后释放鼠标，然后观察图像，可以发现弯曲的建筑轮廓重新变得笔直起来。

6.3.3 色边的校正

摄影中常见的色边颜色为紫蓝色、紫红色和绿色，色边的存在影响了图像的品质。当画面中出现色边时，如果不仔细观察或许并不是很明显，但是一旦将图像放大显示，则这些色边就会变得非常明显。在前面的章节中介绍了如何使用 Camera Raw 校正 RAW 格式照片中的色边，下面将介绍 JPEG 格式图像中的色边去除方法。在 Photoshop 中，通过降低色彩饱和度，可以去除照片中明显的色边。

打开一张山景照片，由于天空与树木反差较大，照片中出现了明显的紫红色色边，如右图所示。执行"图像 > 调整 > 色相 / 饱和度"菜单命令，打开"色相 / 饱和度"对话框。由于图像中的色边为紫红色，因此在"编辑"下拉列表框中选择"洋红"选项，再向左拖动"饱和度"滑块，降低洋红色的饱和度，设置后可以看到图像中的紫红色色边没有了，如下图所示。

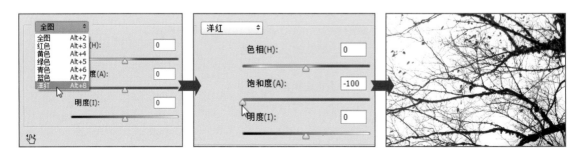

6.4
镜头晕影修复

第 4 章介绍了使用 Camera Raw 校正 RAW 格式照片中的晕影的方法，在本节中，将介绍如何在 Photoshop 中校正晕影。

6.4.1　产生镜头晕影的原因

如前所述，晕影又称暗角或边角失光。晕影对于任何镜头都是不可避免的。产生晕影的原因主要有以下几点。

1. 边角的成像光线与镜头光轴有较大的夹角

这是造成晕影的主要原因。沿着视场边缘光线的前进方向看相机的光圈，由于光线与光圈所在的平面有夹角，因此看到的光圈是椭圆的，表明通光面积减小了，这时拍摄出来的照片就很容易出现晕影。

6.4.2　晕影的快速校正

在 Photoshop 中，使用"镜头校正"滤镜中的"晕影"选项可以快速校正照片的镜头晕影。

右图为一张有晕影的照片，为了让偏暗的边缘变得明亮，先将"数量"滑块向右拖动，以提高边角部分的图像亮度，然后对"中点"位置进行设置，这里为了让晕影设置的影响范围更大，将"中点"滑块向左拖动，设置较小的参数值。经过设置后，可以看到图像边缘部分的亮度得到了明显提高。

2. 缩小镜片直径

长焦镜头，尤其是变焦长焦镜头镜片很多，如果要让偏离光圈比较远的镜片能有更多的边角光线通过，则需要选择足够大的镜片。但是为了降低成本，就缩小了这些镜片的直径，此时就会造成边角成像光线不能完全通过的现象，即降低了边角的亮度，导致晕影产生。

3. 边角的像素差距较大

为了提高成像质量，某些镜片的边缘或专门设置的光阑有意挡住了部分影响成像质量的边缘光线，此时拍摄出来的照片也会产生晕影。

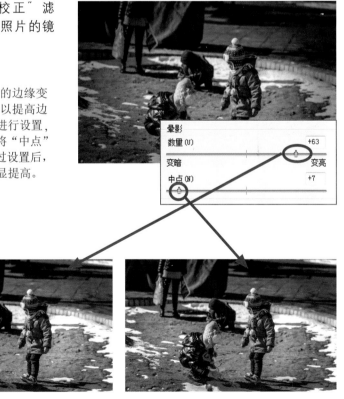

要去掉照片中的晕影,除了可以使用"自
定"选项卡中的手动晕影校正功能进行校正外,
还可以在"自动校正"选项卡中启用自动晕影
去除,快速校正照片中的晕影。相对于手动晕
影校正而言,自动晕影校正更为便捷,只需要
勾选"晕影"复选框,就可以完成晕影的校正。

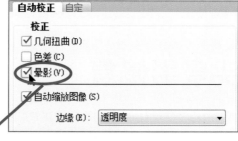

左图为一张有晕影的静
物图像,执行"滤镜 >
镜头校正"菜单命令,
打开"镜头校正"对话框。
在该对话框中勾选"晕
影"复选框,此时在预
览框中即显示了去除晕
影后的图像效果。

6.4.3 曲线与选区的结合

要修复照片中出现的晕影,除了上面介绍的"镜头校正"滤镜以外,还可以结合选区工具和
调整命令来实现,其中最为常用的就是"曲线"命令和"矩形选框工具"。将 Photoshop 中的"曲
线"命令与"矩形选框工具"结合起来,先选取画面中边缘较暗的部分,再使用"曲线"命令对
选区内的图像加以提亮,就能去除晕影。

如下图所示,打开了一张有晕影的素材照片。选择"矩形选框工具",在其选项栏中设置"羽化"值为
200 像素,以便创建柔和的选区,然后用"矩形选框工具"沿图像边缘位置单击并拖动鼠标,绘制选区,
此时会选中画面中间部分的图像。由于这里是要对照片四角的暗角进行调整,所以执行"选择 > 反选"
菜单命令,反选选区,选中图像边缘部分。

为了提亮选区内的
图像,创建"曲线"
调整图层,在打开的
曲线"属性"面板中
单击并向上拖动曲
线,如右图所示。此
时就可以看到选区
内的图像变得明亮,
即去除了图像边缘
的晕影。

6.5
专业技法

　　本章前面部分主要介绍数码照片修复的技巧，仔细、深入地剖析了照片修复类工具和命令的使用方法。下面将对这些工具和命令在照片处理中的应用进行讲解，使大家学会更为专业的照片美化与修复技法，能够完成更出色的照片后期处理工作。

6.5.1　照片中多余对象的去除方法

　　照片背景中有杂物及一些抢镜的人物是非常常见的，尤其在拍摄旅游留念照片时，背景中出现的电线杆或突然闯入的行人等都会影响照片的质量，这时用 Photoshop 对照片作美化处理是非常必要的。由于 Photoshop 中有很多用于修补图像、去除杂物的工具，所以在处理照片时，可以根据杂物的多少来选择适合的工具进行编辑。例如，杂物较小的可以直接用污点修复画笔工具去掉，稍大的可以考虑用仿制图章工具修复。当然，也可以将多个工具结合起来使用，使修复后的图像呈现更好的视觉效果。

　　以右图所示的照片为例，为了使小朋友面部受光均匀，在其后方放置了反光板，在拍摄的时候不小心将反光板支架纳入进了照片之中，使画面显得不是那么理想，因此需要通过后期处理将它从照片中去掉。

步骤 01　绘制选区并拖动图像

　　先打开照片，把"背景"图层复制，创建"背景 拷贝"图层。选择工具箱中的"修补工具"，在小朋友旁边的杆子位置单击并拖动鼠标，绘制选区，确定要修补的图像，然后将图像向左拖至草地位置，拖动后可发现已用选区下方的草地替换了原选区内的图像。

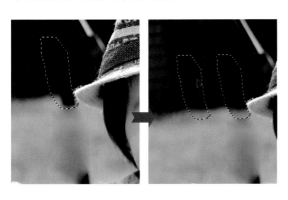

步骤 02　绘制新选区并修复图像

　　释放鼠标后，即可完成选区内的图像修复操作，接下来在反光板支架的另一位置单击并拖动鼠标，创建选区，再把选区向左侧干净的背景处拖动，此时可以观察到修复后的图像效果。

步骤 03 绘制选区，确定修复范围

　　用"修复工具"修复图像时并不是一次就能得到较好的图像效果，有时还需要与其他图像修复工具相结合，以便更好地修补图像。本例中的照片还需要对一些细节进行修复。照片中小熊与小朋友的中间位置也有黑色的反光板支架，为了使修复的区域更为准确，这里先用"套索工具"选中支架部分，然后选择"仿制图章工具"，按住 Alt 键在干净的草地位置单击，取样图像。

步骤 04 继续修复图像

　　取样图像后，用取样的图像替换选区内的图像，即将鼠标移至选区内，然后单击并涂抹，涂抹时可以看到已用取样的图像遮住了下方的支架。当选区内的支架被完全遮盖后，执行"选择 > 取消选择"菜单命令，取消选区，再继续使用"仿制图章工具"对照片进行修复，直到照片中的反光板支架被完全去掉。

6.5.2　照片中杂色和晕影的特殊应用

　　杂色和晕影在大多数情况下都会降低照片的品质，使画面看起来不够完美，但是，在某些特殊情况下，为了突出画面中的主体对象，渲染特殊的艺术氛围，也会在照片中添加杂色和晕影。以右图所示的照片为例，这张照片是采用单色调方式拍摄出来的，希望画面给人一种复古的艺术感，在后期处理的时候，为了增强这种效果，可为照片添加杂色和晕影。

　　先执行"滤镜 > 杂色 > 添加杂色"菜单命令，打开"添加杂色"对话框，在其中设置选项，为图像添加杂色；再执行"滤镜 > 镜头校正"菜单命令，打开"镜头校正"对话框，单击"自定"标签，切换到"自定"选项卡，这里为了突出中间的小汽车，需要把边缘部分的图像设置得更暗，因此将晕影"数量"滑块向左拖动，然后适当调整中间位置，控制晕影的影响范围，获得更自然的晕影效果。

6.5.3 获得更有意思的鱼眼镜头拍摄效果

在 Photoshop 中除了可以校正鱼眼变形的照片以外，有时为了增加画面的视觉透视感，也可以将照片打造为具有独特韵味的鱼眼拍摄效果。要应用 Photoshop 制作鱼眼变形效果，有几种不同的操作方法，一是运用"镜头校正"滤镜制作，二是使用"球面化"滤镜制作。下面以右图所示的照片为例，采用两种不同的方法制作鱼眼照片效果。

1.使用"镜头校正"滤镜创建鱼眼变形效果

要通过后期处理创建鱼眼变形效果，最好的方法就是使用"镜头校正"滤镜来实现。执行"滤镜 > 镜头校正"菜单命令，打开"镜头校正"对话框，向左拖动"移去扭曲"滑块，拖动时结合左侧预览框查看变形的图像，以创建更为自然的鱼眼照片效果。

2.使用"球面化"滤镜创建鱼眼变形效果

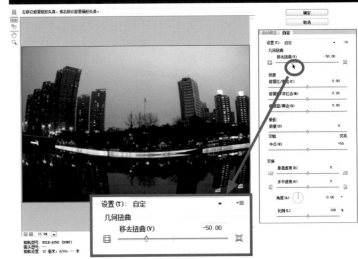

在 Photoshop 中除了可以使用"镜头校正"滤镜制作特殊的鱼眼变形效果外，还可以使用"扭曲"滤镜组中的"球面化"滤镜来创建鱼眼变形效果。具体的设置方法为，执行"滤镜 > 扭曲 > 球面化"菜单命令，打开"球面化"对话框。由于鱼眼图像会产生膨胀的视觉效果，所以在该对话框中将"数量"滑块向右拖动，拖动后可以看到照片中的部分图像产生了较明显的、膨胀的鱼眼效果。应用"球面化"滤镜制作鱼眼效果时，会发现它不会对图像边角进行扭曲，因此，为了让设置的鱼眼效果更自然，应用滤镜后可以结合"裁剪工具"裁剪照片，将图像边缘未变形的部分裁剪掉。

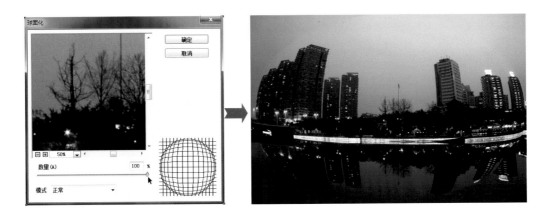

第 7 章
照片的曝光与
影调控制

　　光线对照片的色调和影调有着非常重要的影响，为了获得更优质的摄影作品，在后期调整时，光线的处理是必不可少的。用户可以运用 Photoshop 对照片的光线进行校正和完善，让图像的影调更为丰富。

　　在本章中，为了让读者熟练掌握数码照片的光影调整技术，会对常用的光影调整命令进行介绍，如"曝光度""色阶""曲线"等，并针对照片处理中这些命令的使用方法和操作要点进行全面、深入的剖析，使读者学到更多实用的光影处理技巧。

知识点提要

1. 照片直方图的深度解读

2. 自动调整的妙用

3. 照片的整体曝光调整

4. 针对照片局部的明暗调节

5. 专业技法

7.1
照片直方图的深度解读

曝光是摄影最为重要的要素之一，只有获得正确的曝光，才能拍摄出令人满意的作品。那么怎样才能知道照片的曝光是否正确呢？答案就是使用直方图。

直方图是用于判断照片曝光是否准确的重要工具。拍摄完照片后，可以在相机的液晶屏上回放照片，通过观察它的直方图来分析曝光参数是否正确，再根据情况修改参数重新拍摄。但是在 Photoshop 中处理照片时，如果要了解照片的曝光情况，则需要借助"直方图"面板。在"直方图"面板中会以波形图的形式显示照片的曝光，它的形态会随着照片编辑的效果而自动更改，所以借助"直方图"可以帮助用户调整照片的曝光程度。

执行"窗口 > 直方图"菜单命令，可打开"直方图"面板，如右图所示。在直方图中，左侧代表了图像的阴影区域，中间代表了中间调，右侧代表了高光区域，从阴影（黑色，色阶为 0）到高光（白色，色阶为 255）共 256 级色阶。直方图中的"山脉"代表了图像的数据；"山峰"则代表了数据的分布方式，较高的"山峰"表示该区域所包含的像素较多，较低的"山峰"表示该区域所包含的像素较少。

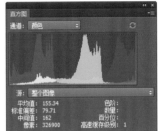

"直方图"面板

- ◉ 通道：在该下拉列表框中选择一个选项后，会显示该通道的直方图。
- ◉ 不使用高速缓存的刷新：该命令可以刷新直方图，显示当前状态下最新的统计结果。
- ◉ 高速缓存数据警告：使用"直方图"面板时，Photoshop 会在内存中高速缓存直方图，即最新的直方图是被 Photoshop 存储在内存中的，而并非实时显示在"直方图"面板中。此时直方图的显示速度较快，但不能及时显示统计结果，并且会在面板中显示"高速缓存数据警告"图标，单击此图标可刷新直方图。
- ◉ 改变面板的显示方式："直方图"面板的扩展菜单中包含切换直方图显示方式的命令。

1. 曝光准确的照片

曝光准确的照片色调均匀，层次丰富，亮部不会丢失细节，暗部也不会黑漆漆一片。打开曝光准确的照片，从直方图中会看到，"山峰"基本在中央，并且从左（色阶为 0）到右（色阶为 255）每个色阶都有像素分布。

右图为正常曝光的照片，可以看到图像的层次感较强，打开"直方图"面板后，其以一个相对平稳的轮廓显示出了照片像素的分布情况。

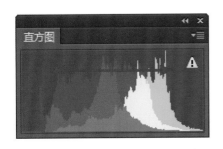

2. 曝光过度的照片

曝光过度的照片画面色调较亮，在"直方图"面板中会看到"山峰"整体都向右偏移，而左侧几乎没有像素，说明图像阴影缺少像素。曝光过度的照片容易丢失高光细节，如果是轻微曝光过度，还可以通过后期处理的方式加以修复，如果图像严重过曝，即使再精湛的后期处理技术也不一定能找回丢失的细节。

右图所示的素材照片，在拍摄时因为光线较强，拍摄出来后可以看到照片明显曝光过度，鞋子上面的细节都没有了。打开"直方图"面板，会发现照片中的像素都集中在面板右侧，而左侧的像素明显偏少。这类照片在处理时需要对高光细节加以修复。

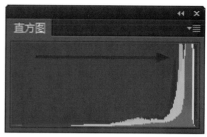

3. 曝光不足的照片

曝光不足的照片与曝光过度的照片刚好相反，它给人的印象就是画面色调非常暗。在其直方图中会看到"山峰"分布在左侧，而右侧几乎没有像素，说明图像的中间调和高光部分都缺少像素。这类照片在后期处理时，需要提高暗部区域的图像的亮度，以获取更准确的曝光效果。

右图为曝光不足的照片，可以看到画面整体偏暗，台灯上面的暗部细节都没有显示出来。打开"直方图"面板，会发现图像的像素都集中在面板左侧，而右侧所包含的像素较少，这也说明照片暗部细节损失较大。

4. 反差过小的照片

反差过小的照片给人的第一印象就是照片灰蒙蒙的。这类照片在直方图中表现出来的就是两端出现空缺，说明阴影和高光区域缺少必要的像素，图像中最暗的色调不是黑色，最亮的色调不是白色，即该暗的地方没有暗下来，该亮的地方也没有亮起来，所以照片是灰蒙蒙的。

左图为一张反差过小的照片，画面看起来灰蒙蒙的，不够清晰。打开"直方图"面板，会发现直方图左右两侧都出现了空缺。这类照片在后期处理时，可以借助"色阶"命令进行调校工作。

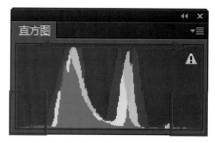

7.2
自动调整的妙用

在 Photoshop 的"图像"菜单中包含"自动色调""自动对比度"和"自动颜色"3 个自动调整图像的命令，使用这 3 个命令可以让 Photoshop 根据照片的色调、对比度等信息对图像进行自动调整。

7.2.1 自动色调的妙用

"自动色调"命令可以理解为自动色阶，它将红色、绿色和蓝色 3 个通道的色阶分布扩展至全色阶范围。通过此命令可以增加图像色彩的对比度，但可能会造成图像偏色。

"自动色调"命令在调整图像的过程中可使数码照片的像素值平均分布。在调整图像的过程中应用此命令会自动调整图像的暗部和亮部，并将每个颜色通道中最亮和最暗的像素调整为纯白和纯黑，中间像素则按比例重新分布。若对单个颜色通道应用"自动色调"命令，则可能会移去颜色或引入色偏。

打开一张雪景照片，从原图像上可以看到图像整体偏冷。执行"图像>自动色调"菜单命令，看到照片的色彩和明暗都发生了一定的变化，原图像中的蓝色被削弱，呈现出了更自然的效果，如右图所示。

> **小提示**
>
> **使用快捷键快速调整照片**
>
> 为了便于快速完成照片的自动调整，Photoshop 为"自动色调""自动对比度"和"自动颜色"3 个自动调整命令都设置了对应的快捷键。按快捷键 Ctrl+Shift+L，对图像应用"自动色调"调整；按快捷键 Ctrl+Shift+Alt+L，对图像应用"自动对比度"调整；按快捷键 Ctrl+Shift+B，对图像应用"自动颜色"调整。

7.2.2 深度剖析自动对比度

应用"自动对比度"命令可以自动调整图像的对比度。此命令不会单独调整通道，它会剪切图像中的阴影和高光，再将图像中剩余部分的最亮和最暗像素分别映射到纯白（色阶为 255）和纯黑（色阶为 0）上，使图像中的高光部分变得更亮，阴影部分变得更暗。

默认情况下，在调整图像中的最亮或最暗像素时，"自动对比度"命令将剪切白色和黑色像素的 0.5%，即忽略两个极端像素值前 0.5% 的像素。

打开一张画面偏灰的风景照片，这张照片因为对比不强，导致表现力不强。执行"图像 > 自动对比度"菜单命令，可以看到照片的明暗对比发生了变化，显得更具层次。具体操作步骤和效果如上图所示。

"自动对比度"命令不会单独调整通道，它只调整色调，而不会改变画面的色彩平衡，也就不会产生色偏。正因如此，它也不能用于消除色偏。"自动对比度"命令可以改变彩色图像的"外观"，但无法改善单色图像。

7.2.3　解析自动颜色

"自动颜色"命令可以校正照片中的偏色现象，它通过搜索图像来标志阴影、中间调和高光，从而调整图像的对比度和颜色。"自动颜色"命令可以自动调整照片中最亮和最暗的颜色，并将照片中的白色提高到最高值 255，将黑色降低至最低值 0，同时将其他颜色重新分配，避免照片出现偏色。默认情况下，"自动颜色"命令用目标颜色来中和中间调，并将阴影和高光像素剪切 0.5%。

打开一张素材照片，发现照片整体颜色偏黄。执行"图像 > 自动颜色"菜单命令，可以看到照片的颜色发生了变化，恢复了正常的色调效果。具体操作步骤和效果如上图所示。

小提示

设置自动调整选项

自动颜色校正选项除了控制"色阶"和"曲线"命令中的自动色调和颜色校正外，还能控制"自动色调""自动对比度"和"自动颜色"命令的设置。自动颜色校正选项可以指定阴影和高光的修剪百分比，并为阴影、中间调和高光指定颜色值。在"自动颜色校正选项"对话框中，"自动对比度"命令对应"增强单色对比度"算法，"自动色调"命令对应"增强每通道的对比度"算法，"自动颜色"命令对应"查找深色与浅色"算法。

7.3
照片的整体曝光调整

　　前面对不同曝光情况的照片进行了分析，接下来就开始学习照片的二次曝光调整。大多数情况下，对于曝光不足或曝光过度的照片，都可以通过二次曝光设置，使照片恢复到正常的曝光效果。在 Photoshop 中，对照片的二次曝光调整可以使用"亮度 / 对比度""曝光度""曲线""色阶"等命令。

7.3.1　用"亮度 / 对比度"命令加强明暗对比

　　当拍摄的照片曝光不理想时，可以使用 Photoshop 中的"亮度 / 对比度"命令分别对照片的亮度和对比度进行调整，从而获得更有光影层次的画面效果。执行"图像 > 调整 > 亮度 / 对比度"命令，打开"亮度 / 对比度"对话框。在该对话框中，用"亮度"选项控制照片的明亮度，用"对比度"选项控制照片的对比强度。

　　打开一张曝光不足的素材照片，发现画面整体偏暗。执行"图像 > 调整 > 亮度 / 对比度"菜单命令，打开"亮度 / 对比度"对话框。为了提高图像亮度，在该对话框中向右拖动"亮度"滑块，然后向右拖动"对比度"滑块，加强对比，图像变得更亮了，且层次感也非常强，如右图所示。

　　使用"亮度 / 对比度"命令调整照片的明暗时，如果不注意细节的处理，则很容易忽略图像中部分存在的色彩，造成细节的丢失。因此使用该命令调整图像时，应该勾选"预览"复选框，便于即时查看应用调整后的图像效果变化。除此之外，还可以通过单击该对话框右侧的"自动"按钮进行调整。单击"自动"按钮后，系统将会根据图像的明暗情况，自动调整"亮度"和"对比度"值，并在图像窗口中显示调整后的图像。

"亮度 / 对比度"对话框

- 亮度：用于设置图像整体亮度，向左拖动该滑块，图像逐渐变暗；向右拖动该滑块，图像逐渐变亮。
- 对比度：用于设置图像整体对比度，向左拖动该滑块，对比度变弱；向右拖动该滑块，对比度增强。
- 使用旧版：勾选该复选框，可以使用更早版本的"亮度 / 对比度"命令来调整图像。

小提示

更改画笔笔触大小

　　"亮度 / 对比度"命令没有"色阶"和"曲线"命令的可控性强，调整时可能会造成图像细节的丢失，所以对于高品质图像的输出，最好还是使用"色阶"或"曲线"命令来调整。

7.3.2 用"曝光度"命令调整照片曝光度

在拍摄照片时，虽然可以通过相机来控制画面的曝光，但是如果拍摄出来的照片已经出现曝光不准的情况，则可以通过后期处理，对照片进行二次曝光。Photoshop 中设置了一个针对照片曝光度进行调整的"曝光度"命令，应用此命令可以提高或降低曝光量，从而控制画面的明暗效果，校正不理想的曝光。使用"曝光度"命令调整图像时，可以选用预设曝光值进行调节，也可以拖动"曝光度"对话框中的选项滑块进行调整。

如右图所示，打开一张明显曝光不足的照片，执行"图像 > 调整 > 曝光度"菜单命令，打开"曝光度"对话框。为了提高曝光不足的图像的亮度，在该对话框中向右拖动"曝光度"滑块，再适当向右拖动"灰度系数校正"滑块，降低对中间调的影响范围，校正曝光不足的照片。

"曝光度"对话框

◉ 曝光度：用于调整色调范围的高光端，对极限阴影的影响很轻微。向左拖动该滑块可使图像变暗，向右拖动该滑块可使图像变亮。

◉ 位移：用于调整图像的明度，可使阴影和中间调变暗。此选项对高光的影响很轻微。

◉ 灰度系数校正：使用简单的乘方函数调整图像的灰度系数，它对中间调的影响要大于对暗部区域和高光区域的影响。将该滑块向右拖动会使图像变亮，反之会变暗。

1. 应用预设快速修复曝光

使用"曝光度"命令调整图像明暗时，如果对于要设置的参数把握不准，则可以使用"曝光度"对话框中的"预设"选项快速调整曝光。单击"预设"下三角按钮，即可展开"预设"下拉列表，其中列出了几个系统预先设置的曝光度调整值，包括"默认值""减 1.0""减 2.0""加 1.0"和"加 2.0"5 个选项，如右图所示。如果在该对话框中没有任何设置，则选择"默认值"选项；如果要将图像恢复到调整之前的效果，也可以选择"默认值"选项，还原图像的曝光。

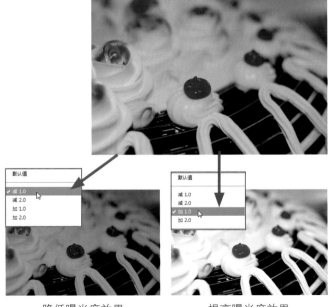

降低曝光度效果　　　　　提高曝光度效果

2.用吸管工具调整曝光

运用 "曝光度" 命令调整照片明暗时，除了使用预设选项来调整外，还可以使用其对话框右侧的吸管工具来控制图像的明暗曝光情况。在 "曝光度" 对话框的右侧有 3 个吸管工具，分别为 "设置黑场" "设置灰场" 和 "设置白场"，使用这 3 个工具可以取样黑、灰、白场，快速校正图像的曝光情况。单击 "设置黑场" 吸管工具将设置 "位移"，在图像中单击时会将所单击像素的灰阶改为零；单击 "设置灰场" 吸管工具将设置 "曝光度"，在图像中单击时会将所单击的像素设置为中度灰色；单击 "设置白场" 吸管工具将设置 "曝光度"，在图像中单击时会将所单击的像素改为白色。

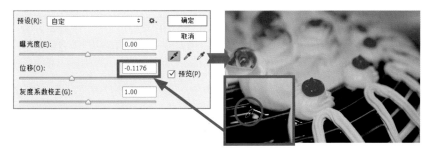

如左图所示，单击 "曝光度" 对话框中的 "设置黑场" 吸管工具，并在画面中的暗部区域单击，可以看到该对话框中的 "位移" 选项发生了改变，同时图像暗部区域变得更暗。

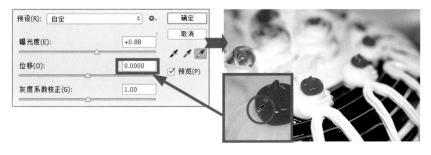

如左图所示，单击 "曝光度" 对话框中的 "设置白场" 吸管工具，并在画面中的亮部区域单击，可以看到该对话框中的 "曝光度" 选项发生了改变，同时图像亮部区域变得更亮。

3.利用 "曝光度" 调整图层还原曝光过度

"曝光度" 命令可以大面积地提高或降低图像的亮度，在 "曝光度" 对话框中设置参数并单击 "确定" 按钮后，就会将设置的调整选项应用到图像上，此时将不能再对调整选项作更改。如果需要对更改调整选项，最好的方法还是创建调整图层。使用调整图层的方式调整照片明暗，不但可以实现更自由的参数调节，还可以使用工具箱中的绘画工具编辑调整图层蒙版，对不需要应用调整的图像加以还原。

如右图所示，单击 "调整" 面板中的 "曝光度" 按钮，将创建 "曝光度 1" 调整图层，并显示 "属性" 面板。由于图像偏暗，所以向右拖动 "曝光度" 和 "灰度系数校正" 滑块，提高图像亮度，设置后发现甜点局部曝光过度，因此单击 "曝光度 1" 调整图层，用黑色的画笔在曝光过度的位置涂抹，将被涂抹区域的图像恢复到正常曝光效果。

7.3.3 用"色阶"命令调整照片曝光度

在本章前面的小节中介绍了直方图的使用方法，这里将结合直方图学习"色阶"调整。"色阶"命令是调整图像整体亮度的重要方式，它以直方图为中心，其水平轴或 X 轴代表从左边的黑色到右边的白色之间的亮度变化，而纵轴或 Y 轴则代表特定亮度的像素数量。使用"色阶"调整图像时，可以借助直方图观察图像的色彩分布，并通过拖动其对话框中的色阶滑块来调整图像阴影、中间调和高光部分的图像亮度。"色阶"命令的主要功能是设置黑场和白场，换句话说，它就是为了确保足够的像素是纯黑或纯白的，从而保证整张照片完整的亮度范围分布。

打开一张素材照片，这张照片是在散射的自然光下拍摄的，整个影调都很平淡、苍白。执行"图像 > 调整 > 色阶"菜单命令，打开"色阶"对话框，从色阶直方图中可以明显看到图像缺乏反差，无论是在黑暗的阴影处还是在明亮的高光处，几乎都没有像素，所以在该对话框中向右拖动黑色滑块，降低阴影部分亮度，再向左拖动白色滑块，提高高光部分亮度。设置后可看到增强了对比效果，且图像的色彩显得更为鲜艳，如下图所示。

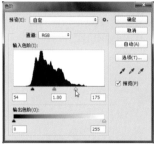

"色阶"对话框

- ◉ 通道：选择一个颜色通道来调整，调整通道会改变图像的颜色。
- ◉ 输入色阶：用来调整图像的阴影、中间调和高光区域，可拖动滑块或者在滑块下的文本框中输入数值来调整。
- ◉ 输出色阶：可以限制图像的亮度范围，从而降低对比度，使图像呈现褪色效果。
- ◉ 设置黑场：使用该工具在图像中单击，可将单击点的像素调整为黑色，原图中比该点暗的像素也会变为黑色。
- ◉ 设置灰场：使用该工具在图像中单击，可根据单击点像素的亮度来调整其他中间色调的平均亮度。
- ◉ 设置白场：使用该工具在图像中单击，可将单击点的像素调整为白色，原图中比该点亮度值高的像素也会变为白色。
- ◉ 自动：单击该按钮可应用自动颜色校正，Photoshop 会以 0.5% 的比例自动调整色阶，使图像的亮度分布更加均匀。

1. 通过"预设"快速校正图像的明暗细节

使用"色阶"命令调整图像时，为了快速实现图像明暗的调节，可以使用预设色阶进行图像的调整。打开"色阶"对话框后，单击"预设"右侧的下三角按钮，即可展开"预设"下拉列表，在此列表中即显示了系统预先设置好的色调调整选项，如右图所示。调整图像时，只需选择其中一个选项，就会自动在图像中应用该选项进行调整。对于没有照片处理经验的人来说，这样可以提高照片处理的效率。

"预设"下拉列表

2. 输入色阶控制照片各部分的曝光

使用"色阶"命令调整照片时,需要掌握色阶的色调映射原理。在"色阶"对话框的"输入色阶"选项下方有黑色、灰色和白色 3 个滑块,它们对应照片中的阴影、中间调或高光部分。默认情况下,阴影滑块位于色阶 0 处,它所对应的像素是纯黑的。如果向右拖动阴影滑块,Photoshop 就会将滑块当前位置的像素值映射为色阶 0,也就是说,滑块所在位置左侧的所有像素都会变为黑色。高光滑块位于色阶 255 处,它所对应的像素是纯白的。如果向左拖动高光滑块,滑块当前位置的像素值就会被映射为色阶 255,也就是说,滑块所在位置右侧的所有像素都会变为白色。中间调滑块位于色阶 128 处,它用于调整图像中的灰度系数,改变灰色调中间范围的强度值,但不会明显改变高光和阴影。由此可知,黑色滑块代表最暗亮度,向右拖动该滑块,图像变暗;灰色滑块则代表中间调在黑场和白场之间的分布比例,向暗部区域拖动,则图像中间调变亮,反之则变暗,对应画面中的中间调部分;白色滑块代表最高亮度,对应画面中的高光部分,向左拖动,图像变亮。

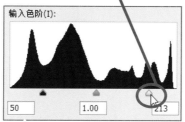

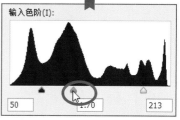

把代表阴影的黑色滑块向右拖动,可以看到画面中的阴影部分变得更暗,但是并没有对高光部分产生任何影响,如上图所示。

接着把代表高光的白色滑块向左拖动,可以看到画面中的高光部分比之前亮了许多,但是设置后的阴影部分却没有改变,如上图所示。

经过以上设置,图像已经拥有了一个从白色到黑色的完整影调范围,但中间调还是有点暗,所以再把代表中间调的灰色滑块向左拖动就可以了,如上图所示。

3. 色阶下的自动颜色校正

在"色阶"对话框中提供了一个"选项"按钮,单击该按钮,即可打开"自动颜色校正选项"对话框。在该对话框中可以设置黑色像素和白色像素的比例,从而控制图像的明暗对比。此外,在"自动颜色校正选项"对话框中还提供了多种调整图像整体色调范围的算法,如右图所示。其中,"增强单色对比度"能统一剪切所有通道,使高光显得更亮、暗调显得更暗的同时,保留图像整体色调关系;"自动对比度"命令即采用此算法调整明暗对比;"增强每通道的对比度"可最大化每个通道中的色调范围,以产生更明显的校正效果,它与"自动色调"命令的算法一致;"查找深色与浅色"可查找图像中平均最亮和最暗的像素,并用它们进行最小化剪切,同时最大化对比度。

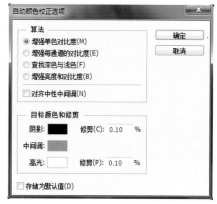

"自动颜色校正选项"对话框

7.3.4 用"曲线"命令调整照片曝光度

"曲线"命令是 Photoshop 中最强大的调整工具，它具有"色阶""阈值""亮度/对比度"等多个命令的功能。数码照片后期处理过程中，"曲线"命令可以说最为常用的调整工具之一。应用"曲线"命令调整图像时，可以根据图像的具体情况，在曲线图上添加最多 14 个曲线控制点，这也就意味着用户可以对影调进行非常精细的调整。"曲线"对话框如右图所示。

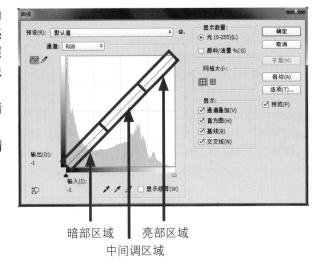

暗部区域　　亮部区域
中间调区域

如右图所示，打开一张曝光不足的照片，这张照片给人的第一印象就是画面整体偏暗，所以在处理时首先需要将它提亮。执行"图像>调整>曲线"菜单命令，打开"曲线"对话框。在其中的上半部分单击，添加一个曲线控制点，再向上拖动该控制点，经过设置后图像亮度得到了提高；为了让对比也得到提高，在曲线左下位置也添加一个曲线控制点，向下拖动该控制点，经过设置后图像的对比加强了，层次也更为理想。

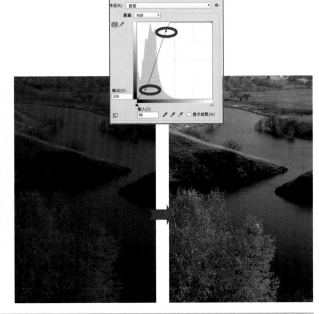

"曲线"对话框

- 通道：可以选择要调整的颜色通道，调整单个通道会改变图像颜色。
- 预设：包含 Photoshop 提供的各种预设调整文件，可用于调整图像。
- 编辑点以修改曲线：打开"曲线"对话框时，该按钮为按下状态，此时在曲线中单击可添加新的控制点，拖动控制点会改变曲线形状，即可调整图像。
- 通过绘制来修改曲线：单击该按钮，可绘制手绘效果的自由曲线。
- 平滑：使用铅笔工具绘制曲线后，单击此按钮，可以对曲线进行平滑处理。
- 图像调整工具：选择该工具后，将鼠标放在图像上，曲线上会出现一个空的圆形，它代表鼠标处理的色调在曲线上的位置。此时在画面中单击并拖动鼠标，可添加控制点并调整相应的色调。
- 输入/输出："输入"显示了调整前的像素值，"输出"显示了调整后的像素值。
- 自动：单击该按钮，可对图像应用"自动颜色""自动对比度"或"自动色调"校正。
- 选项：单击该按钮将显示曲线更多的选项。

1. 曲线与色阶的异同之处

曲线上有两个预设的控制点，分别位于曲线的左下角和右上角。其中，左下角的控制点可调整照片中的阴影区域，相当于"色阶"中的阴影滑块；而右上角的控制点则可调整照片中的高光区域，相当于"色阶"中的高光滑块。如果在曲线的中央（1/2 处）单击，添加一个控制点，该点就可以调整图像的中间调，相当于"色阶"的中间调滑块。

由于曲线上最多可以有 16 个控制点，因此可以理解为，它能够把整个色调范围（0～255）分为 15 段来调整，所以，它对色调的控制就会更精确。而 Photoshop 的"色阶"命令中只有 3 个滑块，它只能分为阴影、高光、中间调 3 段来调整色阶，因此，曲线对于色调的控制可以做到更加精确。它可以调整一定色调区域内的像素，而不影响其他像素，"色阶"则无法做到这一点。这就是处理照片时，人们会选择曲线而不愿意选择色阶的原因。

左图中选择了 RGB 选项，对照片的亮度进行了轻微处理，从图像上可以看到画面的亮度还是不够高。

2. 控制曲线的形状

在"曲线"对话框中，水平的渐变颜色条为输入色阶，它代表了像素的原始强度值；垂直的渐变颜色条为输出色阶，它代表了调整曲线后像素的强度值。在未调整曲线以前，这两个数值是一样的。在曲线上单击时，会添加曲线控制点，如果向上拖动该点，会得到正 C 形曲线，设置正 C 形曲线可以提亮图像；如果向下拖动曲线，则会得到反 C 形曲线，设置反 C 形曲线会降低图像的亮度。如果将图像设置为 S 形，则可以少量提高照片的中间调和不特别明亮或不特别暗的区域的对比，使高光区域变亮、阴影区域变暗，从而达到增强色调对比度的目的。

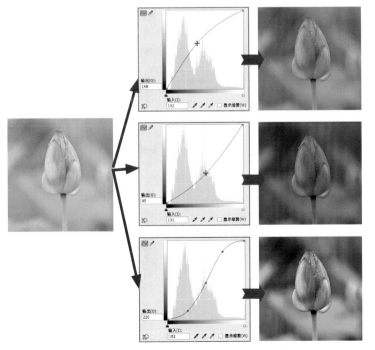

在曲线上单击，添加一个曲线控制点，向上拖动该点时，在输入色阶中可以看到图像中正在被调整的色阶为 102，在输出色阶中可以看到它被 Photoshop 映射为更浅的色阶 148，图像因此而变亮，如左图所示。

选择同一曲线控制点，向下拖动该点时，Photoshop 会将调整的色调映射为更深的色调，如左图所示。此时图像也会因此变得更暗。

在曲线的两侧单击，添加两个控制点，分别向上和向下拖动控制点，得到 S 形曲线。此时从图像上可以看到应用曲线调整的图像对比度得到了明显提高。

3. 快速预设曲线调整

如果觉得单击并拖动曲线非常麻烦，那么可以选用"曲线"对话框中的预设曲线调整功能，对图像的明暗、曝光进行快速的调整操作。如果画面的影调、层次并没有太大问题，则使用预设曲线来调整，同样可以得到不错的影调效果。单击"预设"右侧的下三角按钮，在展开的下拉列表中即可查看或选择预设的曲线，在图像中应用这些曲线可实现照片的快速调整。

如右图所示的荷花素材图像，原图像对比不强，层次感不突出。单击"预设"右侧的下三角按钮，在展开的下拉列表中选择"强对比度（RGB）"选项，选择后可以看到图像的对比获得了较大的提升，画面也变得更为好看。

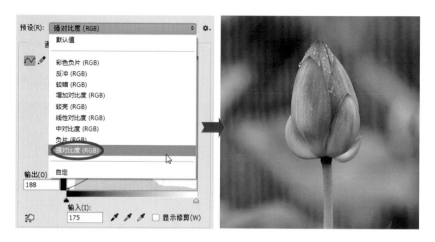

小提示

微调曲线控制点

在曲线中添加控制点后，如果需要微调曲线控制点，可以先选中控制点，此时它将显示为实心黑色，按键盘中的方向键可微移控制点；如果要选择多个控制点，则可以按住 Shift 键单击曲线上的控制点；如果要删除曲线上的控制点，则先单击要删除的曲线控制点，然后把该点拖出曲线即可。

7.3.5 "阴影 / 高光"命令的深度解析

"阴影 / 高光"命令可以校正因强逆光而形成剪影及由于太接近相机闪光灯而有些发白焦点的照片。如果照片采用了其他方式进行采光，那么使用"阴影 / 高光"命令还可以提亮图像中的阴影部分。"阴影 / 高光"命令与其他曝光调整命令不同，它并不是简单地使图像变亮或变暗，而是基于阴影或高光周围的像素，即与阴部和高光区域的图像较为邻近的图像，对其进行增亮或变暗，从而改变画面的整体明暗及层次感。

执行"图像 > 调整 > 阴影 / 高光"菜单命令，将打开"阴影 / 高光"对话框，如下图所示。该对话框默认以简略的方式显示，其中仅包括阴影"数量"和高光"数量"两个选项。如果需要设置更多选项，则需要勾选其中的"显示更多选项"复选框，这样才能显示更多的阴影与高光选项。

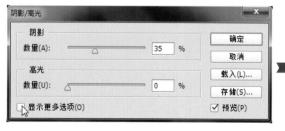

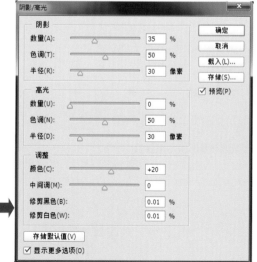

打开一张暗部细节不清晰的雪山照片，执行"图像 > 调整 > 阴影 / 高光"菜单命令，打开"阴影 / 高光"对话框，其中默认阴影"数量"为 30%，如左图所示。此时可以看到画面中暗部区域的树林和山峰变得更为明亮。

"阴影 / 高光"对话框

- ◉ 数量：分别用于控制图像中的高光值和阴影值要进行的校正量。过大的"数量"值可能会导致交叉，且以高光开始的区域会变得比以阴影开始的区域的颜色更深，使调整后的图像看上去不自然。
- ◉ 色调：控制阴影或高光中色调的修改范围。
- ◉ 半径：控制每个像素周围的局部相邻像素的大小。
- ◉ 颜色：调整图像的颜色饱和度，向左拖动滑块会降低图像颜色饱和度，向右拖动滑块会增加图像颜色饱和度。
- ◉ 中间调：调整中间调的对比度，向左拖动滑块会降低对比度，向右拖动滑块会增加对比度。
- ◉ 修剪黑色：指定在图像中会将多少阴影剪切到新的极端阴影，即色阶为 0，设置的数值越大，得到的图像对比就越强。
- ◉ 修剪白色：指定在图像中会将多少高光剪切到新的极端高光，即色阶为 255。

由于"阴影 / 高光"命令可以分别对图像中的阴影和高光部分作调整，所以当遇到暗部细节不明显的照片时，就需要使用"阴影 / 高光"对话框中的"阴影"选项对阴影部分图像的明亮度进行调整，将暗部的细节突显出来；如果遇到曝光过度或亮部细节不明显的照片，则需要应用"阴影 / 高光"对话框中的"高光"选项对照片中高光部分图像的明亮度进行调整，降低高光部分的亮度，使高光细节重现，将照片恢复到正常曝光时的状态。

调整了照片中阴影与高光部分的亮度后，为了进一步增强高光、阴影的细节反差，可以运用"阴影 / 高光"对话框中的"调整"选项组进一步对中间调部分的明暗对比进行处理，让画面的层次感增强。不过需要注意的是，此选项组中的"修剪黑色 / 白色"选项通过调高百分比值，将 256 种色调中的大多数色调变成纯黑或纯白，起到增强对比的作用，但是如果将画面中过多的色调转换为极端的纯黑或纯白，则容易导致阴影、高光的细节受损。

如右图所示，打开一张轻微曝光不足的照片，由于此照片高光层次还不错，所以只需对阴影部分作处理。在"阴影 / 高光"对话框中对"高光"选项进行设置后，修复了画面曝光不足的暗部细节。

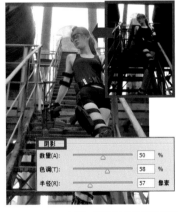

如右图所示，打开一张局部曝光过度的照片，由于此照片阴影层次还不错，所以只需对高光的细节加以修复。在"阴影 / 高光"对话框中对"高光"选项进行设置后，修复了画面曝光过度的细节。

7.4
针对照片局部的明暗调节

　　进行数码照片后期处理时，经常需要对照片的局部明暗程度进行调节。在 Photoshop 中，如果要对图像局部的明暗进行处理，可以使用"加深工具"和"减淡工具"实现。选择这两个工具后，在图像中直接单击或涂抹，就可以实现照片局部明暗的快速调整。

7.4.1　加深工具的深度解析

　　处理照片过程中需要降低部分图像的亮度时，可以使用 Photoshop 中的"加深工具"来实现。"加深工具"以画笔的形式出现，可以分别对画面中的亮调、暗调和中间调作单独处理，让涂抹的区域细节变暗，类似于遮光操作。使用"加深工具"涂抹照片时，只会对涂抹区域内的图像进行加深处理，而未涂抹的区域则不会受影响，且涂抹的次数越多，加深的效果就会越明显。

打开一张人像素材照片，这张照片虽然经过处理，但是画面的对比还是不强，因此需要加深图像，以增强层次感。先对"背景"图层进行复制，然后选择"加深工具"，在其选项栏（见上图）中设置选项，然后将鼠标移至画面中进行涂抹操作，经过涂抹处理后可以看到涂抹后的区域变暗，人物与所处环境的对比拉大，突出了要表现的主体对象，如右图所示。

"加深工具"选项栏

- ◉ 范围：用于选择要修改的色调，选择"阴影"选项，可加深图像中的暗色调；选择"中间调"选项，可加深图像中的中间调；选择"高光"选项，可加深图像中的亮部色调。

- ◉ 曝光度：为"加深工具"指定曝光，设置的值越高，加深的效果越明显。

- ◉ 喷枪：单击该按钮可以为画笔开启喷枪功能，让图像的应用效果具有一定的持续性。

- ◉ 保护色调：勾选后可以在加深图像时保护图像的色调不受影响。

　　使用"加深工具"加深图像时，为了让加深后的图像色彩过渡更自然，需要在加深时调整"曝光度"。默认情况下"曝光度"为 50%，在处理图像时可以适当降低"曝光度"，否则，当"曝光度"较大时，在图像上涂抹易导致涂抹的区域变得太暗，造成暗部细节的丢失。同时，还需要保证"保护色调"复选框处于勾选状态，这样才能防止加深图像时，图像的颜色发生改变。

小提示

更改画笔笔触大小

选择"加深工具"加深图像时，可以按键盘的 [键或] 键来快速调整画笔的笔触大小，由此来控制加深的范围。按 [键将放大画笔的笔触；按] 键将缩小画笔的笔触。

7.4.2 "减淡工具"的妙用

在后期处理时，既然可以为拍摄对象加光，自然也可以为其减光。Photoshop 中应用"减淡工具"可以实现照片的减光处理。"减淡工具"的作用与"加深工具"刚好相反，选用"减淡工具"在图像上涂抹时，会降低涂抹区域的图像的亮度，使其变得更暗。在实际操作中，通常会将"减淡工具"与"加深工具"结合起来使用，这样处理出来的图像会更有层次感。

右图所示为一张鞋子照片，照片中的暗部细节不够。先将"背景"图层进行复制，选择"减淡工具"，在其选项栏（见上图）中设置选项，将鼠标移至鞋子暗部及背景位置涂抹，涂抹后的区域变亮，突出了鞋子的外形轮廓。

"减淡工具"的选项设置与"加深工具"的大致相同，这里就不多作介绍了。与"加深工具"一样，使用"减淡工具"也可以运用"范围"选项选择画面中的不同区域进行减淡处理。当选择"阴影"选项时，运用"减淡工具"涂抹图像，可以提亮阴影部分，保护中间调和亮调；当选择"中间调"选项时，运用"减淡工具"涂抹图像，会提亮中间调部分，保护暗调和高光部分的影调；当选择"高光"选项时，运用"减淡工具"涂抹图像会提亮高光部分，保护阴影和中间调部分的影调。

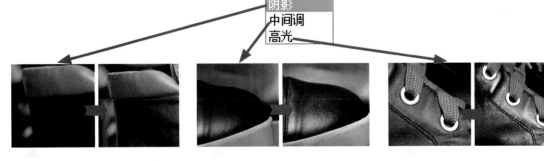

上图为鞋子后跟部分，画面整体偏暗，致使暗部的细节基本没有，因此在使用"减淡工具"处理前，应在其选项栏中选择"阴影"选项，接着涂抹图像，提高暗部的亮度，让阴影部分的细节显示出来。

上图为鞋尖部分，画面略微偏暗，为了让处理后的图像与周围的图像更加自然地融合在一起，在"减淡工具"选项栏中选择"中间调"选项，针对中间调区域进行处理，提高中间调区域的亮度，使皮鞋的色调、层次变化更为突出。

上图为鞋带部分，为了突出皮鞋表面的纹理质感，处理时在"减淡工具"选项栏中选择"高光"选项，运用画笔在图像上涂抹，经过涂抹后发现高光被提亮，与暗部区域的反差拉大，增强了皮鞋的反光质感。

7.5
专业技法

在前面的小节中介绍了调整照片整体曝光与局部明暗细节的调整命令。为了让读者掌握更多专业的照片调整技法，本节将综合前面所学知识，结合多个调整工具对照片进行更专业化的图像处理。

7.5.1 大光比照片处理技巧

在拍摄风光的时候不可避免会碰到一些大光比的环境，而相机不同于人类肉眼可以自动调节，所以相机有限的宽容度并不能很好地兼顾高光与暗部，多数情况下，就只能选择放弃亮部或者暗部的部分细节。以天空和地面为例，在光比较大的情况下，如果对着天空测光，拍摄完后就会发现画面的暗部一片黑，这时就要通过一些特殊的后期处理手段来解决问题了。

右图所示是一张最为普通的照片。在拍摄时，由于过多地考虑到天空的层次不能损失，因此减少了曝光，使得天空层次保留得很好，但地面已经明显欠曝过多了，所以需要通过后期处理，将图像的层次感表现出来。

步骤 01 提亮阴影部分的亮度

在 Photoshop 中打开素材文件，把要调整的图像复制，创建"背景 拷贝"图层，先快速调整一个暗部区域的图像亮度。执行"图像 > 调整 > 阴影 / 高光"菜单命令，打开"阴影 / 高光"对话框，其中默认阴影"数量"为35，这里为了让阴影部分更亮一些，向右拖动阴影"数量"滑块至40，经过设置发现地面已经有了一些细节。

步骤 02 提亮偏暗的图像

经过前一步操作，虽然图像阴影部分的亮度得到了一定提高，但是还有轻微的曝光不足，接着使用"曝光度"调整图层进行处理。单击"调整"面板中的"曝光度"按钮，创建"曝光度 1"调整图层，并在打开的"属性"面板中向右拖动"曝光度"滑块，直到图像的曝光达到基本正常为止，再向右拖动"灰度系数校正"滑块，校正偏灰图像。

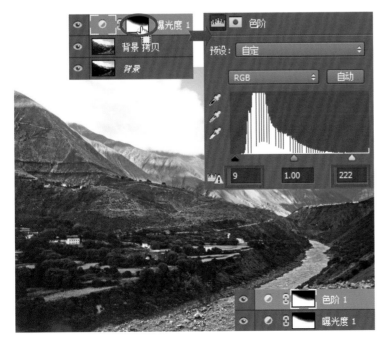

步骤 03 对曝光过度的区域加以还原

增加"曝光度"后，天空的云朵层次没有了，云层出现了一片白的情况。单击"曝光度 1"调整图层，选择"画笔工具"，在其选项栏中适当降低画笔"不透明度"，用黑色画笔在不需要调整曝光的天空部分涂抹，涂抹后可看到天空的层次又恢复了。

步骤 04 加强图像的明暗对比

经过处理提高了画面下半部分的图像亮度，为了让图层的层次感更加突出，按住 Ctrl 键不放，单击"曝光度 1"图层蒙版，载入选区，选取图像下方的地面部分,新建"色阶 1"调整图层，将黑色滑块向右拖动，使阴影部分变暗，再把白色滑块向左拖动，使高光部分变得更亮。这样处理进一步提高了对比效果，一片黑的地面也显得更有生机。

7.5.2 受光均匀照片的去灰技巧

许多摄影的朋友都可能会碰到这样的问题：明明从相机镜头中看到的景色是非常漂亮的，但是拍摄出来后导入到计算机中时，发现照片与实际看到的效果有很大差别，图像偏灰不说，而且层次感也不强。遇到这种问题时不用担心，其实偏灰照片是可以修复的，只需结合 Photoshop 中的"曲线""色阶"命令对图像的明暗作简单调整，就能重现精彩的瞬间。

右图所示是一张高原湖泊照片，虽然画面看起来没有太大的问题，但是因为对比不强，画面显得灰蒙蒙的，很"平"，缺乏空间纵深感。于是在后期处理时，最后要做的一项工作就是对照片进行去灰处理，让画面的层次突显出来。

步骤 01 用"色阶"分别调整暗部与亮部区域

在 Photoshop 中打开素材照片，单击"调整"面板中的"色阶"按钮，新建"色阶 1"调整图层，并打开"属性"面板。观察面板中的色阶图像会发现像素集中在中间位置，而两侧几乎没有任何像素，为了解决这一问题，将代表阴影部分的黑色滑块向右拖动，降低暗部区域的图像亮度，再把代表高光部分的白色滑块向左拖动，提高亮部区域的图像亮度，使高光与阴影的反差增大。

步骤 02 用"曲线"加强明暗对比

为了让画面的层次感更强，接着用"曲线"来处理图像。单击"调整"面板中的"曲线"按钮，新建"曲线 1"调整图层，先在"预设"下拉列表中选择"线性对比度（RGB）"选项，选择后发现对比效果还是不强，再分别单击曲线上的两个控制点，调整其位置，使曲线呈现更明显的 S 形，经过设置后，图像中的天空与下方草原形成了更鲜明的对比。

7.5.3　逆光照片处理技巧

在数码摄影中，逆光拍摄是一种有一定拍摄难度但可产生独特艺术效果的摄影手法。逆光是指光线是从主体对象背后照射来的，此时拍摄的主体对象往往没有直接的光线照射，所以就会产生局部曝光不足的情况，使得其中一部分暗部细节丢失。如果摄影师没有熟练的拍摄技巧和经验，拍摄出来的逆光摄影作品往往不能显示其独特的魅力。

右图所示的照片为一张逆光拍摄的人像照片，照片中人物的侧脸及头发等区域的图像看起来太暗，层次感太弱，因此在后期处理时需要加以修复，让偏暗的图像重新变得明亮起来。

步骤 01　用"阴影 / 高光"对暗部补光

在 Photoshop 中打开这张照片，由于照片采用了逆光拍摄，主体人物太暗，细节都没有了，所以要对暗部进行补光，恢复暗部细节。将"背景"图层复制，执行"图像 > 调整 > 阴影 / 高光"菜单命令，在打开的对话框中向右拖动阴影"数量"滑块，当拖至 45 时，可以看到暗部的人物清晰多了。

步骤 02　设置"曲线"让画面更明亮

为了让图像变得更加明亮，单击"调整"面板中的"曲线"按钮，创建"曲线 1"调整图层，并在打开的"属性"面板中对 RGB 通道曲线进行设置，这里需要进一步提高图像的亮度，所以单击并向上拖曳曲线，设置后看到图像窗口中的图像亮度得到了提高。

步骤 03　去除照片中的噪点

用"曲线"命令提亮图像后，发现图像中出现了一些噪点，因此先盖印图层，接着执行"滤镜 > 杂色 > 减少杂色"菜单命令，打开"减少杂色"对话框，对其中的选项作适当调整，直到这些噪点消失为止。

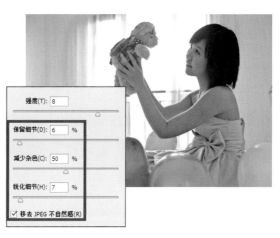

第 8 章
照片调色
专业技法

　　在一张照片中，色彩不只是真实记录下物体，还能够带给人们不同的心理感受。创造性地使用色彩，可以营造出各种独特的氛围和意境，使画面更具表现力。因此，在数码照片后期处理中，把握好不同颜色的表达方式，从而实现更精细的色彩调整，能够让照片更准确地传达出拍摄者的情感和思想，让作品更加具有感染力。

　　在本章中，主要介绍 Photoshop 中基本的调整色彩命令、黑白照片的创建以及双色调照片的转换技巧等。通过本章的学习，使读者能够在面对不同的照片时选用最方便的调整方式，打造出更漂亮的画面效果。

知识点提要

1. 数码照片的基础调色

2. 黑白照片的处理技巧

3. 别具一格的双色调效果

4. 专业技法

8.1

数码照片的基础调色

照片的调色分为基础调色和艺术性调色。基础调色大多是指在不大面积更改照片主色的情况下对照片中的一部分颜色进行编辑。Photoshop 提供了基础的调色命令，如"自然饱和度""色彩平衡"等，使用这些命令可以快速地对照片颜色作简单调整，让照片的色彩更吸引人。

8.1.1　自然饱和度的简单剖析

"自然饱和度"是用于调整色彩饱和度的命令，它的特别之处在于可以在增加饱和度的同时防止颜色过于饱和而出现溢色。用"自然饱和度"命令调整照片颜色时，可以分别调整"自然饱和度"及"饱和度"选项来控制照片颜色调整的强度，使照片的色彩变得更为鲜明。

如右图所示，打开一张素材图像，这张照片整体颜色偏暗淡，色彩不够鲜艳。执行"图像 > 调整 > 自然饱和度"菜单命令，打开"自然饱和度"对话框。

由于照片的色彩暗淡，所以需要加强颜色饱和度。在"自然饱和度"对话框中先把"自然饱和度"滑块拖至 100，此时可以看到画面的颜色浓度得到了提高。

经过处理后，虽然颜色有了一定改善，但是感觉还不够鲜艳，所以再对"饱和度"选项进行设置，将"饱和度"滑块继续向右拖动，以加强颜色的鲜艳度。当设置为 66 时，可以看到照片的色彩鲜艳度得到了明显改善。

"自然饱和度"对话框

- 自然饱和度：用于提高画面整体的颜色浓度。向左拖动滑块或在数值框中输入负数，降低图像颜色浓度；向右拖动滑块或在数值框中输入正数，提高图像颜色浓度。
- 饱和度：用于提高图像整体的颜色鲜艳度，其调整的程度比"自然饱和度"选项更强一些。

使用"自然饱和度"调整图像颜色时，设置的参数值不宜过大，否则可能出现溢色。这是由于显示器的色域（RGB 模式）要比打印机（CMYK 模式）的广，当在显示器中设置的图像颜色超出了打印机可打印的颜色时，这些超出打印机色域的色彩即为溢色，溢色是不能被打印机识别且打印出来的。在 Photoshop 中，可以使用"拾色器"或"颜色"面板即时观察图像调整的效果，如果图像有溢色情况，则在颜色块旁边会显示一个警示图标 ▲，此时就需要对颜色作进一步调整，降低颜色饱和度，直到警示图标消失。

8.1.2 从不同的角度理解色相/饱和度

使用"自然饱和度"命令可以对图像整体的颜色饱和度进行调整,但是这样的调整方式容易导致调整的图像出现偏色的情况,因此,为了实现更精细的色彩调整,需要使用"色相/饱和度"命令调整图像颜色。使用"色相/饱和度"命令时,不但能够同时调整图像中的所有颜色,还可以根据所需效果调整图像中特定颜色分量的色相、饱和度和明度。"色相/饱和度"命令尤其适用于调整 CMYK 图像中的特定颜色,以便它们包含在输出设备的色域内。

上图打开了一张鞋子照片。执行"图像 > 调整 > 色相/饱和度"菜单命令,打开"色相/饱和度"对话框,在其中的"编辑"下拉列表框中选择要调整的颜色为"红色",再拖动下方的"色相"和"饱和度"滑块,设置红色的色相和饱和度,经过设置后可以看到照片中红色的鞋子变为了玫红色,而其他的颜色没有发生变化。

"自然饱和度"对话框

◉ 预设:用于选择系统预先设置好的色相/饱和度调整图像。

◉ 编辑:用于选择要调整的基准颜色,包括"红色""黄色""绿色""青色""蓝色""洋红"和"全图"。

◉ 色相:用于改变指定色系的颜色,通过滑动滑块或输入数值进行调整。

◉ 饱和度:用于改变指定色系的饱和度,即颜色的鲜艳程度。

◉ 明度:用于调整指定颜色的明暗度,向左拖动滑块可使颜色变暗,向右拖动滑块可使颜色变亮。

◉ 目标调整工具:使用此工具在色相条上操作,可以改变目标颜色的色相和影响范围。选择该工具后,将鼠标放在要调整的颜色上,单击并向左拖动鼠标可以降低颜色的饱和度,向右拖动可提高颜色的饱和度。如果要更改色相,则按住 Ctrl 键拖动鼠标。

---

1. 选择要调整的颜色

"色相/饱和度"命令是以色轮为轴调整六大色系中各颜色的色相和饱和度,从而获得更出色的画面效果。因此,在使用"色相/饱和度"命令调色时,首先需要确认要调整的颜色,默认情况下选择的是"全图",此时拖动"色相/饱和度"对话框下方的"色相""饱和度"和"明度"滑块时,就会对图像中所有颜色的色相、饱和度以及明度作调整。如果需要单独对其中的一个颜色进行调整,则需要单击"编辑"下三角按钮,在展开的下拉列表中选择要调整的颜色,然后对其他参数进行设置。

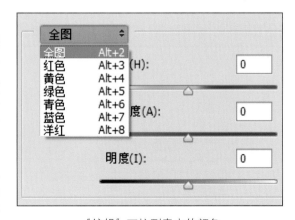

"编辑"下拉列表中的颜色

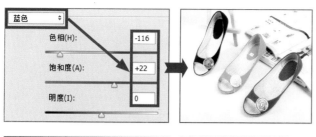

在左图中，要更改画面中间一只蓝色鞋子的颜色，首先在"色相／饱和度"对话框中选择"蓝色"选项，然后拖动下方的"色相""饱和度"滑块，可以看到照片中的蓝色鞋子变为了果绿色效果。

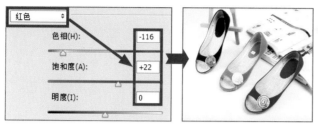

如果要更改照片中最右侧红色鞋子的颜色，那么就在"色相／饱和度"对话框中选择"红色"，并对"色相"和"饱和度"设置与上图相同的数值，此时可以看到照片中红色的鞋子变为了蓝色，而原来蓝色的鞋子则颜色不变，如左图所示。

2. 通过色相条了解图像中的颜色变化

色相大多数情况是以色相环的形式存在的，但是为了让用户更为直观地观察特定颜色的变化，"色相／饱和度"对话框中将色相环改为色相条的方式呈现，它们两者之间的构造是相同的，只是形状有所不同而已。"色相／饱和度"对话框中显示有两个色相条，它们以各自的顺序表示色轮中的颜色。上面的色相条显示调整前的颜色，它是固定不变的，而下面的色相条显示调整如何以全饱和状态影响所有色相。在该对话框中对"色相"进行更改后，下面的色谱上的颜色会随着参数值的变化而发生改变，因此，在运用"色相／饱和度"命令调整某一颜色时，可以借助色谱了解对照片中的哪个颜色进行了更改。

如果在"编辑"选项中选择了一种颜色，两个色相条之间便会出现几个小滑块。此时两个内部的垂直滑块定义了将要调整的颜色范围，调整所影响的区域会由此逐渐向两个外部的三角形滑块处衰减，而三角形滑块外的颜色不会受到任何影响。

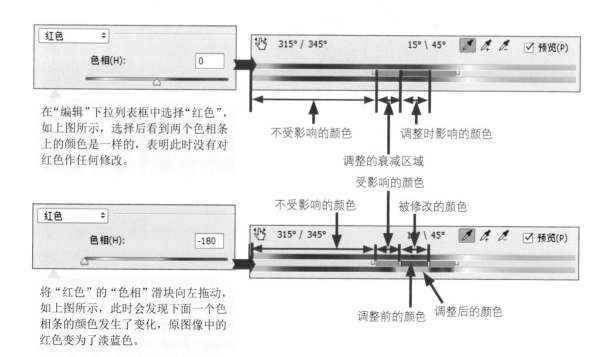

在色相条上还会出现 4 组数字，分别代表红色（当前选择的颜色）和其外围颜色的范围。在色轮中，红色的色相为 0 及左右各 30°的范围，如右图所示。再观察"色相 / 饱和度"对话框中的数值，其中，345°～ 15°之间的颜色是被调整的颜色，而 345°～ 315°之间以及 15°～ 45°之间的颜色调整强度会逐渐衰减，这样就保证了调整和未调整的颜色之间能平滑过渡。

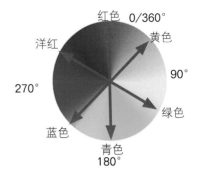

小提示

用吸管工具隔离颜色

在"编辑"下拉列表框中选择一种颜色后，对话框中的 3 个吸管工具便可以使用了。此时用"吸管工具"在图像中单击，可以选择要调整的颜色范围；用"添加到取样"吸管在图像中单击，可以扩展颜色范围；用"从取样中减去"吸管在图像中单击，可减少颜色范围。

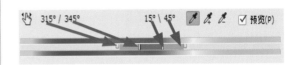

8.1.3　色彩平衡的深入讲解

"色彩平衡"命令主要用于偏色照片的校色，它基于三原色原理进行操作，通过三基色和三补色之间的互补关系来实现照片色彩的校正工作。应用"色彩平衡"命令调色时，可以分别对图像中的阴影区域、中间调区域和高光区域进行单独的颜色处理，从而让校正后的照片色彩能够还原至最佳状态。

打开一张偏色的照片，执行"图像 > 调整 > 色彩平衡"菜单命令，打开"色彩平衡"对话框。由于原图像偏暖色，所以先将最上面的滑块向"青色"方向拖动，减少互补色红色，然后将最下面的滑块向"蓝色"方向拖动，减少黄色，增强蓝色，设置后就校正了偏色图像，如下图所示。

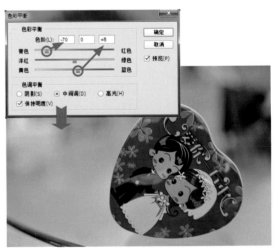

"色彩平衡"对话框

- ⊙　色彩平衡：在此选项组中拖动滑块，或直接改变"色阶"选项中的参数进行颜色的添加与删减，从而更改画面的色调。
- ⊙　色调平衡：用于对画面中的阴影、中间调和高光区域的颜色进行调整。
- ⊙　保持明度：勾选此复选框，可以在调整色彩平衡时保持图像颜色的整体明度。

1. 色彩平衡调整照片色彩

在"色彩平衡"对话框中设置"色彩平衡"选项组后，其上方会显示一个色阶数值框，分别表示 R、G、B 通道颜色的变化，用户可在其中输入数值或者拖动下方的滑块进行设置。向需要添加的颜色方向拖动，就可以在画面中提高该颜色的比例；若向反方向拖动，则会降低画面中该颜色的比例。

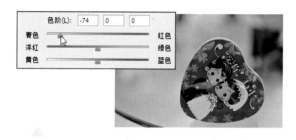 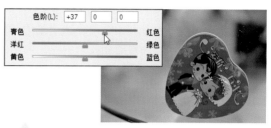

如果将最上面的滑块移向"青色"，则可在图像中增加青色，同时减少其补色红色，如上图所示。

如果将最上面的滑块移向"红色"，则会减少图像中的青色，增加其补色红色，如上图所示。

2. 实现不同色调范围的颜色调整

使用"色彩平衡"命令调色时，可以选择一个或多个色调范围进行调整，即可以单独对阴影、中间调和高光进行调整，也可以同时选择其中两个或三个进行调整，具体情况要根据当前打开的照片颜色来作判断。打开"色彩平衡"对话框后，在其下方有一个"色调平衡"选项组，其中显示了"阴影""中间调"和"高光"3 个单选按钮。顾名思义，如果要对照片中的阴影部分应用调整，则选中"阴影"单选按钮；如果要对照片中的中间调部分应用调整，则选中"中间调"单选按钮；如果要对照片中的高光部分应用调整，则选中"高光"单选按钮。

 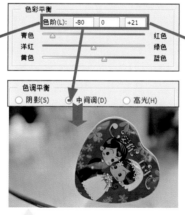 

选中"阴影"单选按钮，选择要调整的区域为阴影，此时将色阶设置为 -80、0、+21，可以看到仅对阴影部分产生了影响，高光和中间调不受影响，如上图所示。

选中"中间调"单选按钮，选择要调整的区域为中间调，设置色阶为 -80、0、+21，可以看到仅调整了中间调颜色，而对阴影和高光的影响并不明显，如上图所示。

选中"高光"单选按钮，选择要调整的区域为亮部区域，设置色阶为 -80、0、+21，平衡"高光"部分颜色，而阴影和中间调部分的颜色变化不大，如上图所示。

小提示

在复合通道中应用色彩平衡

应用"色彩平衡"命令调整颜色时，需要确保在"通道"面板中选择了复合通道，因为此命令只有在查看复合通道时才可用。

8.1.4 可选颜色的解读

可选颜色校正是高端扫描仪和分色程序使用的一项技术，它在图像中每个加色和减色的原色分量中增加和减少印刷色的量。"可选颜色"既可使用 CMYK 颜色校正图像，同时它也可以将其用于校正 RGB 图像以及将要打印的图像。

"可选颜色"命令是通过调整印刷油墨的含量来控制颜色的。印刷色由青、洋红、黄、黑 4 种油墨混合而成，使用"可选颜色"命令可以有选择地修改主要颜色中印刷色的含量，但不会影响其他主要颜色。由于此命令是通过添加或减少一定的油墨百分比来对图像的特定色系进行颜色调整，所以适合熟悉油墨印刷技术的用户使用。

打开一张蜻蜓照片，为了使图像中荷叶的颜色变得更绿，执行"图像>调整>可选颜色"菜单命令，打开"可选颜色"对话框。在其"颜色"下拉列表框中选择"绿色"选项，确认要调整的范围为绿色的荷叶部分，然后拖动下方的颜色滑块，调整绿色所占的百分比，设置后可以看到照片中原本较浅的绿色变得深了，而除绿色外的其他颜色则没有发生变化，如下图所示。

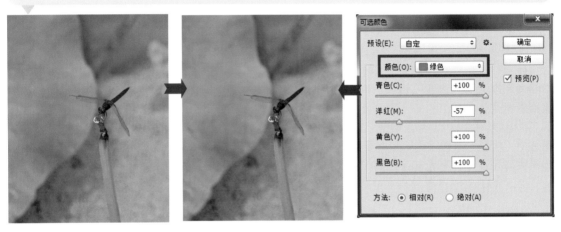

"可选颜色"命令通过选择不同的"颜色"选项进行设置，可以让照片中的各颜色得到更完美的呈现，因此，可以说它是调整单个色系中颜色比例的最好途径。但是，"可选颜色"命令不能用于 Lab 颜色模式的图像的颜色调整，同时，使用此命令调整 RGB 颜色模式或 CMYK 颜色模式的图像时，即使设置的参数相同，得到的调整效果也会有一定的差别。所以如果要将照片用于打印，则最好先将图像转换为 CMYK 模式，然后进行调整，以免出现颜色误差。

"可选颜色"对话框

- ⊙ 颜色：选择要修改的颜色区域，单击右侧的下三角按钮，在展开的下拉列表中进行选择。
- ⊙ 滑块：拖动颜色滑块，调整所选颜色中青色、洋红色、黄色和黑色的含量。
- ⊙ 方法：指定调整颜色的混合方式。选中"相对"单选按钮，可按照总量的百分比修改现有的青色、洋红、黄色和黑色的含量。例如，如果从 50% 的洋红像素开始添加 10%，则 5% 将添加到洋红，结果为 55% 的洋红（50%*10%=5%）。选中"绝对"单选按钮，则采用绝对值调整颜色。例如，如果从 50% 的洋红像素开始添加 10%，则结果为 60% 洋红。

小提示

存储预设的可选颜色选项

使用"可选颜色"命令调整照片色彩时，如果需要将设置的参数选项存储为预设，则可以单击"预设"选项右侧的"预设选项"按钮 ✿.，在弹出的菜单中执行"存储预设"菜单命令进行存储。存储后，如果要在其他照片中应用该效果，只需选择"预设"下拉列表中的预设即可。

8.1.5　解析照片滤镜

　　Photoshop 可以模拟相机中的多种滤镜，便于在后期处理时创建更有意境的画面效果。在 Photoshop 中要对照片模拟滤镜效果，主要通过"照片滤镜"命令来实现。应用"照片滤镜"命令调整照片色彩时，允许用户选择预设的滤镜颜色进行滤镜色彩的添加，也可以根据不同的需要自行定义滤镜颜色，并将其应用于照片色彩调整之中。

　　打开一张日落时拍摄的风景照片，执行"图像 > 调整 > 照片滤镜"菜单命令，打开"照片滤镜"对话框。为了呈现更为浓郁的日落氛围，可以加深照片中的红色，在其"滤镜"下拉列表框中选择"加温滤镜（85）"选项，然后向右拖动"浓度"滑块，增强颜色浓度，将得到更温暖的画面效果，如上图所示。

　　"照片滤镜"对话框中的"滤镜"选项相当于摄影中的滤光镜功能，使用这些预设的滤镜不但可以自由更改照片颜色，还可以根据互补色的特性，校正照片的偏色。例如，日落时拍摄的人脸会显得偏红，应用"照片滤镜"调整时，由于红色的补色为青色，所以可以针对想减弱的红色，选用其补色的青色滤光镜来校正颜色，使人脸恢复正常的肤色。

　　如果使用预设的滤镜色不能得到满意的效果，则可以自行定义滤镜颜色。自定义滤镜色的方法很简单，只需选择"照片滤镜"对话框中的"颜色"单选按钮，再单击"颜色"右侧的色块，在打开的"拾色器（照片滤镜颜色）"对话框中单击或输入颜色值，对滤镜颜色进行更改。在"拾色器（照片滤镜颜色）"对话框中更改颜色后，返回到"照片滤镜"对话框中会看到"颜色"右侧的颜色块显示为新设置的滤镜色。

"照片滤镜"对话框

- ⊙ 滤镜：选择要使用的滤镜。
- ⊙ 颜色：单击右侧的颜色块，可以打开"拾色器"对话框，用于设置滤镜颜色。
- ⊙ 浓度：调整应用到图像中的颜色量，值越高，颜色的应用强度就越大。
- ⊙ 保留明度：勾选该复选框时，可以保持图像的明度不变；取消勾选时，则会因添加滤镜效果而使图像的色调变暗。

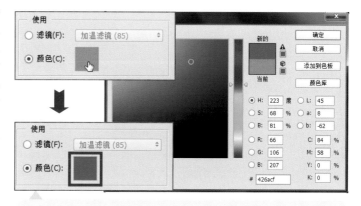

　　单击颜色块，在打开的"拾色器（照片滤镜颜色）"对话框中重新定义滤镜颜色，如上图所示。

8.1.6 渐变映射加强照片通透度

"渐变映射"命令可以赋予照片新的渐变色彩，并且可以尝试多种创造性的颜色调整效果。由于"渐变映射"会将设置的渐变颜色映射到照片中的阴影和高光部分，所以为了更好地保留原始图像的色彩，我们通过创建"渐变映射"调整图层的方式来对照片应用渐变映射调整。虽然使用"渐变映射"同样可以实现"照片滤镜"一样的色彩调整，但是，它却需要与图层混合模式结合起来，通过调整图层的方式来完成照片色彩的映射调整。如果直接对图像执行"渐变映射"菜单命令，则会用映射的颜色遮盖于原图像之上，造成照片色彩的偏差。

打开一张人像照片，为了增强照片的艺术气息，可以应用"渐变映射"为照片增添更多的颜色。单击"调整"面板中的"渐变映射"按钮▤，打开"属性"面板，单击渐变条右侧的下三角按钮，在展开的下拉列表中单击"紫，红渐变"，此时会在"图层"面板中创建"渐变映射 1"调整图层，并且会用选择的渐变颜色填充图像，如下图所示。

为了让设置的填充色与下方的人物图像融合，在"图层"面板中选中"渐变映射 1"调整图层，将混合模式更改为"叠加"，"不透明度"设置为70%，应用渐变映射调整图像颜色后，得到了更加漂亮的画面效果。

渐变映射"属性"面板

⊙ 映射所用的渐变：用于设置渐变色。单击渐变条右侧的下三角按钮，会展开一个下拉列表，在其中可选择预设的渐变颜色；也可以单击渐变条，打开"渐变编辑器"对话框，在其中自行定义渐变颜色。

⊙ 仿色：勾选该复选框，对转变色阶后的图像进行仿色处理，使图像色彩过渡更加和谐。

⊙ 反向：勾选该复选框，可以反转转变后的色阶，将颜色进行反向显示，即呈现出负片的效果。

使用"渐变映射"调整照片颜色时，除了渐变颜色的选择外，还需要将它与图层混合模式结合起来，否则，当创建渐变映射调整图层时，设置的渐变颜色只是将颜色填充于图像上，而不会与下方的背景图像自然地拼合、过渡到一起。对于一幅图像来讲，即使设置了相同的渐变颜色，当设置的混合模式不同时，得到的颜色效果也会有所区别，所以应用"渐变映射"调整照片色彩时，可以尝试在不同的混合模式之间切换，以便确定最适合照片的混合模式来混合图像，以达到更改画面色彩的目的。

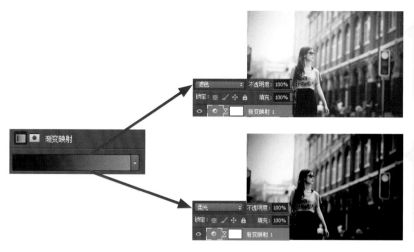

左图中选择了"滤色"混合模式，Photoshop 将用渐变映射中的渐变色替换底层的黑色部分，加强了画面中暗部区域的色彩。

左图中选择了"柔光"混合模式，Photoshop 将用渐变映射中的渐变色叠加图像，使暗部区域的颜色更暗、亮部区域的颜色更亮，从而得到新的画面色彩。

8.1.7　颜色替换工具的妙用

在数码照片的调色过程中，有时并不需要对整个图像的颜色作调整，而只需对其中一部分图像的颜色进行简单的替换。在 Photoshop 中，"颜色替换工具"即可实现这一目的。"颜色替换工具"可以简化图像中特定颜色的替换，即使用设置的颜色在目标颜色上绘画，快速替换绘制区域内的图像颜色。"颜色替换工具"不能用于位图、索引或多通道颜色模式的图像。

打开一张盆栽照片，为了得到不一样的画面效果，可以对花盆的颜色进行调整。先在"图层"面板中对"背景"图层进行复制，设置前景色为蓝色（R42、G172、B211），选择工具箱中的"颜色替换工具"，在其选项栏（见上图）中对各选项进行设置，然后将鼠标移至要进行颜色替换的花盆位置，单击并涂抹图像，可看到被涂抹区域内的花盆由红色变为了蓝色，如右图所示。

"颜色替换工具"选项栏

⊙ 模式：用来设置可以替换的颜色属性，包括"色相""饱和度""颜色"和"明度"4 个选项。默认选择"颜色"，此模式下可以同时替换色相、饱和度和明度。

⊙ 取样：用来设置颜色取样的方式。单击"取样：连续"按钮，拖动鼠标时可连续对颜色取样；单击"取样：一次"按钮，只替换包含第一次单击的颜色区域中的目标颜色；单击"取样：背景色板"按钮，只替换包含当前背景色的区域。

⊙ 限制：确定颜色替换的范围，包括"不连续""连续"和"查找边缘"3 个选项。选择"不连续"选项，可替换出现在鼠标下任何位置的样本颜色；选择"连续"选项，只替换与鼠标下的颜色邻近的颜色；选择"查找边缘"选项，可替换包含样本颜色的连续区域，且保留形状边缘的锐化程度。

⊙ 容差：用于设置工具的容差。由于"颜色替换工具"只替换鼠标单击点颜色容差范围内的颜色，所以设置的值越高，包含的颜色范围就越广。

⊙ 消除锯齿：勾选时可以为校正的区域定义平滑的边缘，从而消除锯齿。

8.2
黑白照片的处理技巧

历史上，黑白摄影曾是摄影师唯一可以选择的拍摄模式。随着时代的进步，彩色摄影早已成为主流，但黑白摄影还是以其独特的魅力吸引着很多摄影爱好者。黑白照片以其鲜活、生动的效果和独特的渲染气氛的方式，能够赋予摄影作品更鲜明的主题。对于黑白照片的设置，除了在前期拍摄时得到，也可以通过后期处理的方式来实现。

8.2.1 灰度模式的选择与解读

灰度模式是 Photoshop 众多颜色模式中的一种。灰度模式的图像不包含颜色，彩色图像转换为灰度模式后，色彩信息都会被删除，因此，将图像转换为灰色模式可以快速获得黑白照片效果。虽然灰度模式的图像只包含一个"灰色"通道，但是它同样可以用黑、白、灰三色来表现丰富的色调变化。

打开一张彩色照片，执行"图像 > 模式 > 灰度"菜单命令，在打开的对话框中单击"扔掉"按钮，将图像转换为灰度模式，如左图所示。转换颜色模式后可以看到图像由彩色变为了黑白效果。

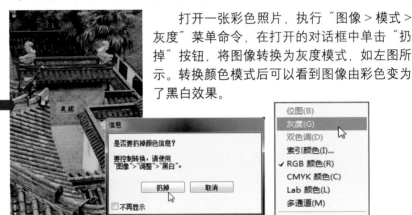

8.2.2 数码照片的"去色"

Photoshop 中，应用"去色"命令可以快速将彩色图像转换为灰度图像，虽然该图像的颜色模式没有发生变化，但是"去色"命令会永久地更改"背景"图层中的原始图像信息，与"色相 / 饱和度"命令中将"饱和度"设置为 -100 时的效果是相同的。如果需要对照片进行非破坏性的编辑，则可以使用"色调 / 饱和度"调整图层来替代"去色"命令。使用"去色"命令转换黑白影像时，如果针对包含多个图层的文件执行"去色"命令，则只会对当前选中的图层产生作用，而其他图层则不受影响。

打开一张彩色照片，这张照片是在老街拍摄的，画面给人的感觉很"脏"。执行"图像 > 调整 > 去色"菜单命令，去掉照片中的色彩，转换为黑白效果，如右图所示。转换后的黑白照片既突出了老街建筑的古朴风貌，同时画面的表现力也得到了很大提高。

8.2.3　认识强大的"黑白"调整技巧

前面介绍了两种快速转换黑白照片的方法，接下来介绍一种更为精细的转换黑白照片的方法。在 Photoshop 中使用"黑白"命令不但可将彩色图像转换为灰度图像，而且还能保持对各颜色的转换方式的完全控制，也可以通过对图像应用色调来为灰度着色，打造双色调画面效果。在转换黑白图像时，对选中的图层执行"图像 > 调整 > 黑白"菜单命令，可以将调整的效果应用于当前图层中。如果需要对设置的"黑白"选项作更改，则可以单击"调整"面板中的"黑白"按钮 ■，创建"黑白"调整图层来转换黑白照片。创建"黑白"调整图层后，可以根据需要更改调整选项，以获得更出色的黑白照片效果。

打开一张建筑照片，这张照片的主要表现对象为古建筑。为了增强画面的感染力，执行"图像 > 调整 > 黑白"菜单命令，打开"黑白"对话框，拖动各颜色滑块的位置，调整颜色在黑白图像中的明亮度，经过设置后可以看到照片被转换为黑白效果，如上图所示。

"黑白"对话框

- ◉ 预设：选择预定义的灰度混合或以前存储的混合。
- ◉ 自动：单击"自动"按钮，可根据图像的颜色值设置灰度混合，并使灰度值的分布最大化。
- ◉ 颜色滑块：调整图像中特定颜色的灰色调，将滑块向左拖动或向右拖动分别可使图像原色的灰色调变暗或变亮。
- ◉ 色调：勾选"色调"复选框，可激活下方的"色相"和"饱和度"选项，用于对照片进行着色，转换单色调效果。

1. 使用预设快速转换黑白照片

使用"黑白"命令创建黑白照片时，如果不知道怎样设置更合适，不妨选择"预设"下拉列表框中的选项来尝试创建不同灰度的黑白照片效果。单击"预设"右侧的下三角按钮，就会展开"预设"下拉列表（见右图），其中包含"蓝色滤镜"、"较暗"、"绿色滤镜"、"高对比度蓝色滤镜"等 12 种预设黑白效果，只需选择其中一个预设选项，就可以在打开的照片中应用该效果。选择不同的选项时，下方的颜色滑块也会随之发生改变。如果对自定义的颜色比较满意，也可以将它存储为一种预设，以便应用到不同的照片之中。

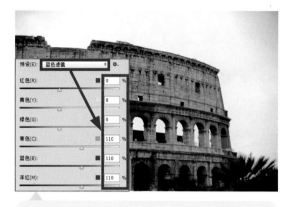

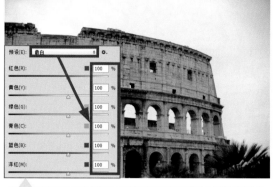

如上图所示，选择"预设"下拉列表框中的"蓝色滤镜"选项后，可以看到下方的"红色""黄色""绿色"被设置为0%，而仅对"青色""蓝色"和"洋红"作调整。

如上图所示，选择"预设"下拉列表框中的"最白"选项后，可以看到下方的所有颜色均被设置为100%，即将所有颜色的亮度值设置为最亮。

2."自动"选项快速实现灰度混合

转换黑白图像时，为了快速获取不错的黑白照片效果，可以单击"黑白"对话框中的"自动"按钮，然后Photoshop会根据图像的颜色值信息设置灰度混合的效果，并使灰度值的分布最大化。在"自动"混合方式下，还可以对下方的颜色值作进一步调整，以"自动"为处理的基点，打造出更加漂亮的黑白照片效果。

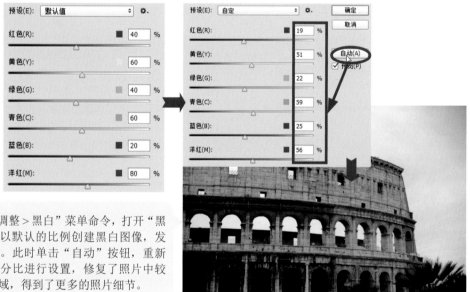

执行"图像>调整>黑白"菜单命令，打开"黑白"对话框，以默认的比例创建黑白图像，发现效果不理想。此时单击"自动"按钮，重新对各颜色的百分比进行设置，修复了照片中较暗或较亮的区域，得到了更多的照片细节。

8.2.4 通道混合器的深度解析

"通道混合器"命令不但可以混合当前颜色通道来改变其他颜色通道的颜色，达到更改图像整体色调的目的，还能应用它来制作一些效果不错的黑白图像。使用"通道混合器"命令转换黑白照片时，可以分别对每个通道进行明显的调整，从而实现更准确的影调控制。

使用"通道混合器"命令调整图像时需要注意：在增加或减少颜色信息时，画面颜色变化的明显程度可通过源自本通道或其他通道的同一图像位置所决定，即画面上某一图像颜色信息可由本通道和其他通道的颜色信息来计算。

打开一张彩色照片，执行"图像 > 调整 > 通道混合器"菜单命令，打开"通道混合器"对话框。因为需要将图像创建为黑白效果，所以勾选"单色"复选框。此时"输出通道"为"灰色"，再拖动下方的颜色滑块，调整颜色比例，创建黑白照片效果，如下图所示。

应用"通道混合器"命令制作黑白图像的方法非常简单，只需在"预设"下拉列表框中选择其中一个选项就能得到不错的黑白效果。当在其中选择选项后，在"输出通道"中就只有"灰色"选项，如果对效果不满意，也可以拖动"源通道"下的3个颜色滑块，控制这些颜色在输出通道中所占的百分比。

除此之外，要想得到黑白照片效果，也可以勾选"通道混合器"对话框中的"单色"复选框来进行黑白照片的转换。当勾选"单色"复选框后，在"输出通道"中同样也只包括"灰色"选项。如果对设置的参数把握不准确，那么可以通过创建"通道混合器"调整图层的方式来转换黑白图像。单击"调整"面板中的"通道混合器"按钮 ，就会在"图层"面板中生成"通道混合器 1"调整图层，同时会在"属性"面板中显示通道混合器选项，其中选项的作用与"通道混合器"对话框中选项的作用完全一致。

"通道混合器"对话框

- 预设：选择系统自带的调整颜色预设值对图像进行调整，选择不同的预设选项将会得到不同的画面效果。

- 输出通道：选择要在其中混合一个或多个源通道的通道。

- 源通道：通过拖动滑块或直接在数值框中输入参数，即可增加或减少源通道在输出通道中所占的百分比。数值越大，所占的颜色越多，颜色的饱和度就越强。

- 常数：用于设置所调整图像的明暗关系。向右拖动滑块可以使图像变亮，向左拖动滑块可以使图像变暗。

- 单色：勾选该复选框，"输出通道"下拉列表框中的选项会显示为"灰色"，即图像会变为灰度图像，其作用与应用"黑白"命令将图像变为黑白效果类似。

如上图所示，单击"预设"下三角按钮，在展开的下拉列表中选择"使用绿色滤镜的黑白（RGB）"选项，转换黑白照片效果。

8.3
别具一格的双色调效果

上一节介绍了黑白照片的处理方法，为黑白照片添加颜色就可以得到双色调照片效果。双色调调整是数码照片后期调色的一种特殊表现方式，将彩色图像或黑白图像转换为双色调图像，可以呈现别具一格的视觉效果。

8.3.1 渐变映射的妙用

在 Photoshop 中要创建双色调图像可以使用"渐变映射"命令来完成。"渐变映射"命令可以将图像转换为灰度，再用设定的渐变色替换图像中的各级灰度。如果指定的是双色渐变，则图像中的阴影就会映射到渐变填充的一个端点颜色，高光则映射到另一个端点颜色，中间调映射为两个端点颜色之间的渐变，由此可以创建出双色调画面效果。

打开一张彩色的人像照片，在使用"渐变映射"命令处理图像前，先在工具箱中把前景色设置为蓝色，背景色设置为白色，然后执行"图像 > 调整 > 渐变映射"菜单命令，打开"渐变映射"对话框，默认选择"前景色到背景色渐变"，如下图所示。此时可以看到创建的双色调图像效果，如右图所示。

小提示

保持色调的对比度

渐变映射会改变图像色调的对比度，如果要避免出现这种情况，可以使用渐变映射调整图层，然后将调整图层的混合模式设置为"颜色"，使它只改变图像的颜色，而不会影响图像的亮度。

1. 使用预设渐变快速创建双色调

使用"渐变映射"创建双色调照片时，如果不知道使用什么色调更为合适，那么可以使用 Photoshop 预设的"照片色调"渐变颜色组来创建双色调效果。单击"渐变"选取器右上角的扩展按钮，在弹出的菜单中执行"照片色调"菜单命令，将弹出一个提示对话框，让用户确认是用"照片色调"渐变颜色组替换面板中已有的渐变颜色，还是直接将新的渐变颜色追加至预设渐变面板。

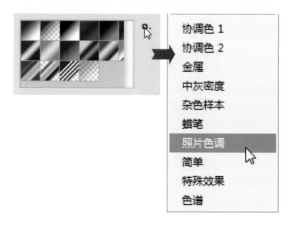

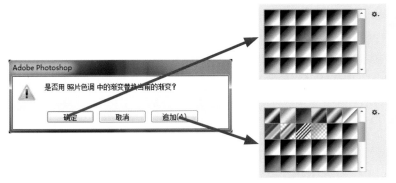

单击 Adobe Photoshop 对话框中的"确定"按钮,用"照片色调"渐变颜色组替换原渐变面板中的渐变色,如左图所示。

单击 Adobe Photoshop 对话框中的"追加"按钮,将"照片色调"渐变颜色组添加至原渐变色下方,如左图所示。

将预设的"照片滤镜"渐变颜色组添加至"灰度映射所用的渐变"下拉列表中后,就可以对打开的图像应用该渐变组中的渐变颜色来处理了。在具体的操作过程中,只需单击下拉列表中的渐变颜色块,就可以对图像应用相应的照片色调,从而获得双色调照片效果。

在右图中,单击"灰度映射所用的渐变"下拉列表中的"深褐 2"渐变颜色,对图像应用该渐变颜色,得到深褐色的双色调照片效果。

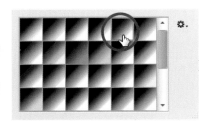

2. 使用预设渐变快速创建双色调

在转换双色调图像时,如果对系统预设色调不满意,还可以对颜色作进一步修改。如果要修改渐变颜色,可单击"灰度映射所用的渐变"下方的渐变条,就会弹出"渐变编辑器"对话框。"渐变编辑器"对话框的"名称"中会显示当前所选渐变的名称,通过这个名称可大致了解颜色情况。如果要对渐变颜色作更改,就需要对下方渐变条上的色标进行调整。调整之前,需要先选中其中一个色标,选中后,色标上的倒三角形会显示为实心的已选中状态,此时可以借助下方的"色标"选项组对色标的"不透明度""颜色""位置"等选项进行设置。如果需要在渐变条中添加新的色标,则将鼠标移至渐变条上单击,在鼠标单击位置就会显示一个新色标;如果要删除色标,则选中色标后将其拖出渐变条即可。

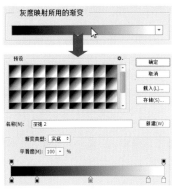

单击渐变条,打开"渐变编辑器"对话框。

如右图所示,选择"深褐 2"渐变后,分别选择第 2 个和第 4 个色标,将其拖出渐变条,删除色标,再单击渐变条中间的色标,在下方的"色标"选项组中对色标颜色和位置进行调整,此时可以看到原深褐色的双色调图像被转换为深蓝色的双色调效果。

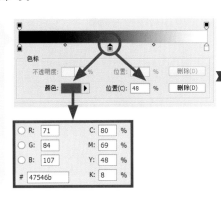

141

8.3.2　"双色调"命令的深度剖析

　　在 Photoshop 中要设置双色调照片效果，除了可以使用"渐变映射"命令外，也可以使用"双色调"模式进行转换。不过需要注意的是，只有灰度模式的图像才可以转换为双色调模式。如果要将其他模式的图像转换为双色调模式，应当先将其转换为灰度模式，然后进行双色调模式的转换。

　　使用"双色调"命令制作双色调图像时，可以分别创建单色调、双色调、三色调和四色调的图像。其中，单色调是用非黑色的单一油墨打印的灰度图像，双色调、三色调和四色调分别是两种、三种和四种油墨打印的灰度图像。

在 Photoshop 中打开一张彩色照片，执行"图像 > 模式 > 灰度"菜单命令，在弹出的"信息"对话框中单击"扔掉"按钮，先将图像转换为灰度图像，如右图所示。

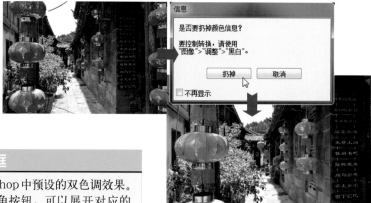

"双色调选项"对话框

- ⊙ 预设：用于指定 Photoshop 中预设的双色调效果。单击选项右侧的下三角按钮，可以展开对应的下拉列表，在其中选择选项后就会对图像应用该效果。
- ⊙ 类型：用于指定图像颜色的效果，包括"单色调""双色调""三色调"和"四色调" 4 个选项。选择不同的选项后，在下方会启用相应的油墨数量。
- ⊙ 油墨：指定图像中每种色调的油墨颜色。单击其后的色块会打开拾色器，然后单击拾色器中的"颜色库"按钮并从中选择色库和颜色。
- ⊙ 压印颜色：单击该按钮可以打开"压印颜色"对话框，在其中可设置压印颜色在屏幕上的外观。

转换为灰度模式后，执行"图像 > 模式 > 双色调"菜单命令，打开"双色调选项"对话框，选择"类型"为"双色调"，激活下方的"油墨 1"和"油墨 2"，"油墨 1"选用默认的黑色，单击"油墨 2"右侧的颜色块，将油墨色设置为蓝色并指定油墨色名称，设置好后单击"确定"按钮，返回图像窗口，此时就可以看到转换为双色调后的照片效果，如右图所示。

1. 指定双色调类型与色彩

在"双色调"模式下，默认选择"单色调"类型，此时只能编辑一种油墨。如果想要编辑多种油墨，需要单击"类型"右侧的下三角按钮，在打开的下拉列表中选择"双色调""三色调"或"四色调"选项。选择"双色调"选项可以编辑两种油墨，选择"三色调"选项可以编辑 3 种油墨，选择"四色调"选项可以编辑 4 种油墨。选择的油墨色的多少直接决定了图像的细节清晰度，选择的油墨色越多，图像的色彩就越丰富，得到的图像就越细腻。选择"双色调""三色调"或"四色调"时，除了默认的油墨 1 为黑色外，其他的油墨颜色都需要自行设置。单击"油墨"右侧的颜色块可以打开拾色器，在其中即可进行油墨颜色的设置。如果单击拾色器中的"颜色库"按钮，则可以选择一个颜色系统中的预设颜色。

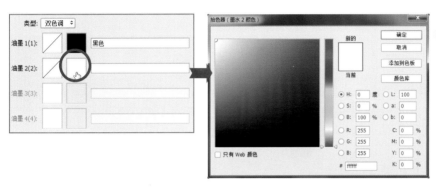

在"双色调选项"对话框中选择"双色调"类型，显示两个油墨色。如果要更改"油墨 2"的颜色，则单击"油墨 2"右侧的颜色块，打开"拾色器（墨水 2 颜色）"对话框进行设置，如左图所示。

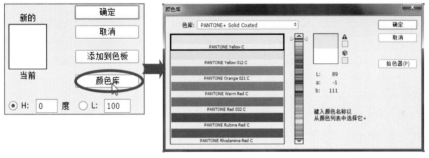

单击"拾色器（墨水 2 颜色）"对话框右侧的"颜色库"按钮，打开"颜色库"对话框，其中显示了预设的颜色，如左图所示。

2. 设置双色调曲线

在双色调模式的图像中，每一种油墨都可以通过一条单独的曲线来设置颜色如何在阴影和高光内分布。由于原始图像中的每个灰度值都被映射到一个特定的油墨百分比，因此，通过拖动图像上的点或输入不同的油墨百分比，可以调整每种油墨的双色调曲线。设置双色调曲线时，可单击"双色调选项"对话框中的"对角斜线"图标，即可打开"双色调曲线"对话框。

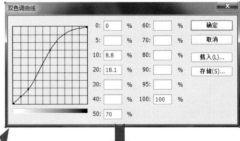

在右图中，为了加强蓝色的油墨比，单击"油墨 2"右侧的"对角斜线"图标，并在打开的"双色调曲线"对话框中对曲线进行设置。确认设置后，返回"双色调选项"对话框，会看到设置后的曲线状态并在图像中应用了曲线调整效果。

3. 指定压印颜色

对于双色调图像来说，压印颜色直接决定了图像最终的成像效果。所谓压印颜色，是指相互打印在对方之上的两种无网屏油墨。例如，在黄色油墨上打印青色油墨时，产生的压印颜色为绿色。打印油墨的顺序以及油墨和纸张的改变会显著影响最终结果。

为了便于预测颜色打印后的外观，可以使用"双色调选项"对话框中的压印油墨的打印色样来调整网屏显示，从而更为准确地控制颜色打印效果。在"双色调选项"对话框中对压印油墨色的调整只会影响压印颜色在屏幕上的显示外观，而不会影响打印时的外观。需要注意的是，在指定压印颜色前，应确保已按照校准和显示器配置文件中的说明校准了显示器。

单击"双色调选项"对话框中的"压印颜色"按钮，打开如右图所示的"压印颜色"对话框。在"压印颜色"对话框中显示了打印油墨时将产生的组合，单击要调整的油墨组合的色块，会打开"拾色器（压印颜色）"对话框，选择要使用的压印颜色。为了使压印油墨的显示与需要的效果一致，可以重复单击颜色块并指定压印颜色。

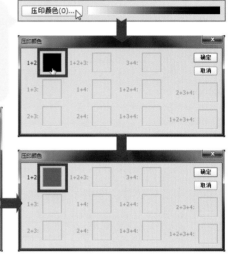

8.3.3　照片着色的妙用

要为拍摄的照片设置双色调效果，除了前面介绍的两种方法外，还有一种非常简便的方法，就是使用"色相/饱和度"命令中的"着色"功能来创建。在 Photoshop 中，使用"色相/饱和度"命令不但可以更改照片中特定颜色的色相、饱和度和明亮度，还可以对图像进行着色，并通过控制图像的色相和饱和度来创建富有艺术特色的双色调影像。应用"着色"功能转换双色调效果时不会影响图像的颜色模式，如果以调整图层的方式进行颜色的转换，还可以随时将双色调图像还原为彩色图像。

左图中打开了一张彩色照片，单击"调整"面板中的"色相/饱和度"按钮，创建"色相/饱和度1"调整图层，同时会打开"属性"面板，勾选其中的"着色"复选框，为了表现古建筑的历史沧桑感，将画面主色调设置为黄色，即把"色相"滑块向左拖至颜色条中的黄色位置，再向右拖动"饱和度"滑块，增强颜色饱和度，经过设置后，得到了更加古朴的图片效果。

8.4
专业技法

在前面的小节中介绍了调整照片色彩的相关命令。为了让读者掌握更多专业的照片调整技法，本节将综合前面所学知识，结合多个调整工具对照片进行更专业化的图像处理。

8.4.1　偏色照片的处理技巧

数码相机拍出来的照片经常会出现偏色的现象。例如，在日光灯的房间里拍摄的照片显得发绿，而在日光阴影处拍摄的照片会偏蓝。造成照片偏色的原因很多，而一张偏色的数码照片难免会给人一种非常不舒适的感觉，所以掌握一些简单的校正偏色的方法是很有必要的。

右图所示的照片是在室内拍摄的人物写真效果，画面的构图非常好，但由于拍摄时白平衡设置错误，导致拍摄出来的照片明显偏暖。

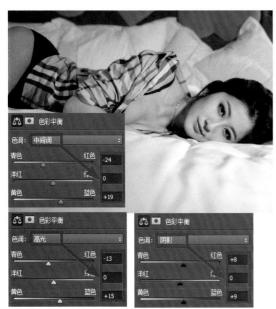

步骤 01　色彩平衡平衡各部分色彩

在 Photoshop 中打开偏色的照片，先用"色彩平衡"对阴影、高光、中间调的色调作调整。单击"调整"面板中的"色彩平衡"按钮，新建"色彩平衡 1"调整图层，在"属性"面板中默认选择"中间调"色调，设置颜色为 -24、0、+19，选择"高光"色调，设置颜色为 -12、0、+15，向中间调和高光部分加深青色和蓝色，削弱红色和黄色，再选择"阴影"色调，设置颜色为 +8、0、+9，向阴影加深红色和蓝色。

步骤 02　冷却滤镜补偿色温

经过上一步操作后，虽然图像的颜色得到了一定的校正，但是看起来还是略偏黄。创建"照片滤镜 1"调整图层，打开"属性"面板，由于画面整体偏黄，需要增加画面的蓝色来提高色温，所以在"滤镜"下拉列表框中选择"冷却滤镜（80）"，再向右拖动"浓度"滑块，当拖到 35% 位置时，可看到照片的颜色基本恢复到正常状态了。

8.4.2 色彩暗淡照片的处理技巧

如果所看到物体或景物的颜色是很鲜艳的，而用相机拍摄下来导入到计算机后，浏览照片时看到的照片色彩却很暗淡，就需要运用调整命令对照片的颜色进行修复，还原拍摄对象鲜艳的色彩。

每当深秋时节，那密密麻麻、黄绿相间的红叶总能把秋天点缀成一幅浪漫的画卷。右图所示的照片就是拍摄的金秋红叶。但是从这张照片来看，画面的颜色显得不够鲜艳，无法呈现出金秋时节绚丽的红叶之美，所以需要在后期处理的时候对色彩加以补偿，提高照片中的颜色饱和度。

步骤 01 对照片中单个颜色的色相、饱和度进行调整

在 Photoshop 中打开素材照片，由于画面中的颜色很丰富，所以可以用"色相/饱和度"对不同的颜色作调整。单击"调整"面板中的"色相/饱和度"按钮🔲，创建"色相/饱和度 1"调整图层，默认选择"全图"，先将"饱和度"滑块向右拖动，提高整体饱和度，然后分别选择"红色""黄色""青色"和"蓝色"选项，先将这些颜色的饱和度加强，为了突出绚丽多彩的红叶效果，再对这些颜色的色相作调整，让树叶之间的颜色变化更为明显。

步骤 02 进一步提高自然饱和度

创建"自然饱和度 1"调整图层，再对照片的颜色饱和度作调整，将"自然饱和度"滑块向右拖动，加强颜色鲜艳度，再稍微向右拖动"饱和度"滑块，这样就更突出了五彩斑斓的红叶，达到更为漂亮的画面效果。

8.4.3　模拟相机镜头中的黑白效果

　　现在的数码相机大多都具有黑白拍摄模式，在这种模式下拍摄能够轻松获得不错的黑白照片效果。但是，如果遇到红色、绿色、蓝色等灰度差不多的颜色时，拍摄出来的灰色都一样，反差并不明显，会导致照片不够出彩。Photoshop 作为专业的图像编辑软件，为用户提供了将彩色照片变为黑白照片的最佳选择，可以运用多种不同的方式进行黑白照片的转换，并且能够更改照片中黑、白、灰度的反差，得到层次感较强的黑白影像。

　　右图是在古镇中拍摄到的建筑照片，照片中利用错落的建筑群烘托出小镇古朴的民俗风情。在拍摄的时候本来想直接拍摄为黑白照片，使主题更加鲜明，但是又怕拍摄出来的片子效果不好，所以还是选择以彩色的方式拍摄出来，这样在后期处理时，利用 Photoshop 中的黑白调整功能就可将其转换为黑白照片。

步骤 01　实现彩色与黑白照片的转换

　　在 Photoshop 中打开这张照片，单击"调整"面板中的"黑白"按钮▣，创建"黑白1"调整图层，此时即将照片由彩色转换为黑白效果。

步骤 02　自动调整黑白照片

　　为了让明暗过渡更自然，单击"属性"面板中的"自动"按钮，此时会看到软件自动调整了颜色滑块的位置，这样的设置可让灰度值的分布最大化。

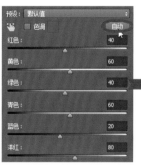

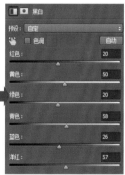

步骤 03　加强高光与阴影部分的对比

　　单击"调整"面板中的"色阶"按钮▦，新建"色阶1"调整图层，打开"属性"面板，将代表阴影部分的黑色滑块向右拖动，再将代表高光部分的白色滑块向左拖动，这样做是为了加大图像亮调部分和暗调部分的反差，增强这张照片的视觉冲击力。

第 9 章
照片的锐化
和景深控制

对于一张照片来说，主体清晰、背景模糊可以使其看起来层次更加突出。如果照片锐化不够，则会带给人模糊、不清晰的视觉感受；如果照片景深太深，则会因为杂乱的背景影响主体的表现，给人主次不分的视觉感受。因此，在后期处理时掌握照片的锐化与景深控制技术，可以帮助人们得到更加清晰、主次分明的图像。

本章主要介绍 Photoshop 中的锐化滤镜和锐化工具以及模糊滤镜和模糊工具等。通过学习，使读者能够运用这些滤镜或工具对照片进行相应的锐化或景深调整。

知识点提要

1. 锐化处理讲解

2. 景深控制技术

3. 专业技法

9.1
锐化处理讲解

在拍摄照片时，虽然可以通过对焦或调整快门速度来控制照片的清晰度，但是总是会因为一些小的误差，导致拍摄出来的照片清晰度不够高，影响作品效果。在后期处理时，为了解决这一问题，可以使用 Photoshop 中的锐化功能对照片进行锐化设置，通过选用单个或多个锐化工具对图像进行锐化，打造更为清晰、明快的图像效果。

9.1.1　USM 锐化的深度解析

在 Photoshop 中对照片进行锐化处理经常会用到"USM 锐化"滤镜。"USM 锐化"滤镜通过查找图像中颜色发生明显变化的区域，并对其进行锐化，从而得到更加清晰的画面效果。在使用"USM 锐化"滤镜锐化图像时，可利用其对话框中的"数量""半径"和"阈值"选项进行照片的锐化处理。

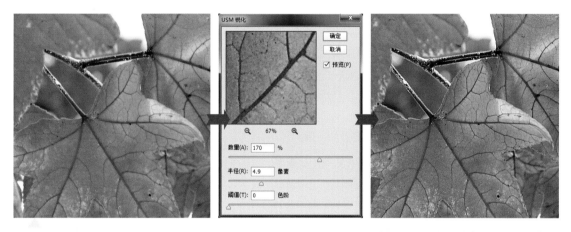

打开一张叶子素材照片，执行"滤镜>锐化>USM 锐化"菜单命令，打开"USM 锐化"对话框，向右拖动"数量"滑块，增强锐化强度，再向右拖动"半径"滑块，扩大锐化范围，设置后单击"确定"按钮，返回图像窗口，如上图所示。此时可以看到锐化后的图像中，叶片上的脉络纹理变得更为清晰。

"USM 锐化"对话框

◉ 数量：用于设置锐化强度。设置的数值越高，锐化效果越明显。

◉ 半径：用于设置锐化的范围，即确定边缘像素周围影响锐化的像素数量。数值越大，边缘效果范围越广，锐化效果越明显。

◉ 阈值：只有相邻像素的差值达到其所设定的范围时才会被锐化。设置的值越高，被锐化的像素就越少。

锐化图像时，Photoshop 通过提高图像中两种相邻颜色交界处的对比度，使它们的边缘更加明显，令其看上去更加清晰，所以，使用"USM 锐化"滤镜锐化图像时，切记不要将参数设置得过大，这样会导致锐化后的图像边缘产生较为明显的光晕效果。如果不能确定参数多大时更为合适，可以利用预览窗口直接查看当前设置下的图像效果，也可按住鼠标左键在图像窗口中拖动图像，从而对各个区域的图像效果进行查看，这样可以方便即时查看锐化后的效果。

9.1.2 智能锐化的深度解析

　　"智能锐化"滤镜与"USM 锐化"滤镜比较相似，不过"智能锐化"滤镜提供了更多的锐化控制选项，可以设置锐化算法，控制阴影和高光中的锐化量来锐化图像。如果尚未确定要应用的锐化滤镜，那么可以尝试选用"智能锐化"滤镜锐化图像。在 Photoshop CC 2014 中，增强的"智能锐化"滤镜采用的自适应锐化技术可以最大程度地降低杂色和光晕，从而得到更高品质的锐化结果。应用"智能锐化"滤镜锐化图像时，主要通过拖动滑块进行快速调整，并且支持 CMYK 模式图像的锐化调整，还可以对单个通道内的图像进行任意锐化设置。

　　打开一张毛发细节不够清晰的小猫照片，执行"滤镜 > 锐化 > 智能锐化"菜单命令，打开"智能锐化"对话框，在其中对各参数进行设置，设置后在对话框左侧的预览窗口会显示锐化后的效果，单击"确定"按钮，应用"智能锐化"滤镜锐化图像，锐化后小猫身上的毛发变得非常清晰，如上图所示。

"智能锐化"对话框

- ◉ 预设：可以选择系统预设的智能锐化效果锐化图像。
- ◉ 数量：用来设置锐化的数量。较高的值可以增强边缘像素之间的对比度，使图像看起来更加清晰。
- ◉ 半径：用于确定受锐化影响的边缘像素的数量。该值越大，受影响的边缘就越宽，锐化的效果也就越明显。
- ◉ 移去：用于选择锐化算法。选择"高斯模糊"选项，可使用"USM 锐化"滤镜的方法进行锐化；选择"镜头模糊"选项，可检测图像中的边缘和细节，并对细节进行更精细的锐化，减少锐化的光晕；选择"动感模糊"选项，可通过设置"角度"来减少由于相机或主体移动而导致的模糊效果。
- ◉ 更加准确：用更慢的速度处理文件，以便更精确地移去模糊。
- ◉ 渐隐量：用来设置阴影和高光中的锐化量。
- ◉ 色调宽度：用于控制阴影和高光中色调的修改范围。
- ◉ 阴影 / 高光半径："高级"选项卡中的"半径"选项用于控制每个像素周围的区域的大小，它决定了像素是在阴影还是高光中，向左拖曳滑块会指定较小的区域，向右拖曳滑块会指定较大的区域。

1. 锐化并去除杂色

　　在 Photoshop 中使用滤镜锐化图像时很可能会在图像中添加杂色，而 Photoshop CC 2014 为了避免这一情况，改进了"智能滤镜"滤镜，增添了"减少杂色"选项。在进行照片的锐化操作时，可以通过拖动"减少杂色"滑块，减少锐化过程中出现的杂色，让锐化效果更加完美。

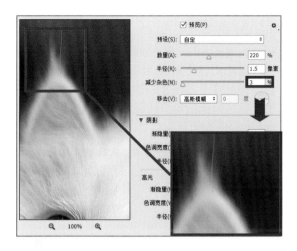
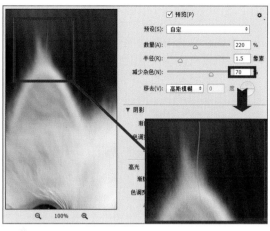

上图中将"减少杂色"设置为 3% 时，可以看到
对图像进行锐化后，画面中产生了较多的杂色点，
大大影响了画面的品质。

上图中将"减少杂色"设置为 70%，此时对图像
进行锐化后，可以看到照片中并没有产生较明显
的杂色点，画面依然显得非常干净。

2. 更加精准的智能锐化

"智能锐化"滤镜不但可以对整个画面应用锐化效果，还可以单独对高光或阴影区域进行锐
化，并且还能渐隐锐化效果。若要控制阴影和高光区域的锐化量，需要在"阴影 / 高光"选项组
中进行参数设置。当在"智能锐化"对话框中对基本的选项进行设置后，可以运用"阴影 / 高光"
选项组中的参数对锐化进行微调，从而减少锐化照片中光晕出现的概率。如果不需要设置，则可
以单击选项前的下三角按钮，将其隐藏起来。

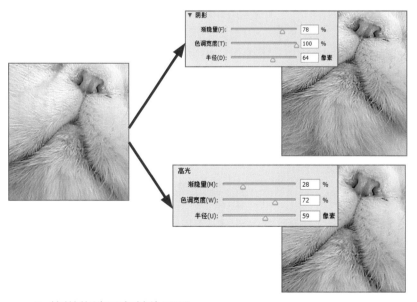

如左图所示，在"阴影"
选项组中设置阴影"渐
隐量"为 78，"色调宽
度"为 100，"半径"为
64，设置后将降低锐化
对阴影部分的影响，得
到更准确的锐化效果。

如左图所示，在"高光"
选项组中设置高光"渐
隐量"为 28，"色调宽度"
为 72，"半径"为 59，
设置后将削弱锐化对高
光部分的影响。

3. 将锐化选项存储为预设

在"智能锐化"对话框中对锐化参数进行设置后，如果
需要对其他的图像也应用相同的锐化值进行锐化，则可以把
设置的锐化选项存储为预设。单击"预设"右侧的下三角按
钮，在展开的下拉列表中选择"存储预设"选项，会弹出"另
存为"对话框，指定预设存储位置，存储好后该预设会被显
示在"预设"下拉列表中。

9.1.3 防抖的锐化技巧

数码相机的防抖功能可以防止在照片的拍摄过程中因为各种抖动而造成画面模糊。如果所使用的相机没有此功能，那么可以通过 Photoshop 中的"防抖"功能锐化图像，让模糊的照片变得清晰。"防抖"滤镜几乎可以在不增加图像噪点、不影响画质的前提下，使因轻微抖动而造成的模糊瞬间重新清晰起来。"防抖"滤镜比较适合于曝光适度且杂色较低的照片的锐化处理，它能最大限度地锐化图像。

如右图所示，打开一张荷花素材照片，由于相机抖动导致拍摄出来的图像产生了模糊的现象，放大图像后可以看到图像边缘有一些较明显的重影。执行"滤镜>锐化>防抖"菜单命令，打开"防抖"对话框，通过"模糊评估工具"和"模糊方向工具"以及各选项的设置，对照片进行锐化处理。

"防抖"对话框

- ⊙ "伪像抑制"复选框：勾选此复选框，可在锐化图像时自动抑制杂色伪像。
- ⊙ 模糊描摹边界：指定抖动过程中所产生的模糊晃动的像素长短，以像素为单位。
- ⊙ 源杂色：Photoshop 可自动估计图像中的杂色量。用户可根据需要选择"自动""低""中"和"高"选项。
- ⊙ 平滑：用于减少因锐化导致的高频率或颗粒状杂色。
- ⊙ "伪像抑制"选项：用于抑制锐化过程中产生的较明显的杂色伪像。
- ⊙ 高级：用于显示模糊描摹的数量，可以在此删除或创建新的描摹区域。
- ⊙ 细节：在"高级"选项组中选择一个模糊描摹时，这里就会显示对应的锐化效果。

在右图中单击"防抖"对话框左上角的"模糊评估工具"按钮 ⊞，使用"模糊评估工具"在预览窗口中模糊最明显的区域单击并拖动，创建新的模糊评估区域，此时在"高级"选项组下会显示该模糊评估区域。

1. 指定模糊评估区域

使用"防抖"滤镜锐化图像前，需要使用"模糊评估工具"指定模糊评估区域，即观察照片中抖动模糊最为明显的区域，并将该区域定义为模糊评估区域，以便 Photoshop 更容易对其进行计算和处理，还原出清晰的图像。运行"防抖"滤镜时，Photoshop 一般会自动辨别或确定模糊评估区域，在具体的处理过程中，也可以拖动调整区域或创建新的模糊评估区域。

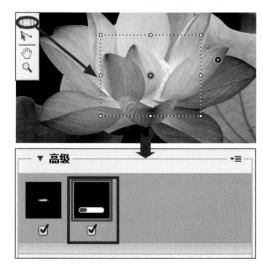

　　模糊描摹表示影响图像中选定区域的模糊形态，应用"防抖"滤镜锐化图像时，可以在照片上划定多个不同区域作为模糊评估区域。在处理时，可以针对不同的模糊评估区域设置不同的参数，从而实现更加精细的锐化处理。在图像中创建多个模糊评估区域后，这些区域都会被罗列在"高级"选项组下。单击"高级"前的下三角按钮，可以展开"高级"选项组。在"高级"选项组中还可以单击"添加建议的模糊描摹"按钮，添加模糊评估区域，也可选择列表的模糊描摹，单击"删除模糊描摹"按钮可删除选择的模糊描摹。

"高级"选项组的每个模糊评估区域在预览窗口中都存在一个对应的模糊点，当单击"高级"选项组下的模糊描摹缩览图时，左侧的预览窗口中就会选中或显示对应的模糊评估区域，如下图所示。

2. 设置模糊描摹选项，还原清晰图像

　　在"防抖"对话框中设定好模糊评估区域后，就需要对照片的模糊角度和模糊造成的重影长短进行设置。在滤镜中设定模糊方向后，才能让 Photoshop 根据设置的模糊轨迹对模糊的照片进行锐化处理。选择"防抖"对话框左上角的"模糊方向工具"，在设定的模糊评估区域内单击并拖动，可绘制出模糊的路径，同时右侧的"模糊描摹设置"选项组会实时显示绘制所产生的数据。其中，"模糊描摹长度"对应图像中绘制的直线长度，"模糊描摹方向"对应直线的角度。如果对设置的参数不满意，则可以拖动选项下方的滑块或输入数值，重新调整防抖锐化效果。

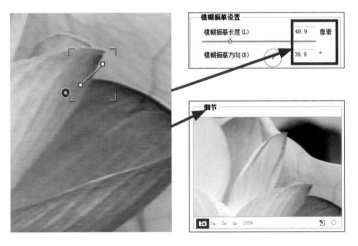

左图中，使用"模糊方向工具"在图像上单击并拖出一条模糊方向线，绘制后在"模糊描摹设置"选项组下方实时显示了绘制所产生的"模糊描摹长度"和"模糊描摹方向"。

在"细节"选项组将放大显示锐化后的图像效果，如左图所示。此时可以单击"细节"选项组左下角的缩放按钮，选择以不同的缩放比例来查看细节锐化效果。

小提示

拖动查看图像细节

在"防抖"对话框中，单击"细节"选项组右下角的"取消停放细节"按钮 🖼，可以使"细节"成为浮动窗口，将它拖动到左侧的图像预览区，就可以通过放大的方式来查看该区域下方的图像。

9.1.4 实现更精细锐化的"高反差保留"

在 Photoshop 中应用"锐化"滤镜锐化图像时，容易在图像中产生一些细小的噪点，虽然锐化了图像，但是影响了图像效果的呈现。为了解决这一问题，可以运用"其他"滤镜组中的"高反差保留"滤镜锐化图像。"高反差保留"滤镜可以在不增加杂色的基础上锐化图像，它的主要工作原理是，消除颜色变化不大的区域，而保留画面中颜色变化较大的区域，使图像中的阴影消失，边缘像素被完整地保存下来。应用"高反差保留"滤镜锐化图像时，需要与图层混合模式结合起来使用，利用图层混合模式的叠加设置达到锐化图像的目的。

打开一张数码照片，在"图层"面板中将"背景"图层复制，得到"背景 拷贝"图层，执行"滤镜>其他>高反差保留"菜单命令，打开"高反差保留"对话框。在该对话框中设置"半径"为5，确认设置后将"背景 拷贝"图层的混合模式设置为"叠加"，在图像窗口中显示了应用滤镜锐化后的图像，可发现照片的边缘位置已变得更加清晰，如下图所示。

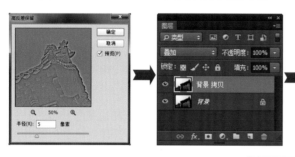

"高反差保留"对话框

⊙ 半径：调整原图像保留的程度。设置的参数越大，保留的原图像越多。若设置为0，则整个图像都会变为灰色。

1. 控制照片的锐化强度

"高反差保留"滤镜主要运用"半径"选项来控制图像最终得到的锐化效果。当设置的"半径"值越大时，边缘就越宽，锐化后的图像效果就越明显，但是也可能出现锐化过度的情况，因此，在设置的过程中，需要根据具体的素材来控制"半径"值的大小。如果设置的"半径"值过大，则会使叠加的像素增大，使照片产生不平整感，让画面中不需要突出的细节显示出来，产生不理想的锐化效果。

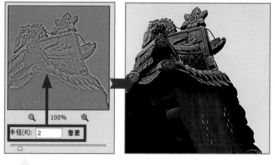

执行"滤镜>其他>高反差保留"菜单命令，在"高反差保留"对话框中设置"半径"为2，设置后发现只对边缘颜色差别较大的区域进行了锐化叠加，如上图所示。

执行"滤镜>其他>高反差保留"菜单命令，在"高反差保留"对话框中设置"半径"为20，设置后发现锐化范围较广，且图像有轻微锐化过度的情况，如右图所示。

2. 设置混合模式锐化图像

在使用"高反差保留"滤镜锐化图像时，图层混合模式是影响照片锐化效果的重要因素之一。大多数情况下，运用"高反差保留"滤镜锐化图像时，会选择对比型混合模式控制图像的锐化效果。通过单击"混合模式"旁的下三角按钮，在展开的混合模式列表中选择混合模式，调整锐化的程度。具体混合模式的选择应根据需要的效果来决定。

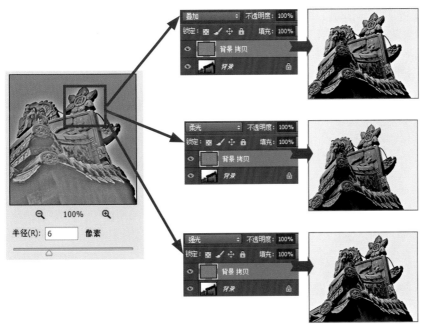

在"混合模式"下拉列表框中选择"叠加"，此模式通过过滤照片中的颜色进行锐化，锐化的强度较高，如左图所示。

在"混合模式"下拉列表框中选择"柔光"，此模式下混合图像，锐化的效果相对于"叠加"更弱一些，如左图所示。

在"混合模式"下拉列表框中选择"强光"，通过增加或减少对比度来达到锐化图像的目的，如左图所示。

9.1.5 锐化工具的妙用

"锐化工具"用于增加边缘的对比度，以增强外观上的锐化程度。"锐化工具"常用于照片的局部锐化处理，它通过调整锐化的"强度"来控制锐化程度。选择"锐化工具"后，在图像中绘制，可以对绘制区域内的图像进行锐化。使用此工具在某个区域上方绘制的次数越多，增强的锐化效果就越明显。

"锐化工具"选项栏

- ◉ 画笔：单击右侧的下三角按钮，展开"画笔"选取器，在其中选择用于绘制的画笔笔触。
- ◉ 模式：用于设置工具的混合模式。
- ◉ 强度：用于设置锐化的强度。数值越大，锐化效果越明显。
- ◉ 对所有图层取样：如果文档中包含多个图层，勾选此复选框，可对所有可见图层中的数据进行处理，取消勾选则只处理当前图层中的数据。

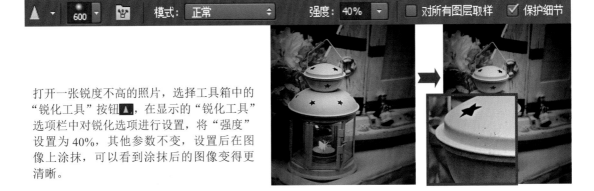

打开一张锐度不高的照片，选择工具箱中的"锐化工具"按钮▲，在显示的"锐化工具"选项栏中对锐化选项进行设置，将"强度"设置为40%，其他参数不变，设置后在图像上涂抹，可以看到涂抹后的图像变得更清晰。

9.2

景深控制技术

数码照片的景深在表现画面效果时起着非常重要的作用。对于一张景深不理想的照片，可以利用后期处理技术，增强图像的景深效果，获得主次分明的画面。

9.2.1 用"场景模糊"滤镜控制景深

"场景模糊"通过定义具有不同模糊量的多个模糊点来创建渐变的模糊效果。使用此滤镜模糊图像时，可将多个图钉添加到图像中，并且为每个模糊图钉指定不同的模糊量来调整模糊的程度。使用"场景模糊"滤镜模糊图像时，其最终结果是合并图像上所有模糊图钉的效果。如果需要对图像边角应用模糊效果，则可以将模糊图钉添加在图像的外部。

打开一张需要添加景深效果的素材照片，执行"滤镜 > 模糊画廊 > 场景模糊"菜单命令，打开"模糊画廊"并选择"场景模糊"，先将默认的模糊焦点移至左侧第二个黑色花盆位置，设置"模糊"为 0，然后运用鼠标在照片中添加多个模糊焦点，分别为这些焦点指定不同的模糊值，设置后可以看到在"模糊画廊"中模糊了图像，呈现出了景深效果。

"场景模糊"选项

- 模糊：用于设置每个模糊图钉的模糊程度。设置的"模糊"数值越大，得到的模糊效果越明显；反之，数值越小，得到的模糊效果越弱。

- 散景：勾选此复选框，可为焦点外的图像应用散景（光斑）效果，并通过"光源散景""散景颜色"和"光照范围"3 个选项进行效果的调整。

- 光源散景：控制散景的亮度，也就是图像中高光区域的亮度。数值越大，亮度越高。

- 散景颜色：用于控制高光区域的颜色，由于是高光，所以颜色一般都比较淡。

- 光照范围：用于控制高光范围，数值为 0 ~ 255 之间的数值。数值越大，高光范围越大；反之，高光就越少。

小提示

对图像应用智能滤镜模糊处理

"模糊画廊"中的模糊效果都支持智能对象，并且可非破坏性地应用智能滤镜。要将模糊画廊效果应用为智能滤镜，可先在"图层"面板中选中要应用模糊的图层，执行"图层 > 智能对象 > 转换为智能对象"菜单命令，将图层转换为智能对象图层，再对该图层应用滤镜即可。

1. 不同区域的模糊设置

使用"场景模糊"滤镜，首次进入"模糊画廊"编辑
状态时，会在画面的中间位置自动添加一个模糊图钉，此
时图像会呈现出一片模糊的状态。如果需要在图像中添加
更多的模糊图钉，则需要将鼠标移至要添加模糊图钉的位
置，再单击鼠标即可完成模糊图钉的添加。添加模糊图钉
后，可通过窗口右侧的"场景模糊"选项组对模糊的强度
进行设置，如果需要更改画面中已添加的模糊图钉的"模糊"
选项，则将鼠标移至模糊图钉所在位置，单击鼠标选中相
应的模糊图钉，然后进行设置。在"模糊画廊"中，被选
中的模糊图钉中心点位置为白色的空心圆点，未选中的模
糊图钉中心点位置为实心的黑色。

右图中，在花盆上单击，添加模糊图钉，设置"模糊"选项，
对图像应用模糊效果。

2. 用"模糊效果"面板控制模糊效果

在"模糊画廊"中，可以通过控制焦点以外部分或模糊部分的外观来增强整体图像效果。当
在"模糊效果"面板中勾选"散景"复选框后，将会激活面板下方的"光源散景""散景颜色"
和"光照范围"3 个选项，通过这些散景参数，可以确保获得令人满意的整体效果，也可以利用
它们来模拟光斑效果。

右图中，在画面右上
角单击，添加了一个
模糊图钉，在"场景
模糊"选项组下设置
"模糊"为 63 像素，
然后在"模糊效果"
面板中启用"散景"
功能，设置散景选项，
设置后可得到彩色的
光斑效果。

小提示

编辑图钉的显示与隐藏

使用"模糊画廊"中的模糊滤镜处理照片时，有时候会发现控制手柄不见了，导致调整右边的参数时，
虽然模糊效果也会变化，但模糊的区域却不知道怎么设置。此时可以按快捷键 Ctrl+H 或执行"视图 >
显示 > 编辑图钉"菜单命令，重新显示被隐藏的编辑图钉。

9.2.2 用"光圈模糊"滤镜控制景深

有时候因为镜头的原因，在拍摄时无法实现浅景深的效果。利用 Photoshop 中的"光圈模糊"
滤镜可对照片模拟较真实的浅景深效果，而不用考虑使用的是什么相机或镜头。在"光圈模糊"
滤镜下，可以定义多个焦点来实现传统相机技术几乎不可能实现的效果。在 Photoshop 中将拍摄
的照片打开后，执行"滤镜 > 模糊画廊 > 光圈模糊"菜单命令，就可以进入"模糊画廊"编辑状态。
在模糊画廊下，结合左侧的预览区域和右侧的"属性"设置，即可为照片设置出真实的模糊效果。

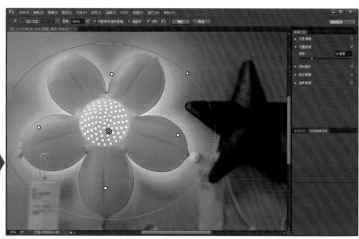

打开一张照片，执行"滤镜 > 模糊画廊 > 光圈模糊"菜单命令，进入"模糊画廊"状态。此时在窗口右侧自动勾选"光圈模糊"复选框，并在图像中间位置出现一个模糊图钉，此图钉标示了模糊的焦点区域，该区域内的图像显示较为清晰。这里要将除左侧花朵外的其他图像都创建为模糊效果，所以把图钉移到花朵中间位置并适当调整其大小，设置后可以看到位于模糊焦点区域外的其他图像变得模糊了。

"光圈模糊"选项

- ⊙ 聚焦：用于控制模糊图钉受保护区域的模糊量。设置的参数越大，被保护起来的区域就越多。

- ⊙ 将蒙版存储到通道：对蒙版应用模糊效果时，勾选该复选框，将存储模糊蒙版的副本。

- ⊙ 高品质：勾选该复选框，可以启用更准确的散景设置。

- ⊙ 模糊：用于设置焦点范围外的图像的模糊程度，设置范围为 0 ～ 500 像素。设置的参数越大，图像的模糊效果越明显。

使用"光圈模糊"滤镜处理图像时，在图像中会出现一个小圆环，用于设置模糊范围和模糊过渡区域。用户可以把中心的黑白圆环移到图像中需要对焦的物体上，然后进行参数及圆环大小的设置。在圆环中，外围的 4 个小圆形叫做手柄，通过拖动它，可以把圆形区域的某个方向拉大，使圆形变成椭圆，同时还可以对它进行旋转，控制模糊的范围。圆环右上角的白色菱形叫做圆度手柄，选择后按住鼠标往外拖动可以把圆形或椭圆形变成圆角矩形，如果要将其从圆角矩形变为圆形或椭圆形，则往里拖动。位于内侧的 4 个白点叫做羽化手柄，可以控制羽化焦点到圆环外围的羽化过渡。

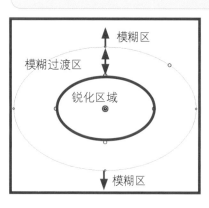

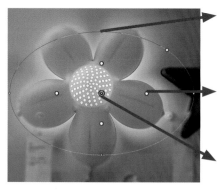

手柄：用于控制模糊的范围，拖动它可以调整范围。

羽化手柄：用于控制羽化焦点到圆环外的羽化过渡。

模糊中心点：用于控制模糊效果的中心位置，可以将其拖至画面中的任意位置。

与"场景模糊"一样，"光圈模糊"同样可以添加多个图钉来控制图像不同区域的模糊，使得到的景深效果更为逼真。要在"光圈模糊"滤镜下设置多个模糊焦点，其操作方法非常简单，只需要运用鼠标在需要设置为焦点的位置单击，单击后结合窗口右侧"光圈模糊"选项组下方的"模糊"，对图像的模糊程度进行设置，就可以控制不同区域内的图像模糊强度。

9.2.3　用"移轴模糊"滤镜控制景深

　　移轴效果照片一直是摄影师们非常钟爱的一种形式，移轴效果可以将景物变成非常有趣的模型形式，如同进入小人国一般。对于没有昂贵移轴镜头的摄影爱好者来说，如果要获得移轴效果的照片，则可以在后期处理时借助 Photoshop 的"移轴模糊"滤镜来创建。

　　使用"移轴模糊"滤镜能够模拟使用倾斜偏移镜头拍摄的图像，并且可以自定义锐化区域，然后在锐化区域边缘处逐渐变得模糊。"移轴模糊"滤镜常用于模拟微型对象效果。

　　打开一张俯拍的城市风光照片，执行"滤镜>模糊画廊>移轴模糊"菜单命令，进入"模糊画廊"编辑状态，在窗口右侧会自动勾选"倾斜偏移"复选框，将"模糊"设置为21像素，"扭曲度"设置为27%，勾选"对称扭曲"复选框，设置后可以看到照片中对焦区域外的图像变得模糊，得到了模拟的缩微景观效果，如右图所示。

"移轴模糊"选项

- ◉ 模糊：用于设置焦点范围外的图像的模糊程度，设置范围为 0 ～ 500 像素。设置的参数越大，图像的模糊效果越明显。
- ◉ 扭曲度：用于模拟广角镜或其他一些镜头拍摄出的移位现象，只对图像底部的区域起作用。
- ◉ 对称扭曲：勾选该复选框后，会对顶部及底部图像同时应用扭曲。

　　"移轴模糊"滤镜通过 4 条平行的直线来定义图像从清晰到模糊的过渡范围。其中，位于最里面的两条实线为聚焦区，此区域中的图像是清晰的，将鼠标移至实线上，拖动它可扩大或缩小聚焦范围。在聚焦中间有两个圆形的控制手柄，拖动它可以调整并旋转聚焦，调整对焦区域的角度。在聚焦区外，位于虚线以内的部分为模糊过渡区，将鼠标移至虚线位置，鼠标变为双向箭头时拖动可以调整模糊过渡区的范围。位于虚线外的部分则为模糊区。

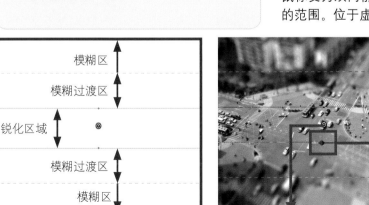

虚线：用于控制模糊区域的大小，拖动鼠标可调整虚线位置，更改模糊范围。

控制手柄：将鼠标置于控制手柄上，单击并拖动可调整对焦区域的角度。

模糊中心点：用于控制模糊效果的中心位置，可以将其拖至任意位置。

9.2.4 用"镜头模糊"滤镜控制景深

要在照片中模拟镜头产生的浅景深模糊效果，除了可以使用前面介绍的"模糊画廊"中的滤镜模糊图像外，还可以应用"模糊"滤镜组中的"镜头模糊"滤镜创建。"镜头模糊"滤镜可以向图像中添加模糊，以产生更窄的景深效果，其模糊效果取决于模糊的"源"设置。如果图像中存在 Alpha 通道或图层蒙版，则可以为图像中的特定对象创建景深效果，使这个对象在焦点内，而使另外的区域变得模糊。

打开一张需要设置景深效果的素材图像，原图像中景深太浅，需要加强。先复制"背景"图层，为"背景 拷贝"图层添加图层蒙版，用"渐变工具"编辑蒙版，确定要应用模糊的区域。执行"滤镜 > 模糊 > 镜头模糊"菜单命令，打开"镜头模糊"对话框。在该对话框的"源"下拉列表框中选择"图层蒙版"选项，然后对其他选项进行设置，设置后可以看到对蒙版中白色和灰色部分的图像产生了模糊效果，而蒙版中黑色的部分则保留为清晰效果，如下图所示。

"镜头模糊"对话框

- ⦿ 预览：用于设置预览模糊效果的方式。选择"更快"选项，可提高预览速度；选择"更加准确"选项，可以查看模糊的最终效果，不过生成的预览时间更长。

- ⦿ 源：用于选择使用 Alpha 通道或图层蒙版来创建景深效果。

- ⦿ 模糊焦距：用来设置位于焦点内的图像的深度。

- ⦿ 反相：用于反转 Alpha 通道或图层蒙版。

- ⦿ 光圈：用来设置模糊的显示方式。

- ⦿ 形状：用于选择光圈的形状。

- ⦿ 半径：用于设置模糊的数量。设置的数值越大，得到的图像越模糊；反之，设置的数值越小，得到的图像模糊效果越弱。

- ⦿ 叶片弯度：用来设置对光圈边缘进行平滑处理的程度。

- ⦿ 旋转：用于设置镜面高光的范围。

- ⦿ 亮度：用来设置高光的亮度。

- ⦿ 阈值：用于决定"亮度"选项将影响的色调范围。设置为 255 时，则只有纯白色的像素会受到影响；而设置参数较低时，大部分的模糊区域都会变亮。

- ⦿ 数量：用来在图像中添加或减少杂色。

- ⦿ 分布：用来设置杂色的分布方式，包括"平均"和"高斯分布"两种。

- ⦿ 单色：勾选该复选框，则添加的杂色为单一颜色，即限制杂色为灰度像素。

应用"镜头模糊"滤镜可以使图像中某些物体仍位于焦距中，而其他区域则变得模糊。如果直接对打开的图像应用"镜头模糊"滤镜，则所产生的模糊效果会对全图起作用，即画面全都会变为模糊状态，这样的效果并不是大家所需要的。对于一张照片来讲，最终要表现的主体肯定应该是清晰的，所以在对照片应用"镜头模糊"之前，需要指定画面中要模糊和不需要模糊的区域。对图像应用"镜头模糊"滤镜前，可以通过图层蒙版和通道创建深度映射，并通过映射决定图像中哪些区域应用模糊效果。当应用图层蒙版控制模糊的对象范围时，蒙版中黑色的区域为焦点区域，该区域的图像保持清晰；灰色区域为过渡区域，该区域的图像会出现轻微的模糊效果；白色区域则为焦点外的区域，该区域的图像显示为完全的模糊效果。

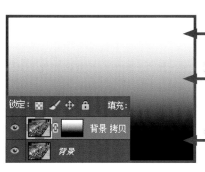 

白色区域对应的图像完全模糊

灰色区域对应的图像略微模糊

黑色区域对应的图像保持清晰

如果要在通道中创建渐变映射，则需要在"通道"面板中创建一个新的 Alpha 通道，然后利用画笔工具或渐变工具对通道进行编辑。编辑通道后，通道中的黑色区域被当做前景部分，它位于照片的前面，即距离拍摄者较近的地方，显示为清晰的画面；白色区域则被视为位于远处的位置，即距离拍摄者较远的位置，显示为模糊的画面。

如下图所示，在打开的"镜头模糊"对话框中将"模糊焦距"设置为73，然后在"形状"下拉列表框中选择"五边形"选项，通过调整下方的"半径""叶片弯度"和"旋转"值模糊图像，此时可以看到图像呈现由远及近的模糊效果。

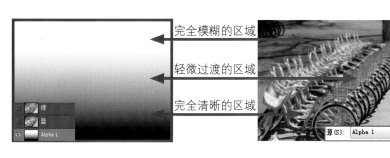

完全模糊的区域

轻微过渡的区域

完全清晰的区域

指定要用于模糊的图像区域后，就可以应用"镜头模糊"滤镜中的选项来控制图像的模糊效果。在"镜头模糊"对话框中，主要包含"光圈""镜面高光"和"杂色"选项组。其中，"光圈"选项组用于设置模糊的显示方式，图像的模糊效果主要由它来控制；"镜面高光"选项组用于设置镜面高光的范围，即控制高光部分的亮度；"杂色"选项组则用于为照片添加或去除杂色。

小提示

创建通道

在 Photoshop 中，若要创建新的 Alpha 通道，可以单击"通道"面板中的"创建新通道"按钮。创建通道后，通道全部显示为黑色，此时可以单击"通道"面板中新创建的通道，并对该通道进行编辑，调整通道图像。

9.2.5　用"高斯模糊"滤镜控制景深

"高斯模糊"滤镜可以添加低频细节，使图像产生一种朦胧效果。在为照片设置景深效果时，可以将"高斯模糊"与选区、蒙版结合起来使用，对照片中任意区域的图像应用模糊，得到主体清晰、背景模糊的景深效果。使用"高斯模糊"滤镜模糊图像时，主要利用"半径"来控制图像产生模糊的强度，即在"高斯模糊"对话框中输入"半径"值或拖动"半径"选项下方的滑块来调整模糊效果。

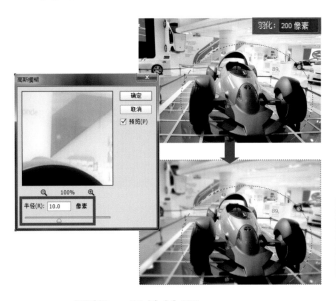

打开一张照片，可以看到照片的背景中有很多杂乱的物体，使画面看起来很零乱。先用"椭圆选框工具"把这些背景部分选取出来，然后执行"滤镜 > 模糊 > 高斯模糊"菜单命令，打开"高斯模糊"对话框。在该对话框中向右拖动"半径"滑块，调整模糊效果，设置后可看到对选区内的图像应用了模糊滤镜，画面变得更有层次感，如左图所示。

"高斯模糊"对话框

◉ 半径：用于控制模糊的程度。参数值越大，模糊效果越明显；反之，参数值越小，模糊效果越弱。

9.2.6　模糊工具的妙用

在 Photoshop 中，若要对图像中的指定区域应用模糊效果，则可以使用"模糊工具"进行处理。"模糊工具"通过柔化硬边缘或减少图像中的细节，达到模糊图像的目的。"模糊工具"是以画笔的形式进行操作的。运用"模糊工具"在图像中绘制时，被绘制的区域会由清晰变得模糊。当然，绘制的次数越多，得到的图像就越模糊。

"模糊工具"选项栏

◉ 画笔：用于设置画笔大小、硬度等，单击其右侧的下三角按钮，在展开的"画笔"选取器中进行设置，设置的画笔越大，图像被模糊的区域也就越大。

◉ 模式：选择操作时的混合模式，其意义与图层混合模式相同。

◉ 强度：设置画笔的力度。数值越大，一次操作得到的模糊效果就越明显。

◉ 对所有图层取样：勾选此复选框，则将模糊应用于所有可见图层，否则就只应用于当前图层。

打开一张景深效果不是很明显的素材照片，为了突出画面中间的荷花，需要模糊图像，加强景深效果。选择"模糊工具"，在其选项栏中设置工具选项，设置后在花朵旁的背景处绘制，绘制过程中可看到该区域的图像变得模糊，使中间的花朵成为了整个作品的视觉中心，如上图所示。

9.3
专业技法

在前面的小节中介绍了数码照片的锐化与景深控制方法，为了让读者掌握这些技法具体的使用方法，下面通过更专业的照片处理实例，结合多个工具或命令调整照片的锐度和景深，以获得更完美的照片。

9.3.1 偏"软"照片处理技巧

图像的锐化直接影响着照片的清晰程度，如果一张照片锐化不够，会给人偏"软"的感觉。对于这类照片，在处理时需要提高锐化。以右图所示的照片为例，画面中人物的五官锐度不强，不能很好地展示出精致的五官效果。

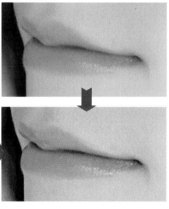

步骤 01 "USM 锐化"滤镜锐化图像

在 Photoshop 中打开照片，复制"背景"图层，然后对复制的图层执行"滤镜 > 锐化 >USM 锐化"菜单命令，打开"USM 锐化"对话框。在该对话框中向右拖动"数量"滑块，增强锐化程度，再向右拖动"半径"滑块，扩大锐化范围，确认设置后放大图像，可以看到更为清晰的图像。

步骤 02 "智能锐化"滤镜锐化图像

经过锐化后，发现锐化后的皮肤变得没有那么光滑了。添加图层蒙版，用黑色画笔涂抹皮肤区域，还原皮肤部分的锐度。为了让五官更加立体，还需要进行锐化。先盖印图层，然后将蒙版作为选区载入，确定要锐化的区域。为了防止锐化的图像产生杂色，用"智能锐化"滤镜再次锐化图像。在"智能锐化"对话框中加大"减少杂色"的值，再调整"数量"和"半径"，设置后发现照片的锐化得到了进一步的提高。

9.3.2 获得背景虚化效果

如果采用大光圈拍摄,因为景深较浅,就能获得背景虚化效果,不过很多时候因为镜头的限制,无法实现浅景深,就可以在照片后期处理时采用 Photoshop 的模糊滤镜获得背景虚化效果。

右图所示的照片是采用小光圈拍摄出来的,因为景深较大,所以主体花朵和背景中的花叶都被清晰地表现在画面中,导致主体花朵并不突出。此时采用模糊滤镜可以改变照片的景深,达到虚化背景、突出主体的目的。

步骤 01　"高斯模糊"模糊全图

先打开照片,为了保留原始图像,需要把"背景"图层复制,得到"背景 拷贝"图层,然后对该图层中的图像应用"高斯模糊"滤镜,将"半径"滑块向右拖动,增强模糊效果。

步骤 02　编辑蒙版还原清晰主体

由于这里只是要对背景进行模糊处理,所以为"背景 拷贝"图层添加图层蒙版,选择"画笔工具",设置前景色为黑色,降低"不透明度"值后,在不需要模糊的花朵位置涂抹,还原涂抹区域中花朵图像的清晰度。

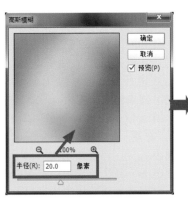

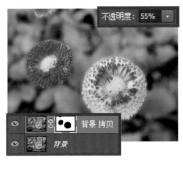

步骤 03　锐化主体对象

为了突出花朵图像,可以再对花朵进行锐化,按快捷键 Shift+Ctrl+Alt+E,盖印图层,接着将图层蒙版载入选区,执行"滤镜 > 锐化 >USM 锐化"菜单命令,在打开的"USM 锐化"对话框中对选项进行设置,直到选区中的花朵变得更清晰。

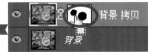

9.3.3　微距照片处理技巧

微距摄影是区别于常规摄影的一种特殊摄影方法，它可以向人们展现更为奇妙的微观世界。微距摄影大多都会选用专门的微距镜头拍摄，同时，对相机光圈的设置将直接影响画面最终的呈现效果。但是对于很多普通摄影爱好者来说，大多都没有配备专业的微距镜头，且缺乏较为专业的技术。面对这种情况，可以利用后期处理的方式获取同样漂亮的微距照片。

右图所示的照片拍摄的是正在采蜜的蜜蜂，在拍摄时，纳入花朵作为背景，但是要表现的蜜蜂却不够突出。在处理的时候，要对照片进行锐化和模式设置，增强景深，突出中间的小蜜蜂。

步骤 01　裁剪照片表现微距

在 Photoshop 中打开这张照片，选择工具箱中的"裁剪工具"，对照片进行裁剪，把原图像中多余的花朵及叶子背景部分去掉，留下要表现的主体对象。

步骤 03　"智能锐化"获得清晰图像

为了看到蜜蜂身上的毛发，再对小蜜蜂进行锐化。用"椭圆选框工具"在蜜蜂身体位置创建选区，执行"滤镜 > 锐化 > 智能锐化"菜单命令，在打开的对话框中将"杂色"值设置为较小，然后调整"数量"和"半径"，设置后可看到选区内的图像更加清晰。

步骤 02　"光圈模糊"加强景深

为了突出中间的小蜜蜂，将"背景"图层复制，创建"背景 拷贝"图层。执行"滤镜 > 模糊画廊 > 光圈模糊"菜单命令，在"模糊画廊"状态下调整模糊范围和模糊强度，使除蜜蜂外的其他图像都变得模糊。

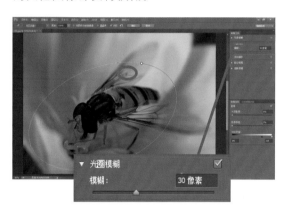

步骤 04　提亮图像展现清晰图像

创建"曲线 1"调整图层，在"属性"面板中单击并向上拖动曲线，提亮图像，可以更为清楚地看到设置后的微距效果。

第 10 章
照片的特效制作

为了让拍摄的照片看上去更加好看，常常会在照片拍摄的过程中应用一些特效的拍摄手法进行拍摄，更多地体现拍摄者的创意构思，让照片更加富有创意性。对于一些相对普通的照片，则可以使用后期处理技术，对照片进行简单设置，制作特殊效果的图像。

在本章中，主要为读者介绍常用的摄影特效以及 Photoshop 中特效滤镜的使用方法。通过学习，读者可以利用所学完成数码照片的创意性设计。

知识点提要

1. 常见的摄影特效

2. 后期处理中的特效应用

3. 专业技法

10.1
常见的摄影特效

　　摄影的乐趣并不仅局限于记录生活的点滴，更多的时候它可以通过不同的方式实现摄影师的独特创意。一张普通的照片，在滤镜特效和色彩等方面运用得好的话，会给人眼前一亮的感觉。下面介绍几种非常常见的摄影特效。

1. 星光特效

　　在一些城市风光的照片特别是夜景照片中，经常可以看到路灯的光点呈现为星光的现象，也就是人们所说的星光特效。在拍摄照片时，如果想得到星光效果，则需要在相机上加装星光滤镜来实现，也可以通过直接控制光圈孔径的大小、发光源的强弱来创建星光特效。

上图为夜晚拍摄出来的星光特效。

2. 变焦特效

　　变焦特效可以通过一定的拍摄技巧来实现。变焦特效的本质是使照片的效果看似被摄物体在运动，并且还会形成运动的线条。在拍摄这类特效时需要设置一个较慢的快门速度，以确保曝光时间足够长，这样才有机会在曝光时使变焦镜头把物体拉近或者推远。

上图为变焦特效效果。

3. 多重曝光

　　多重曝光是一种独特的摄影手法，现在有许多数码相机都带有多重曝光功能。多重曝光是将不同时间在同一场景中所拍的对象重叠起来，在一张照片上形成交错的叠影。多重曝光照片的整个画面会更有层次感，同时，如果同一张照片中出现双影或多影，那种魔术般无中生有的奇特效果也更能吸引人们的注意。

上图所示的两张照片是用多重曝光的表现手法拍摄出来的效果，通过多重曝光，使影像更唯美，更富有新意。

4. 光绘特效

很多广告或时尚大片中常常会有让人震撼的光线叠出效果，这就是漂亮的光绘效果。从字面上来说，光绘特效即以光的绘画作为创作手段的摄影。在拍摄景物时，通过利用一些简单的道具就能获得不错的光绘效果。光绘特效对光的选取、光色的调整是非常看重的，也是决定照片效果的关键。

右图为光绘特效作品。

5. 折返特效

在相机前加装折返镜头可以拍摄出漂亮的折返特效画面。折返镜头成像的最大特点就是虚化很特别，如果背景有光斑，就会形成一个个环状的圆环形光圈，也称为泡泡光斑。如果是用普通镜头拍摄，则形成圆形的光圈，而非圆环形。

右图所示照片为折返甜甜圈效果。在拍摄草地时加装了折返镜头，使拍摄出来的照片更有表现力。

6. 光斑虚化特效

在网上总能看到不少漂亮的、利用焦外散景来呈现绚丽色彩的摄影作品，即俗称的光斑虚化效果。光斑虚化特效主要针对夜景照片，它可以让晚间或黑暗环境下拍摄的照片效果更绚烂迷人。光斑形成的原因和镜头中叶片组成的形状有关，光圈越大，景深越浅，虚化形成的光斑就越大、越美、越明显。

右图采用光斑虚化加镜头光晕的表现手法，让画面显得更加柔美，同时也增强了画面的层次感。

7. 运动场景

对于很多人来讲，要拍摄运动的物体是非常困难的。具有动感效果的场景通过静止和运动的对比来表现画面动感，这类照片往往会给人带来意想不到的视觉效果。

如右图所示，奔驰的赛车与静止的赛道形成鲜明的对比，给人留下了更为深刻的印象。

10.2
后期处理中的特效应用

特效在数码照片后期处理中应用非常普遍，如果在拍摄时没有得到想要的特殊效果，那么可以通过后期处理的方式来实现。Photoshop 中提供了多种用于创建照片特效的工具或命令，运用这些工具或命令可以创建各种不同风格的摄影特效画面。

10.2.1　画笔工具的妙用

"画笔工具"是 Photoshop 中最为常用的绘图工具。使用"画笔工具"绘画，其实质就是用某种颜色在图像中进行颜色填充，在填充的过程中不但可以随意调整画笔笔触的大小，还可以控制填充颜色的不透明度、流量和模式。在处理照片时，可以运用"画笔工具"在图像中绘制各种不同的图案，如动感的线条、闪亮的星光等，从而获得更有创意的照片效果。除此之外，"画笔工具"还能用于蒙版和通道的修改，实现局部的照片创意设计。

打开一张夜晚拍摄的照片，为了表现夜晚动感的光绘效果，选择工具箱中的"画笔工具"，然后在其选项栏中选择一种预设载入的光绘画笔，再将鼠标移至画面中，单击并绘制一条白色的光绘光条，连续单击，绘制更多错位的线条，绘制完后为绘制的图像叠加渐变颜色，以得到动感的车灯线条，如左图所示。

使用"画笔工具"绘制图像前，首先要选择的就是画笔笔尖形状。Photoshop 中提供了 3 种类型的笔尖，分别为圆形笔尖、非圆形的图像样本笔尖以及毛刷笔尖。其中，圆形笔尖包括尖角、柔角、实边和柔边等几种样式。使用尖角和实边笔尖绘制的线条具有清晰的边缘，而柔角和柔边笔尖所绘制出的线条的边缘柔和，呈现逐渐淡出的效果。

"画笔工具"选项栏

- 画笔：单击右侧的下三角按钮，将弹出"画笔预设"选取器，在选取器中可选择预设画笔笔尖形状、直径、硬度等。
- 模式：用于设置"画笔工具"绘制时颜色的混合模式。选择不同的模式，绘制出的效果也不一样。
- 不透明度：用于设置画笔的不透明度。数值越大，透明度越浅，颜色越深。
- 流量：用来设置当鼠标移动至某个区域上方时应用颜色的速率。
- 喷枪：单击该按钮，启用喷枪功能，Photoshop 会根据鼠标按键的单击速度来确定画笔线条的填充数量。
- 绘图板压力：单击该按钮后，用绘图板绘画时，光笔压力可覆盖"画笔预设"选取器中的不透明度和大小设置。

绘制图像时，经常使用的是尖角和柔角笔尖。将笔尖硬度设置为 100% 时，就可以得到尖角笔尖，它具有清晰的边缘；笔尖硬度低于 100% 时，可得到柔角笔尖，它的边缘是模糊的。

由于"画笔预设"选取器中所包含的画笔笔尖有限，所以需要时可以将一些绘制的图案通过"定义画笔预设"的方式添加为新的画笔预设，还可以将从网络中下载的画笔通过"载入画笔"的方式载入到"画笔预设"选取器中，以便完成更为精彩的图案绘制。

运用画笔绘制时，在"画笔预设"选取器中只能对画笔的笔尖形状、大小和硬度进行调整，如果需要对更多的画笔选项进行调整，则可以使用"画笔"面板来设置。单击"画笔工具"选项栏中的"切换画笔面板"按钮或执行"窗口 > 画笔"菜单命令，都可以打开隐藏的"画笔"面板。在该面板中不但可以对画笔笔尖的大小、直径进行设置，还可以调整画笔笔尖的圆度、角度以及间距等。如果需要对画笔的形状动态、散布情况进行设置，可以单击面板左侧的"形态动态""散布"等选项，单击选项后，面板右侧的选项设置会随之发生改变。

下图所示的两幅图像中，可以看到选择"柔边圆"笔尖时，画笔笔尖硬度为 0%；选择"硬边圆"笔尖时，画笔笔尖硬度为 100%。

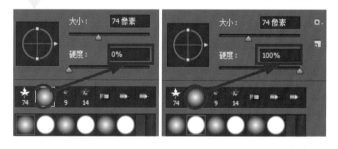

如右图所示，单击"画笔工具"选项栏中的"切换画笔面板"按钮，打开了"画笔"面板。

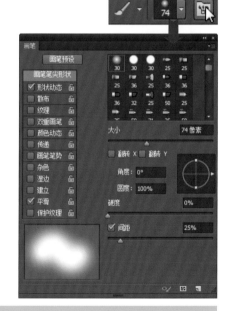

"画笔"面板

- ◉ 画笔预设：单击该按钮，可以打开"画笔预设"面板。
- ◉ 画笔设置：单击"画笔设置"下方的选项，在面板右侧会显示该选项的详细设置，可更改画笔的角度、圆度，以及添加纹理、设置颜色动态等。
- ◉ 大小：用于设置画笔的大小，范围为 1% ~ 500%。
- ◉ 翻转 X/ 翻转 Y：用于改变画笔笔尖在 X 轴或 Y 轴上的方向。
- ◉ 角度：用于设置椭圆笔尖和图像样本笔尖的旋转角度，可在其后的数值框中输入数值，或拖动箭头进行调整。
- ◉ 圆度：用于设置画笔长轴和短轴之间的比例。
- ◉ 硬度：用于设置画笔硬度大小。值越小，画笔的边缘越柔和。
- ◉ 间距：用来控制绘画时两个画笔笔迹之间的距离。值越大，笔迹之间的间隔距离就越宽。

10.2.2 动感模糊的深度解析

动感的虚化效果是很难拍摄的，拍摄这类照片时如果处理不当，就会导致画面中表现的主体也是模糊的。以右图所示的这两张照片为例，前一张照片拍摄时因镜头移动速度与被摄主体运动速度不一致导致列车的车头部分变得模糊了，而背景则是清晰的；而后一张照片则要好得多，保持了清晰的主体对象，而背景则是模糊的，使得图像主次分明。

对于很多摄影爱好者来说，要想拍摄场景模糊而主体清晰的虚化特效并不是一件容易的事，如果不能准确地对主体对象进行追踪对焦，那么还不如通过后期处理来创建动感模糊的画面效果。在 Photoshop 中，应用"动感模糊"滤镜可以沿指定的方向和角度，将静态画面营造出高度的速度感。

打开一张较为清晰的赛车图像，执行"滤镜 > 模糊 > 动感模糊"菜单命令，打开"动感模糊"对话框。在该对话框中根据车子奔跑的方向将"角度"设置为 20，"距离"设置为 150，设置后单击"确定"按钮，应用滤镜模糊图像。模糊图像后，清晰的主体变得模糊了，需要再为图像添加蒙版，并用黑色的画笔在车身位置涂抹，被涂抹的赛车会重新变得清晰起来。此时可以看到画面中的赛车呈现出一种快速移动的效果。

使用"动感模糊"滤镜模糊图像时，如果直接在原图层的图像上执行模糊滤镜，则会对整个图像都应用滤镜效果，这样会导致画面中的所有图像都产生动态的模糊效果。所以，对图像应用"动感模糊"前，应先将图像复制，然后在复制的图层中观察主体对象的运动轨迹，根据其运动轨迹来设置模糊的"角度"和"距离"，同时结合图层蒙版来调整应用滤镜的图像范围，将要表现的主体对象以清晰的画面显示出来，使其成为图像的焦点所在。

"动感模糊"对话框

- ⊙ 角度：用来设置模糊的方向，可输入角度值，也可以拖动指针调整角度。
- ⊙ 距离：用来设置像素移动的距离。设置的"距离"越大，得到的图像就越模糊。

10.2.3　路径模糊的妙用

　　"路径模糊"是 Photoshop 新增的一种滤镜，与"动感模糊"一样，"路径模糊"也可以创建动感的模糊效果。"路径模糊"主要通过路径形态来控制图像的模糊效果，它可以控制形状和模糊量来沿路径创建动感模糊。在"路径模糊"滤镜下，默认会定义一条直线路径，这条路径决定了图像沿哪个方向产生动感模糊，可根据具体的图像对这条路径的形态进行调整，从而获得更准确的模糊效果。

　　打开一张拍摄的拳击比赛照片，复制"背景"图层，执行"滤镜>模糊画廊>路径模糊"菜单命令，进入"模糊画廊"编辑状态。此时会在窗口右侧自动勾选"路径模糊"复选框，然后运用鼠标在图像上绘制路径，并结合"路径模糊"选项调整图像的模糊强度，设置后会在左侧的预览区域显示模糊的图像，如下图所示。

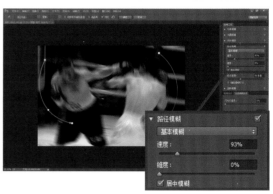

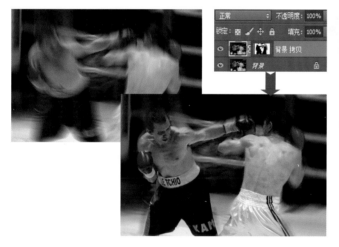

单击选项栏中的"确定"按钮，应用"路径模糊"模糊图像，这时会发现图像中的所有像素都变得模糊了。单击"图层"面板中的"添加蒙版"按钮，为"背景拷贝"图层添加蒙版，用黑色画笔在比赛选手位置涂抹，还原清晰的主体对象，如左图所示。

"路径模糊"选项

- ⊙ 速度：可以指定所有路径的整体模糊量。设置的参数值越大，得到的图像越模糊。
- ⊙ 锥度：用于调整模糊的边缘渐隐情况，较高的值会使模糊逐渐减弱。
- ⊙ 居中模糊：勾选此复选框，可通过以任何像素的模糊形状为中心来创建稳定模糊，如果要应用更有导向性的动感模糊，则取消勾选该复选框。
- ⊙ 终点速度：用于控制所选终点的模糊量。
- ⊙ 编辑模糊形状：勾选该复选框，可以显示和控制每个终点的可编辑模糊形状。
- ⊙ 闪光灯强度：用于控制环境光与闪光灯的比例。设置"闪光灯强度"为 100% 时，会产生最大强度的闪光灯闪光；设置"闪光灯强度"为 0% 时，则不显示任何闪光灯效果，只显示连续的模糊。
- ⊙ 闪光灯闪光：用于设置闪光灯闪光实例数，即次数。

使用"路径模糊"模糊图像时，在图像中会自动创建带两个端点的直线路径。默认情况下，路径都是从左到右来确定模糊的方向。双击路径上的某个端点，可查看红色模糊形状参考线，拖动红色模糊形状参考线可以调整模糊的强度和模糊方向，同时在面板中会自动根据新的模糊参考线更改"终点速度"的值。除此之外，还可以将鼠标移至路径中间的空心小圆点位置，然后拖动鼠标，重新定义路径形态，创建曲线路径效果。如果直接拖动端点，则可以延长模糊路径，控制模糊的方向。

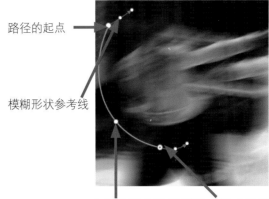

路径的起点

模糊形状参考线

在定义路径时创建的曲线点

路径的端点及模糊形状参考线

"路径模糊"不但可以沿直线路径或曲线路径创建动感的模糊效果，同时还可以自动合成应用于图像的多路径模糊效果。要对图像应用多路径模糊效果时，可将鼠标移至要绘制直线或曲线路径的位置，单击鼠标设置一个模糊图钉，定义路径的起点，然后移动鼠标至另一位置单击，即可创建一条新的直线路径。如果要添加曲线路径，则在直线路径上单击并拖动路径端点进行创建，也可以拖动创建的直线路径中间的小圆点，调整位置将直线路径更改为曲线路径。

右图所示的图像中，先在照片左侧的人物图像上单击并拖曳鼠标，创建一条曲线路径，然后在右侧的人物图像上单击，重新定义一条新的路径起点，通过拖曳鼠标完成曲线路径的绘制，设置后可以看到画面中设置两条不同的路径并从图像的方向模糊图像，营造更逼真的动感效果。

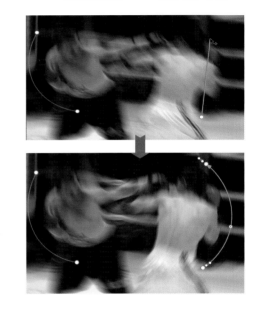

10.2.4　解密添加杂色

前面的章节中介绍了用"减少杂色"滤镜去除照片中多余杂色的方法。在后期处理时，并不是所有照片中的杂色都需要去掉，有时甚至需要为照片添加少量的杂色来表现复古的画面效果。在 Photoshop 中应用"添加杂色"滤镜可以为照片添加不同数量的杂色，该滤镜能随机地将杂点混合到图像中，并使混合时产生的色彩具有漫射的效果。

打开一张需要添加杂色的照片，执行"滤镜>杂色>添加杂色"菜单命令，打开"添加杂色"对话框。在该对话框中将"数量"设置为 15，勾选"单色"复选框，其他选项不变，然后单击"确定"按钮，应用滤镜，为照片添加杂色，增强复古气息，如右图所示。

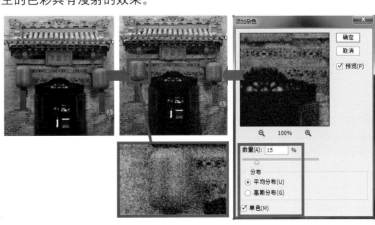

"添加杂色"对话框

- ◎ 数量：用来设置杂色的数量。数值越大，添加的杂色越多。
- ◎ 分布：用来设置杂色的分布方式。选择"平均分布"，会随机地在图像中加入杂点，效果比较柔和；选择"高斯分布"，会沿一条钟形曲线分布的方式来添加杂点，杂色效果较强烈。
- ◎ 单色：勾选"单色"复选框，杂点将只影响原有像素的亮度，像素的颜色不会发生改变。

　　对图像添加杂色时，"数量"和分布方式共同决定了添加的杂色的多少。当数量一定时，"高斯分布"的杂色会比"平均分布"的杂色数量多；而分布方式相同时，"数量"越大，所产生的杂色就越多，所以在为照片添加杂色时，需要将这两个选项紧密结合起来，使照片中生成的杂色显得更加自然。

如右图所示，将"数量"设置为15，分别选择"平均分布"和"高斯分布"单选按钮，然后通过预览窗口查看添加的杂色效果之间的区别。

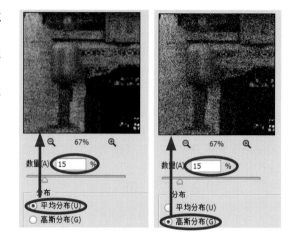

10.2.5　镜头光晕的深度解析

　　镜头光晕效果可让照片变得更加美丽。由于相机镜头往往是由很多片镜片组成的镜片组，每个镜片的通透性虽然很高，但是难免会有一部分是反射和散射，而这些没有与其他入射光保持方向一致的光线就造成了光晕的出现。想要拍摄出非常漂亮的光晕效果是需要一定的摄影技巧的，如果不能准确控制光晕效果的拍摄，那么可以通过后期处理为照片添加光晕。在 Photoshop 中应用"镜头光晕"滤镜，可以模拟亮光照射到相机镜头上时所产生的光晕效果，起到增强日光和灯光的效果。

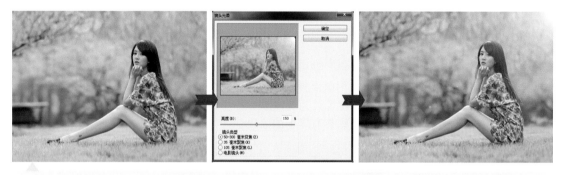

　　打开一张人像照片，执行"滤镜 > 渲染 > 镜头光晕"菜单命令，打开"镜头光晕"对话框。首先确定光晕中心，将光晕中心图标拖至照片的右上角位置，再对"亮度"进行设置，当"亮度"为150时，可以看到产生的光晕较自然，单击"确定"按钮，完成光晕的添加，得到了镜头光晕特效，如上图所示。

"镜头光晕"对话框

- ◎ 光晕中心：在对话框的图像缩览图上单击或拖动十字线，指定光晕的中心。
- ◎ 亮度：用于设置光晕的强度，范围为10% ~ 300%。数值越大，得到的光晕效果越亮。
- ◎ 镜头类型：选择并模拟不同类型的镜头所产生的光晕，包括"50 ~ 300毫米变焦""35毫米聚焦""105毫米聚焦"和"电影镜头"4 种类型。

10.3
专业技法

前面介绍了常见的摄影特效与后期处理中常用的特效处理技法。下面综合所学知识，运用 Photoshop 中的特效编辑功能处理拍摄的照片，在照片中添加各种不同的特效，获得更加漂亮的画面效果。

10.3.1 再现运动场景

拍摄高速运动的物体时，如果想得到主体清晰而背景模糊的动感效果，则需要熟练掌握追踪对焦的使用方法及相应的快门和光圈设置，所以，如果不能保证拍摄到非常满意的动感画面效果，那么最好的方式就是通过后期处理来实现。右图所示的这张照片很好地完成了高速运动的物体的拍摄，下面就来演示如何把这张照片处理成动感的画面效果。

步骤 01 "路径模糊"滤镜模糊图像

在 Photoshop 中将原照片打开，复制"背景"图层，执行"滤镜 > 模糊画廊 > 路径模糊"菜单命令，进入"模糊画廊"编辑状态，运用鼠标修改直线路径的长度，延长模糊路径，然后向右拖动"速度"滑块，设置其值为 110%，设置后在图像区域查看模糊的图像效果。

步骤 02 "动感模糊"滤镜进一步模糊图像

单击"确定"按钮，应用"路径模糊"滤镜模糊图像，这时发现图像的模糊强度还不够。执行"滤镜 > 模糊 > 动感模糊"菜单命令，打开"动感模糊"对话框，将"距离"滑块拖至 40，增强模糊效果，确认设置后，返回"图层"面板，为"背景 拷贝"图层添加蒙版，由于需要保持清晰的主体对象，所以用黑色画笔在骑车的人物上涂抹，还原清晰的人物。

10.3.2 后期处理创建星光效果

星光镜是相机滤镜的一种，是表现点光源特效时常用的滤镜，能使拍摄景物中的光亮点产生衍射，从而使拍摄的照片上的每个光源点都放射出特定线束的光芒，产生梦幻般的艺术效果。在拍摄照片时，如果没有在相机中加装星光镜而想得到相同的星光镜拍摄效果，则可以通过 Photoshop 中的特效功能进行处理，将图像打造为漂亮的星光镜拍摄效果。下面就要为右图所示的这张日落风景照片打造星光效果。

步骤 01 载入画笔绘制星光

打开照片，选择工具箱中的"画笔工具"，先将下载的星光笔刷载入"画笔预设"选取器中，并在"画笔预设"选取器中单击载入的星光画笔，设置画笔笔尖大小为 2300，设置好后就可以开始绘制星光图案了。单击"图层"面板中的"创建新图层"按钮，新建"图层 1"图层，将前景色设置为与霞光相近的颜色，将鼠标移至太阳位置，单击鼠标，绘制星光图案。

步骤 02 更改图层混合模式

由于绘制的星光图案悬浮于照片上，所以显得不自然，在"图层"面板中选中星光所在的"图层 1"图层，将此图层的混合模式更改为"滤色"，此时可看到绘制的星光图案已与原图像混合在一起。

步骤 03 复制并模糊图像增强效果

为了增强星光效果，复制"图层 1"图层，创建"图层 1 拷贝"图层。执行"滤镜 > 模糊画廊 > 旋转模糊"菜单命令，进入"模糊画廊"编辑状态，适当调整"模糊角度"，对复制的星光图案添加模糊效果，最后单击"确定"按钮，应用滤镜。按快捷键 Ctrl+T，应用自由变换，旋转复制的星光图案，得到叠加的星光效果。

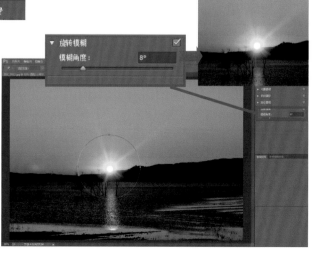

10.3.3　合成多重曝光效果

多重曝光说直白些，就是在一张底片上实现多次曝光，从而在一张照片中出现多重影像，其中一部分影像具有透明感。多重曝光技法包括单纯多次曝光、变焦多次曝光、遮挡多次曝光和叠加多次曝光等。多重曝光可以直接用相机拍摄出来，但是有一定的拍摄难度，也可以利用强大的后期处理功能，将几张照片在 Photoshop 中叠加融合，即可轻松实现多重曝光效果。

如左图所示，一张为人像照片，一张为纪实照片，这两张照片有一个共同之处，那就是都是在日落时拍摄的。下面就用这两张照片制作多重曝光效果。

步骤 ①　复制图像添加投影

制作多重曝光效果前，要注意前后两次曝光应当前后呼应和配合，以突出主体，因此需要决定多重曝光的主角与配角，避免主体太过杂乱影响效果，这里选用人物作为主角。先在 Photoshop 中打开人像照片，复制"背景"图层，得到"背景 拷贝"图层，用"移动工具"向左拖动复制的人物，并将"不透明度"降为 50%，得到重影效果。

步骤 ②　"路径模糊"滤镜创建模糊的图像效果

接下来对重影进行模糊处理，按下快捷键 Ctrl+J 再复制图层，创建"背景拷贝 2"图层，执行"滤镜 > 模糊画廊 > 路径模糊"菜单命令，进入"模糊画廊"，将"速度"滑块向左拖动，由默认的 50% 降为40%，削弱模糊效果，设置好后单击"确定"按钮，模糊图像。

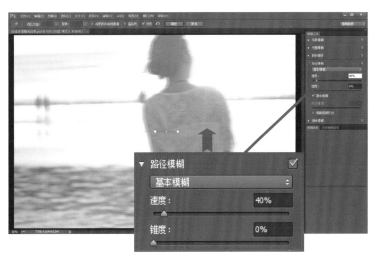

步骤 03 复制图像，设置蒙版，将多余影像隐藏

打开另一张风景素材照片，选择工具箱中的"移动工具"，把这张照片拖至人物图像右侧，得到"图层1"图层，根据画面需要，适当调整这张风景照片的大小，接着确定重影的位置——只需在主体人物身上设置重合的影像。为"图层1"图层添加蒙版，将前景色设置为黑色，单击"图层1"蒙版，用黑色画笔在除人物外的其他背景位置涂抹，把该区域中的大树图像隐藏起来。

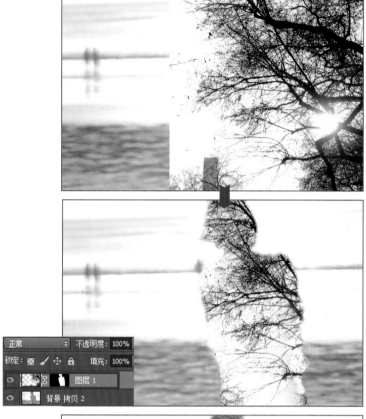

步骤 04 更改图层混合模式融合图像

为了使两个影像重合，还需要对图层混合模式进行设置。在"图层"面板中设置"柔光"混合模式，将"不透明度"设置为52%，降低大树图像的不透明度。

步骤 05 设置"USM 锐化"滤镜，让图像变得更清晰

由于原风景照片的清晰度不高，所以画面有点模糊。执行"滤镜 > 锐化 >USM 锐化"菜单命令，打开"USM 锐化"对话框，对"数量"和"半径"选项进行调整，设置后单击"确定"按钮，完成多重曝光效果的创建。

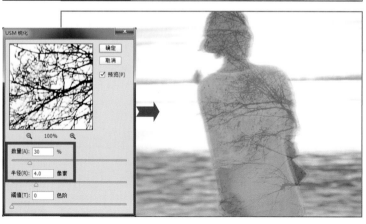

第 11 章
创建 HDR 图像

　　HDR 是英文 High-Dynamic Range 的缩写，意
为"高动态范围"。HDR 技术可以克服多数相机传感
器动态范围有限的缺点，并将图片色调控制在人眼可识
别的范围之内。它还能将多张曝光不同的照片叠加处理
成一张精妙绝伦的图像。现在大部分数码相机都支持
HDR 拍摄功能，通过一次拍摄多张照片再合成，获得
高动态范围照片，解决因光线造成的明暗差别问题。

　　在本章中，主要为读者介绍 HDR 的拍摄技巧、后
期 HDR 效果的调整与合成。通过学习，使读者能够运
用所学知识将拍摄的照片创建为出色的 HDR 效果。

知识点提要

1. 认识 HDR

2. HDR 拍摄技巧

3. 在 Photoshop 中创建 HDR 效果

4. 专业技法

11.1
认识 HDR

　　HDR 的意思是"高动态范围"。那什么叫动态范围呢？动态范围是指图像或图像设备所能够表示的信号的最大值与最小值的比值。在大光比环境下拍摄照片时，数码相机因受到动态范围的限制，不能记录极端亮或者极端暗的细节。而经过 HDR 程序处理的照片，即使是在大光比情况下拍摄的，无论高光、暗部都能够获得比普通照片更佳的层次。

　　真实场景的动态范围能够达到 10^{14} 个数量级，人类视觉系统（HVS）能够感知到 10^5 个数量级的动态范围，并且通过人类视觉系统自适应机制的调整能够感知到 10^9 个数量级的动态范围。但是目前数字图像获取设备和显示设备的动态范围却相对有限，仅达到 10^2 到 10^3 个数量级，所以，为了让拍摄出来的照片更有层次感，人们选用 HDR 程序来处理照片。

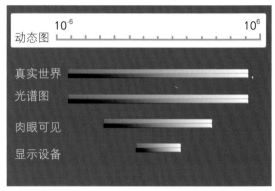

动态范围示意图

　　具体说，在明亮日光下的室外场景中，阴影区域到最亮的高亮区域的亮度范围远远超过数码相机感光元件的动态范围。如果相机的曝光设定偏向阴影部分，则高亮区域就会曝光过度，成为没有细节的白色色块；反之，如果相机的曝光设定偏向高亮区域，则阴影部分就会曝光不足，变成没有细节的黑色色块。HDR 照片整合了同一个场景下的多张照片——最少 3 张，通常是曝光不足、正常曝光和曝光过度的照片，用于记录最丰富的亮度、中间调和暗部细节，然后通过合成，将拥有最丰富的亮部、暗部和中间调层次，这样就得到了具有丰富影调和细节的画面。

右图所示为使用相机的 HDR 功能拍摄的风光照片，照片中亮部、暗部以及中灰部分都拥有丰富的细节，画面大气磅礴，非常具有震撼力。

11.2
HDR 拍摄技巧

　　一张高动态范围的照片是由 3 ~ 7 张同样场景、不同曝光的照片合成的，每一个亮度级别对应一张完美曝光的照片。虽然可以使用 Photoshop 的"HDR 色调"和"合并到 HDR Pro"命令来创建 HDR 色调效果，但用户还是需要掌握一些重要的 HDR 照片拍摄技巧，这样才能在后期处理时更快、更好地创建 HDR 图像。拍摄要使用"合并到 HDR Pro"命令合并的照片时，需要注意以下几点。

1. 使用三脚架拍摄

如果要拍摄 HDR 照片，则应将相机固定在一个可靠的三脚架上，这样可以保证一组照片的内容严格一致。其次，有了三脚架就可以更自如地控制场景的曝光。因为拍摄画面的光线较暗的话，就需要较长的曝光时间拍摄，在没有三脚架的场合下会非常困难。

2. 连续拍摄多张照片

拍摄足够多的照片以覆盖场景的整个动态范围。可以尝试拍摄至少 5 张照片，并根据场景的动态范围不同，进行多次不同的曝光处理，这样才能为后期处理留下更多选择的空间，但不管怎样，最少都应拍摄 3 张照片。

3. 启用相机中的"包围曝光"功能

由于"合并到 HDR Pro"命令所需要的照片之间的曝光差异最好是在一两个 EV 值之间，所以要想得到较理想的 HDR 影像，可以在拍摄 HDR 照片时支上三脚架，然后开启数码相机中的"包围曝光"功能。

4. 相同光照条件下拍摄

在拍摄 HDR 照片时应选择在相同的光照条件，尽量不要改变光照条件。例如，在这次曝光时不使用闪光灯，而在下次曝光时使用闪光灯。

5. 使用 HDR 模式拍摄

现在市面上大多数数码相机都具备 HDR 影像拍摄功能。因此除了可以通过后期合成来创建 HDR 效果外，也可以使用相机自带的"HDR 模式"进行拍摄，同样可以得到层次分明的 HDR 照片。

HDR 给人们带来了前所未有的视觉震撼，但是要得到非常出众的 HDR 效果，选取恰当的拍摄题材是非常重要的。首先，很多风光题材都适合用 HDR 表现，如幽深的树林、层次丰富的海岸岩石等。因为大多数情况下，这些题材都有高光和暗部，这时使用 HDR 表现，其效果更为出众。

除了风景照片外，很多题材都可以成为 HDR 很好的素材。例如城市中的建筑，用户可以利用 HDR 增强建筑的线条感和砖石等材料的质感；复古的汽车，经过 HDR 处理后，其层次会更加明显，可以像镜面一样反射出景物，同时还能表现汽车本身的质感，使影像效果更加出众；风吹雨淋的雕塑，使用 HDR 表现也会看到平时肉眼看不到的颜色和纹理，赋予画面历史厚重感。

以左图所示的照片为例，火红的云彩、暗淡金黄的岩石，在这种高反差的情况下，一次完成准确曝光的数码影像往往不理想，而使用 HDR 表现时，画面的感染力和穿透力都得到了明显的提升。

右图所示的照片为 HDR 效果的汽车，这张照片以 HDR 表现时，更能将复古汽车的质感突显出来，增强了画面的视觉冲击力。

11.3
在 Photoshop 中创建 HDR 效果

高动态范围图像为人们呈现了一个充满无限可能的世界，它能够表示现实世界的全部可视动态范围。由于可以在 HDR 图像中按比例表示和存储真实场景中的所有明亮度值，所以可以利用 Photoshop 中的 HDR 功能调整或拼合富有创意性的 HDR 影像效果。

11.3.1 内置 HDR 色调深入讲解

在 Photoshop 中要创建双色调图像，可以使用"HDR 色调"命令来完成。"HDR 色调"命令可以用来快速修补太亮或太暗的图像，从而制作出高动态范围的图像效果。使用此命令制作 HDR 图像时，可以通过选择预设选项快速创建 HDR 影像，也可以根据个人喜好对各参数进行重新定义，创建更有层次的 HDR 影像效果。

打开一张需要处理的风景照片，为了让这张照片呈现更精彩的层次，执行"图像 > 调整 >HDR 色调"菜单命令，打开"HDR 色调"对话框，在对话框中对各参数进行设置，如上图所示，设置后可以看到照中的阴影与高光部分对比反差明显增强了，呈现出更大气磅礴的高原风光。

"HDR 色调"对话框

- ◉ 半径：用来指定局部亮度区域的大小。
- ◉ 强度：用来指定两个像素的色调值相差多大时，它们属于不同的亮度区域。
- ◉ 灰度系数：为 1.0 时动态范围最大。较低的值会加重中间调，而较高的值会加重高光和阴影。
- ◉ 曝光度：用于反映光圈的大小。
- ◉ 细节：用于调整图像的锐化程度。数值越大，图像越清晰。
- ◉ 阴影：用于调整阴影区域的明暗程度，拖动滑块可使阴影部分变亮或变暗。
- ◉ 高光：用于调整高光区域的明暗程度，拖动滑块可使高光部分变亮或变暗。
- ◉ 自然饱和度：用于细微地调整图像颜色的强度，同时尽量不剪切高度饱和度的颜色，避免溢色。
- ◉ 饱和度：用于调整图像颜色的浓度，其调整效果比"自然饱和度"强。
- ◉ 色调曲线和直方图：显示了照片的直方图，并提供曲线用于调整图像的色调。要打开色调曲线和直方图，只需单击选项前方的三角按钮即可。

1. 使用预设获得 HDR 效果

应用"HDR 色调"命令创建 HDR 效果时，如果一开始的时候并不知道各参数的意义，而且也不了解选项设置为多少才适合当前图像，那么可以使用系统预设的 HDR 色调来快速创建 HDR 效果。在"HDR 色调"对话框的"预设"下拉列表框中包含"城市暮光""平滑""单色艺术效果"等多个预设的 HDR 色调选项。选择这些选项，可以实现多种预设 HDR 效果的创建。

在"HDR 色调"对话框中单击"预设"右侧的下三角按钮，打开"预设"下拉列表，在此列表中显示了所有的预设 HDR 色调选项，如右图所示。

打开一张拍摄的山景照片，执行"图像 > 调整 >HDR 色调"菜单命令，打开"HDR 色调"对话框。在该对话框中单击"预设"右侧的下三角按钮，展开"预设"下拉列表，选择"更加饱和"选项，此时可以看到应用选择调整了图像，得到了更加饱和的 HDR 色调效果。

2. 手动调整创建 HDR 图像

在"HDR 色调"对话框中选择预设选项后，如果对预设的 HDR 效果不满意，可以继续结合"HDR 色调"对话框中的其他选项，对 HDR 色调效果作进一步调整。在"HDR 色调"对话框中设置了"边缘光""色调和细节""高级" 3 个用于设置细节参数的选项组，处理图像时可以根据不同的需要对其中的选项进行设置，并通过图像窗口观察图像的变化，从而获得更加出色的 HDR 影像效果。

以右图所示的照片为例，前面选择了"更加饱和"预设选项，但是观察图像发现图像太暗了，明显曝光不足，所以将"曝光度"滑块向右拖动，当拖至 +1.40 时，图像变得明亮。但是在图像的高光部分出现了反白的情况，因此将"边缘光"选项组中的"强度"滑块向左拖动，调整高光部分像素与其他色调像素之间的反差，使图像得到了更多的细节。

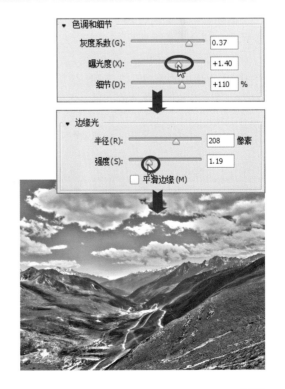

3. 调整 HDR 色调曲线

在"HDR 色调"对话框中提供了"色调曲线和直方图"功能，默认情况下是隐藏的。单击"色调曲线和直方图"左侧的三角按钮，就会显示色调曲线和直方图。在直方图上显示一条可调整的曲线，可以通过拖曳该曲线调整 HDR 图像的明亮度，同时，直方图中横轴的红色刻度线以一个 EV 为增量，约为一级光圈。

在左图中单击"色调曲线和直方图"左侧的三角按钮，展开"色调曲线和直方图"选项组，在下方用鼠标在曲线上单击，添加 3 个控制点，并拖动控制点更改曲线形状，调整图像的明暗对比。

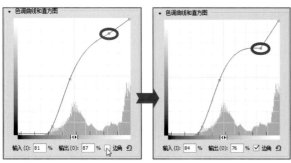

默认情况下，"色调曲线和直方图"可以从点到点限制所作更改并进行色调均化。如果要移去该限制并应用更大的调整，则需要先在曲线上插入控制点，然后勾选直方图下方的"边角"复选框，将曲线转换为尖角；也可单击曲线上已有的控制点，将其选中，然后勾选"边角"复选框，将已有的控制点转换为尖角。

11.3.2 解析合并到 HDR Pro

前面介绍了如何使用"HDR 色调"命令将单张照片调整为 HDR 效果，下面继续学习如何用多张照片拼合出更为绚丽的 HDR 照片效果。

"合并到 HDR Pro"命令可以将同一场景的、不同曝光度的多张照片合并起来，从而获得单个 HDR 图像中的全部动态范围。使用"合并到 HDR Pro"命令合成的图像可以输出为 32 位 / 通道、16 位 / 通道或 8 位 / 通道的文件，但是只有 32 位 / 通道的文件才可以存储全部的 HDR 图像数据。

上图所示的 3 幅图像是包围曝光方式下拍摄的素材照片，从照片上可以看到在不同的曝光条件下，画面所表现的细节也不同。第一张照片是将相机的曝光偏向于天空部分，画面中下半部分的建筑曝光不足；第二张照片虽然曝光较为不错，但是层次不强；第三张照片将曝光偏向于建筑，画面中天空部分的云层曝光过度。

执行"文件>自动>合并到HDR Pro"菜单命令，打开"合并到 HDR Pro"对话框。在该对话框中选择需要进行合并的照片，再单击"确定"按钮，接着打开另一个"合并到 HDR Pro"对话框。此时 Photoshop 会自动根据选择的用于合并的照片进行图像的合并，然后在新对话框的右侧设置选项，如右图所示，设置后就会将照片合并为 HDR 色调效果。

"合并到 HDR Pro"对话框

- ⊙ 预设：包括了 Photoshop 预设的调整选项。如果要将当前的调整设置存储，以便以后使用，则可以单击选项右侧的扩展按钮，在打开的菜单中执行"存储预设"菜单命令。

- ⊙ 移去重影：如果画面中因为移动的对象而具有不同的内容，可勾选此复选框，Photoshop 会在具有最佳色调平衡的缩览图周围显示一个绿色轮廓，以标识基本图像。其他图像中找到的移动对象将被移去。

- ⊙ 模式：为合并后的图像选择一个位深度。

- ⊙ 色调映射方法：选择"局部适应"，可通过调整图像中的局部亮度区域来调整 HDR 色调；选择"色调均化直方图"，可在压缩 HDR 图像动态范围的同时，尝试保留一部分对比度；选择"曝光度和灰度系数"，可手动调整 HDR 图像的亮度和对比度；选择"高光压缩"，可压缩 HDR 图像中的高光值，使其位于 8 位 / 通道或 16 位 / 通道的图像文件的亮度值范围内。

- ⊙ 边缘光：用来控制调整范围和调整的应用强度。

- ⊙ 色调和细节：用来调整照片的曝光度，以及阴影、高光中细节的显示程度。其中，"灰度系数"可使用简单的乘方函数来调整。

- ⊙ 高级：用来增加或降低色彩的饱和度。其中，拖动"自然饱和度"滑块来增加饱和度时，不会出现溢色。

- ⊙ 曲线：可通过曲线来调整 HDR 图像。如果要对曲线进行较大幅度的调整，则可勾选"边角"复选框，之后拖动控制点时，曲线会变为尖角。

景物移动可以说是获得高质量 HDR 影像的最大障碍之一。摄影师在拍摄同一景物、不同曝光度的多张照片的过程中，由于人手不可避免的轻微晃动等不稳定因素，或者场景中正好有对象移动，如汽车、人物、树叶等，就会造成每张图片中对象出现的位置都不相同，从而形成重影，因此在最终合成 HDR 图像时，需要把这些重影去除，即在"合并到 HDR Pro"对话框中勾选"移去重影"复选框。

左图所示的两幅图像分别为取消勾选"移去重影"和勾选"移去重影"复选框时获得的 HDR 图像效果。从图像上可以看到，当勾选"移去重影"复选框后，位于建筑物旁边的重影被去掉了，而未勾选时，图像中还是有明显的重影，且图像的清晰度也较弱，画面看起来还是非常模糊。

11.3.3　解析 32 位 HDR 图像显示的动态范围

由于 HDR 图像的动态范围超出了标准计算机显示器的显示范围，所以在 Photoshop 中打开 HDR 图像时，图像可能会非常暗或出现褪色现象。为了解决这一问题，Photoshop 提供了预览调整功能，可以防止显示器所显示的 HDR 图像的高光和阴影出现太暗或褪色的情况。

如左图所示，将一张照片调整为 HDR 色调效果，执行"图像 > 模式 >32 位 / 通道"菜单命令，将图像转换为 32 位深度的 HDR 图像效果。

小提示

查看 32 位信息

在 Photoshop 中，如果要在"信息"面板中查看 32 位信息，则可以单击"信息"面板中的吸管图标，然后从弹出菜单中执行"32 位"菜单命令。

将 HDR 图像转换为 32 位 / 通道模式后，即可以 32 位预览的方式来查看图像，并且此时在显示器中所显示的效果也与相机中所显示的颜色一致。执行"视图 >32 位预览选项"菜单命令，将打开"32 位预览选项"对话框，如右图所示。在此对话框中还能对 HDR 图像的亮度和对比度作进一步设置。

"32 位预览选项"对话框

- 方法：选择图像预览的方法。默认选择"曝光度和灰度系数"选项，此时可对下方的"曝光度"和"灰度系数"进行调整；如果选择"高光压缩"选项，则 Photoshop 会自动压缩 HDR 图像中的高光值，使其位于 8 位 / 通道或 16 位 / 通道图像文件的亮度值范围内。
- 曝光度：用于调整 HDR 图像的亮度，向左拖动滑块图像变暗，向右拖动滑块图像变亮。
- 灰度系数：用于调整 HDR 的对比度。

11.3.4　HDR **拾色器的妙用**

当文件为 32 位 / 通道的 HDR 图像时，可以使用 HDR 拾色器来准确地查看和选择要在 32 位 HDR 图像中使用的颜色。HDR 拾色器的使用方法与常规 Adobe 拾色器相同，可以通过单击色域并调整颜色滑块来选择颜色。用户在 HDR 拾色器的色域中，从下往上移动将增加亮度，从左向右移动将增加饱和度。除此之外，在 HDR 拾色器中，还能使用 "强度" 滑块来调整颜色的亮度，以便与所处理的 HDR 图像的颜色强度相匹配。

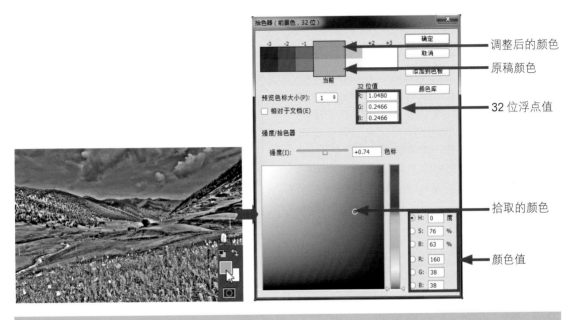

"拾色器" 对话框

- 强度：拖动滑块或输入数值可增大或减少颜色的亮度，使处理的 HDR 图像的颜色强度相匹配。强度色标与曝光度色标反向对应，如果将 HDR 图像的曝光度设置增大两个色标，则对应的强度将会减小两个色标，以保持相同的颜色外观。

- 预览色标大小：用于设置每个预览色板的色标增量，以不同的曝光度设置预览选定颜色的外观。

- 相对于文档：勾选该复选框可以调整预览色板，以反映图像当前的曝光度值。

- 添加到色板：单击该按钮，将选定的颜色添加到色板。

在 Photoshop 中，要开启 HDR 拾色器，首先要确认图像为 32 位 / 通道模式，因为只有在 32 位 / 通道模式下，单击工具箱中的 "设置前景色" "设置背景色" 色块或者单击 "颜色" 面板中的 "设置前景色" "设置背景色" 色块，才能打开 HDR 拾色器，否则，单击这些按钮只会打开常规的拾色器。通过调整或合并功能创建 HDR 图像后，如果需要重新定义颜色，就必须要执行 "图像 > 模式 >32 位 / 通道" 菜单命令，把图像转换为 32 位 / 通道模式。

小提示

调整 HDR 图像预览效果

在 Photoshop 中可调整打开的 HDR 图像的预览效果，其方法是单击文档窗口状态栏中的三角按钮，在弹出的菜单中执行 "32 位曝光" 菜单命令，然后拖动滑块来设置用于查看 HDR 图像的白场，如果需要返回到默认的曝光度设置，则双击滑块。由于调整是针对每个视图进行的，因此可以在多个窗口中打开同一 HDR 图像，对每个窗口进行不同的预览调整，并且使用此方法进行的预览调整不会存储到 HDR 图像文件中。

11.4
专业技法

前面的小节介绍了在 Photoshop 中设置 HDR 图像的方法，并对相关的命令和操作技巧进行了全面剖析。本节将综合前面所学知识，分别应用"HDR 色调"和"合并到 HDR Pro"命令调整或合并 HDR 照片效果。

11.4.1 伪人文类 HDR 影像

所谓伪 HDR，是指通过后期处理软件对一张照片的细节进行还原，即软件对单张图片进行了一定程度的对比度调整、锐化和饱和度的提升，达到一种重彩色的图片效果，硬性地还原照片中的环境细节，并不能形成真正的 HDR 色调效果，这类效果多用于人文类照片的处理。右图所示的这张照片是在地铁站里拍摄的，这张照片画面感不错，可以尝试将它转换为 HDR 色调效果。

步骤 01 使用预设 HDR 色调

在 Photoshop 中打开照片，执行"图像 > 调整 >HDR 色调"菜单命令，打开"HDR 色调"对话框。在该对话框中单击"预设"下三角按钮，在展开的下拉列表中选择"更加饱和"选项，选择后下方的参数随之发生改变，同时通过图像窗口查看处理后的 HDR 效果。

步骤 02 手动调整选项

观察图像发现画面的颜色饱和度太高了，效果并不是很好，所以将"饱和度"滑块向左拖动，降低饱和度，然后调整其他选项，确认设置后，返回图像窗口即可得到一幅具有复古气息的 HDR 图像。为了突出画面中间的列车，创建"颜色填充 1"填充图层，在图像边缘添加晕影。

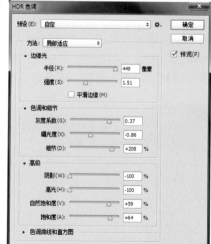

11.4.2　HDR 色调表现建筑轮廓

　　建筑中多包含大量对称的形状，那些线条的弧度、建筑层叠在一起的阴影都是摄影需要表现出来的。如果需要将建筑清晰的线条、艳丽的色彩和高精度的锐化变化表现得更准确，那么用 HDR 来表现则是不错的选择。在对同一建筑采用不同曝光度拍摄后，可以运用 Photoshop 中的"合并到 HDR Pro"命令合成 HDR 图像，从而更好地表现建筑气宇轩昂、气派的特质。如下图所示，这几张照片是在同一位置拍摄的欧式建筑物。这里为了让其显得更立体、更有层次感，将运用"合并到 HDR Pro"功能合成 HDR 效果。

步骤 01　确定用于拼合的照片

　　启动 Photoshop 执行"文件>自动>合并到 HDR Pro"菜单命令，打开"合并到 HDR Pro"对话框。此时在"使用"列表框中未添加任何文件，所以首先就要将上面拍摄的几张素材照片添加到"使用"列表框中。单击该对话框右侧的"浏览"按钮，弹出"打开"对话框，选择素材图像，单击"确定"按钮，返回到"合并到 HDR Pro"对话框。此时在其"使用"列表框中列出了用于合并到 HDR 的原图像。

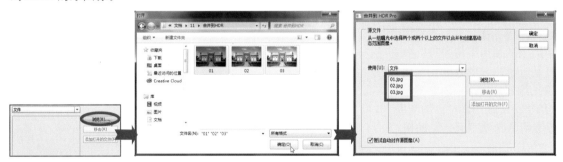

步骤 02　手动添加曝光

　　选择好用于拼合 HDR 影像的素材图像后，单击"确定"按钮，弹出"手动设置曝光值"对话框。在此对话框中选择用于合成 HDR 效果的基础图像，选择曝光较正常的第二张照片，设置后单击"确定"按钮，打开"合并到 HDR Pro"对话框。在此对话框中可对其中一些参数作调整，并显示处理后的图像效果。

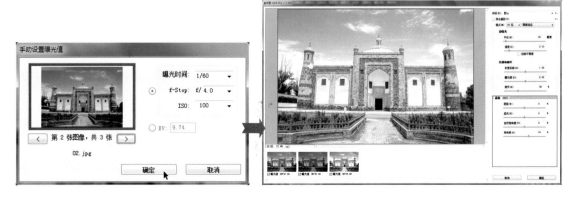

步骤 03　设置选项

在"合并到 HDR Pro"对话框中对各项参数进行设置,将"半径"设置为 138,"强度"设置为 4.00,"细节"设置为 54,然后在"高级"选项卡中设置"阴影"为 7,"高光"为 -36,"自然饱和度"为 100,"饱和度"为 10,设置好后在对话框左侧预览效果。

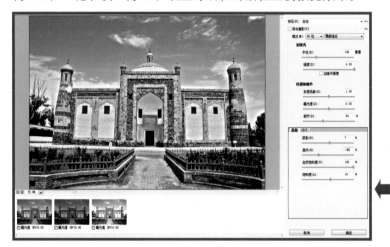

步骤 04　调整图像明暗对比

为了使图像的对比变得更强,单击"曲线"标签,切换到"曲线"选项卡,在其中的曲线上添加两个控制点,向上拖动上半部分的控制点,提亮高光部分,向下拖动左下角的控制点,降低阴影部分的亮度,设置好后单击"确定"按钮。

步骤 05　用锐化滤镜让细节更清楚

经过前面的设置,可以看到合成后的 HDR 图像层次感非常不错,但是不够清晰,所以最后可以对图像进行锐化。复制图层,执行"滤镜 > 锐化 >USM 锐化"菜单命令,打开"USM 锐化"对话框,将"数量"滑块向右拖至 54,增强锐化程度,再向右拖动"半径"滑块,扩展锐化范围,确认设置后应用滤镜锐化图像,画面变得更加清晰。

第 12 章
文字与图形在照片中的妙用

当下是信息化时代，照片在生活和工作中的应用非常广泛，人们所浏览的网页、阅读的杂志版面中都可以看到照片的应用。在这些照片中可以发现一些文字和图形的应用，通过照片、文字、图形等元素的搭配组合，为数码照片的后期设计带来了更广阔的空间。在进行后期处理的时候，利用 Photoshop 中的文字工具和图形绘制工具即可以向照片中添加文字、图形等元素，呈现更丰富多彩的画面效果。

在本章中，主要介绍了横排文字工具、直排文字工具、文字转换、基础绘图工具、钢笔工具等在照片中的妙用。通过学习，读者能够运用所学知识在自己拍摄的照片中添加个性化的文字与图形元素。

知识点提要

1. 后期处理中文字的应用

2. 向照片中添加图形

3. 专业技法

12.1
后期处理中文字的应用

文字是设计作品的重要组成部分，不仅可以传达信息，还能起到美化版面的作用。在数码照片后期处理中，有时为了让照片内容更加完整，会在图像中添加一些说明、补充性文字，尤其是对商品照片进行处理时，文字的使用更为频繁。在 Photoshop 中要为照片添加文字，可以选用"横排文字工具""直排文字工具"在图像中创建水平或垂直方向的文字效果。

12.1.1　横排文字工具的使用技巧

"横排文字工具"主要用于在图像中添加水平方向的文字效果。它的操作方法就是选择工具箱中的"横排文字工具"，然后在图像中单击并输入文字即可。单击工具箱中的"横排文字工具"按钮 T 后，在其选项栏中修改相关属性的参数值，可以对文字的字体样式、字体大小和颜色等进行编辑。

打开一张素材照片，选择工具箱中的"横排文字工具"，在展开的工具选项栏中对要输入的文字的大小、字体等属性进行设置，设置后将鼠标移至要输入文字的图像左上角位置，单击鼠标，在单击位置显示光标输入点，然后开始输入文字，并依次显示输入的文字，根据画面，可以利用"横排文字工具"并结合选项的调整，在画面中完成更多横排文字的添加，如上图所示。

"横排文字工具"选项栏

- ◉ 切换文本取向：如果当前文字为横排文字，单击该按钮可将其转换为直排文字；如果当前文字为直排文字，单击该按钮则将其转换为横排文字。

- ◉ 设置字体：在该下拉列表框中可以选择一种字体。

- ◉ 设置字体样式：字体样式是单个字体的变体，包括 Regular(规则的)、Italic （斜体）、Bold （粗体）和 Bold Italic （粗斜体），此选项只对部分英文字体有效。

- ◉ 设置文字大小：用于设置文字的大小，可直接输入数值并按 Enter 键进行调整。

- ◉ 消除锯齿：选择消除锯齿的方法。

- ◉ 左对齐：将文字设置为左对齐效果。

- ◉ 居中对齐：将文字设置为居中对齐效果。

- ◉ 右对齐：将文字设置为右对齐效果。

- ◉ 设置文本颜色：用于更改选中文字的颜色，单击颜色块，在打开的"拾色器（文本颜色）"对话框中进行设置。

- ◉ 创建文字变形：为文字设置变形效果，单击按钮会展开"变形文字"对话框。

- ◉ 切换字符和段落面板：单击该按钮，可以显示或隐藏"字符"和"段落"面板。

1. 文字的选择与基本属性更改

　　在照片中输入文字后，如果要对输入的文字作更改就必须要选择文字。在 Photoshop 中，选择文字包括选择整个文字图层中的所有文字和选择文字图层中的部分文字两种情况。如果选择文字图层中的所有文字，只需要在"图层"面板中单击文字图层即可；如果需要选择图层中的部分文字，则需要用文字工具在输入的文字上单击并拖动鼠标，被选择的文字会反相显示。当选择要更改的文字后，就可以结合文字工具选项栏中的选项，对文字的字体、字体大小等选项进行调整。

左图中，在"图层"面板中选择"高端定制一生不留遗憾"文字图层，在选项栏中更改字体后，可以看到整排文字的字体都发生了变化。

选择"横排文字工具"，在"定"字上单击并拖动，使其反相显示，此时在选项栏中对字体进行更改，更改后发现只有选中的文字字体发生了变化。

2. 更改文字颜色

　　使用"横排文字工具"在图像中输入文字后，可以根据照片需要的效果，对输入的文字进行更改。虽然在开始输入文字前，就会对文字的颜色进行考虑，但是在实际操作中，也会根据不同的画面效果更改已输入文字的颜色。如果要更改文字颜色，则可以选中文字图层或文字图层中的部分文字，然后使用文字工具选项栏中的"设置文本颜色"选项更改文字颜色。具体的操作方法是单击"设置文本颜色"右侧的颜色块，打开"拾色器（文本颜色）"对话框，在其中单击或输入数值，更改文字颜色。

　　右图中，在"图层"面板中选择要更改颜色的文字图层，单击颜色块，打开"拾色器（文本颜色）"对话框，在其中为选中的文字重新设置颜色，将文字颜色设置为 R223、G134、B212，设置后单击"确定"按钮，返回图像窗口，可以发现原来该文字图层中的黑色文字被更改为了橙色。

3. 文字的变形设置

观察一些照片中的文字，可以发现这些文字有一些简单的变形效果。通过对文字进行变形，不但能够让照片中的文字更有吸引力，还能突出图像的主题。使用"横排文字工具"选项栏中的"创建文字变形"功能就可以快速地对输入的文字进行变形。选择工具箱中的文字工具后，在其选项栏中单击"创建文字变形"按钮 ，将打开"变形文字"对话框，即可在各种变形样式之间切换，也可以通过下方的选项控制文字扭曲、变形效果。

默认情况下，"变形文字"对话框中的选项显示为灰色的不可用状态，只有在"样式"下拉列表框中选择了一种变形样式后，下方的选项才会被激活。

 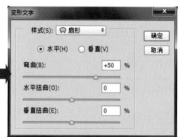

 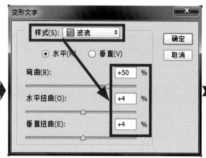 

在"图层"面板中选中"高端定制一生不留遗憾"文字图层，单击"横排文字工具"按钮，再单击其选项栏中的"创建文字变形"按钮，打开"变形文字"对话框。在该对话框中单击"样式"下三角按钮，在展开的下拉列表中选择变形样式，再对其他选项作进一步调整，设置后在图像窗口中就会显示变形后的文字效果，得到更动感的文字效果。

使用"横排文字工具"对创建的文本进行变形处理之后，只要没有栅格化或者转换为形状，就可以随时重置变形参数或取消变形。如果要重置变形，则选择文字工具，单击工具选项栏中的"创建文字变形"按钮，或执行"文件 > 文字变形"菜单命令，打开"变形文字"对话框，在对话框中修改变形参数，也可以在"样式"下拉列表框中选择另一种样式；如果要取消变形，则在"变形文字"对话框的"样式"下拉列表框中选择"无"，然后单击"确定"按钮，取消变形，将文字恢复为变形前的状态。

"变形文字"对话框

- ◉ 样式：选择用于文字变形的方式。单击"样式"右侧的下三角按钮，在其下拉列表中选择样式。

- ◉ 水平 / 垂直：选择文字变形的方向。选中"水平"单选按钮，以水平方向变形文字；选中"垂直"单选按钮，以垂直方向变形文字。

- ◉ 弯曲：控制文字的弯曲程度。

- ◉ 水平扭曲：控制文字在水平方向的变形效果。

- ◉ 垂直扭曲：控制文字在垂直方向的变形效果。

右图中将"样式"由"波浪"改为"无"后，还原为变形前的文字效果。

12.1.2　直排文字工具的使用技巧

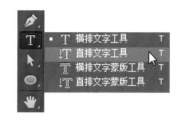

前面一小节介绍了横排文字的添加方法，下面继续学习直排文字的添加方法。如果要在照片中添加竖直排列的文字效果，则可以使用"直排文字工具"实现。

"直排文字工具"的使用方法与"横排文字工具"的使用方法相同，都是通过单击再进行文字的输入操作，不同的是，用"直排文字工具"输入的文字沿垂直方向排列。按住工具箱中的"横排文字工具"按钮不放，即会弹出隐藏工具列表，在其中即可选择"直排文字工具"。

如左图所示，打开一张人像照片，在这张照片中要添加直排的文字效果，选择"直排文字工具"，在其选项栏中对要输入文字的字体、颜色以及大小等选项进行设置，将鼠标移至图像左侧位置，单击并输入文字，根据画面输入多排文字后，可以看到照片内容更加完整了。

12.1.3　掌握横排与直排文字的快速转换

使用"横排文字工具"或"直排文字工具"在画面中创建文字后，可以根据版面情况对已输入的文字排列方向作调整。要调整文字的排列方向，可以直接单击工具选项栏中的"切换文本取向"按钮进行更改，也可以执行"文字 > 文本排列方向"菜单命令，在弹出的级联菜单中选择"横排"或"竖排"命令进行更改。

打开一张已经添加直排文字的素材图像，在"图层"面板中选中对应的文字图层，执行"文字 > 文本排列方向 > 横排"菜单命令，将竖排文字更改为横排效果。

12.1.4　深度解析"字符"面板

"字符"面板提供了比工具选项栏更多的选项，它除了有字体系列、字体样式、字体大小、文字颜色和消除锯齿等与工具选项栏相同的选项外，还提供了行距、间距等选项。在照片中添加文字后，如果需要对文字进行更多的设置，则可以单击工具选项栏中的"切换字符和段落面板"按钮，或执行"窗口 > 字符"菜单命令，打开"字符"面板。打开面板后就可以根据图像效果，对选择的文字进行更改，从而调整文字效果。

　　打开一张添加了文字的人像照片，为了突出主体文字"宝贝"，可对这两个字的字体、颜色作调整。在"图层"面板中选中"宝贝"文字图层，打开"字符"面板，将字体设置为"迷你简胖头鱼"，设置字体大小为36点，然后对文字颜色进行调整，设置后返回图像窗口，可以看到更改后的文字效果，如下图所示。

"字符"面板

- ◉ 设置行距：行距是指文本中各个文字行之间的垂直间距。在"设置行距"下拉列表框中选择选项或输入数值可调整行距。
- ◉ 字距微调：用于调整两个字符之间的间距，在操作时先要在调整的两个字符间单击，设置插入点。
- ◉ 字距调整：选择部分字符时，此选项可调整所选字符的间距。
- ◉ 比例间距：用于设置所选字符的比例间距。
- ◉ 水平缩放：用于调整字符的宽度。
- ◉ 垂直缩放：用于调整字符的高度。
- ◉ 基线偏移：用来控制文字与基线的距离，它可以升高或降低所选文字。
- ◉ OpenType 字体：包括当前 PostScript 和 TrueType 字体不具备的功能，如花饰字和自由连字。
- ◉ 连字及拼写规则：可对所选字符进行有关连字符和拼写规则的语言设置。

　　"字符"面板下提供了一排特殊文字样式按钮，用于创建仿粗体、斜体以及为文字添加下画线或删除线等。选中图像中添加的文字后，单击这些字体样式按钮，就可以将设置的字体转换为相应的样式效果。

仿粗体　小型大写字母 下标　　　删除线

仿斜体　　　上标　　下画线
全部大写字母

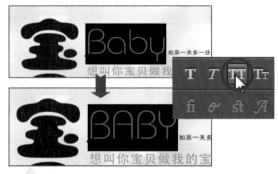

　　如上图所示，为了突出英文 Baby，这里可以将文字转换为大写效果，用"横排文字工具"在英文 Baby 上单击并拖动鼠标，选中文字，然后单击"字符"面板中的"全部大写字母"按钮，此时可以看到转换后的大写字母效果。

12.2
向照片中添加图形

在处理照片时，除了可向照片中添加文字外，还可以绘制一些简单的图形来美化图像。Photoshop 提供了多种不同的图形绘制工具，如矩形工具、椭圆工具、直线工具等，使用这些工具可以在画面中绘制不同颜色、形状的矩形、方形、椭圆以及箭头等。下面就来详细介绍图形绘制工具在照片处理中的妙用。

12.2.1　绘制模式的选择与解读

运用图形绘制工具在照片中添加图形之前，首先需要对绘制模式有一定的了解。Photoshop 中的钢笔和形状等矢量工具可以创建不同类型的对象，包括形状图层、工作路径和像素图形。选择一个矢量工具后，需要先在工具选项栏中选择相应的绘制模式，然后就可以进行绘图操作了。

1. "形状"模式

选择"形状"绘制模式时，可在单独的形状图层中创建形状。形状图层由填充区域和形状两部分组成，填充区域定义了形状的颜色、图案和图层的不透明度，形状则是一个矢量图形，它同时出现在"路径"面板中。

右图打开了一张已绘输入文字的商品照片，选择"矩形工具"，在其选项栏中设置绘制模式为"形状"，在图像中单击并拖动鼠标，即可完成图形的绘制，此时"图层"面板中出现了一个形状图层。

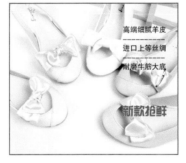

选择"形状"选项时，可以在其选项栏的"填充"下拉列表框以及"描边"选项中设置填充和描边，然后选择用纯色、渐变和图案对图形进行填充和描边。如果要自定义填充颜色，则打开拾色器进行颜色设置。

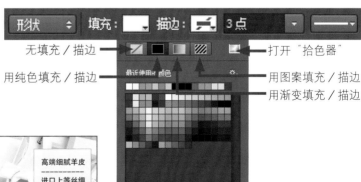

单击"填充"面板中的"渐变"按钮，在面板下方的渐变条中重新定义色标颜色，设置为从白色到粉色的渐变，此时可看到原来纯色填充的矩形变为渐变填充效果。

2. "路径" 模式

选择"路径"模式绘制时，可创建工作路径，并且该路径会出现在"路径"面板中。路径可以转换为选区或创建矢量蒙版，也可以填充和描边，从而得到光栅化的图像。

> 右图中，选用"矩形工具"后，设置绘制模式为"路径"，绘制后在"路径"面板中将显示完整的路径。

3. "像素" 模式

选择"像素"模式绘制时，可在当前图层上绘制栅格化的图形，图形的填充颜色为前景色。由于不能创建矢量图形，因此在"路径"面板中也不会有路径。以"像素"模式绘制图形前，大多需要创建一个新图层，用于存储绘制的图形，否则绘制的图形会直接添加到当前图层中。

> 右图中，选用"矩形工具"后，创建"图层 1"图层，设置绘制模式为"像素"，绘制矩形效果。

12.2.2　深入分析简单绘图工具

介绍绘图模式后，接下来就开始学习使用绘图工具在照片中绘制图形。Photoshop 提供了"矩形工具""圆角矩形工具""椭圆工具""多边形工具""直线工具" 5 种最为基础的图形绘制工具（"自定形状工具在下一小节讲解"），使用这些工具可以在照片中绘制方形、圆形、多边形以及线条等较规则的图形。按住工具箱中的"矩形工具"按钮不放，在弹出的隐藏工具列表中就可以查看并选择这些绘图工具。

1. 矩形工具

"矩形工具"用来创建各种比例的矩形，也可以绘制各种比例的长方形。单击工具箱中的"矩形工具"按钮，在图像中单击并拖动鼠标，将其拖至合适位置和大小，释放鼠标，即可绘制出一个矩形图形，得到的矩形图形由"笔触"和"填充"两部分组成。如果想要调整图形的"笔触"和"填充"，则可以选择矩形并在"属性"面板中根据需要进行相应的设置。当然，使用"矩形工具"绘制图形前，也可以对"矩形工具"选项栏中的选项进行设置，从而绘制出更合适的图形效果。

打开一张图像并添加文字，单击"矩形工具"按钮，在显示的"矩形工具"选项栏中将填充色设置为与环境色反差较大的暗红色，将鼠标移至图像中间位置，单击并拖动鼠标，释放鼠标，完成矩形的绘制，此时可以看到位于矩形上方的文字更加醒目。

矩形工具的"属性"面板

- 填充颜色：用于设置绘制矩形的填充颜色，单击选项右侧的颜色块，即可对矩形的填充颜色进行相应的更改。
- 描边颜色：用于设置绘制矩形的描边颜色，单击选项右侧的颜色块，即可对矩形的描边颜色进行相应的更改。
- 描边类型：用于设置矩形的描边类型。
- 描边对齐：用于设置矩形描边对齐的类型。
- 描边端点：用于设置描边的线段的端点类型。
- 描边线段：用于设置描边的线段的合并类型。
- 矩形选项：用来设置矩形的角半径，直接在各数值框中输入半径的数值即可指定角半径。数值越大，矩形的角越圆。如果输入的数值为负数，则创建的是反半径的效果。

矩形工具的"属性"面板

2. 圆角矩形工具

"圆角矩形工具"用于在图像中绘制圆角的矩形。"圆角矩形工具"的使用方法与"矩形工具"的使用方法相同，只需要单击工具箱中的"圆角矩形工具"按钮，在选项栏中设置各选项，然后在画面中要绘制图形的位置单击并拖动鼠标即可。

打开一张甜品素材图片，选择工具箱中的"圆角矩形工具"，在显示的"圆角矩形工具"选项栏中设置绘制模式为"形状"，更改填充颜色，将"半径"设置为 80 像素，将鼠标移至文字"美食体验"下方，单击并拖动鼠标，即可根据设置的选项绘制圆角矩形效果，如左图所示。

"半径"为 10 像素时的绘制效果

"半径"为 100 像素时的绘制效果

圆角矩形与直角矩形最大的区别就是圆角矩形的边角为圆弧形，所以使用"圆角矩形工具"绘制图形前，先要设置圆角的弧度。该参数应用"圆角矩形工具"选项栏中的"半径"选项来调整。设置的参数值越大，绘制的矩形圆角的角度就越大，反之，半径值越小，圆角的角度就越小。

运用"圆角矩形工具"绘制图形前，如果需要对选项作更多设置，则可以单击选项栏中的"几何体选项"按钮，在展开的列表中选择圆角矩形的绘制方式，包括"不受约束""方形""固定大小"等。根据要绘制的图形要求，单击选项并绘制图形效果。

3. 椭圆工具

"椭圆工具"用于在图像中创建椭圆图形。选择"椭圆工具"后，在图像上单击并拖动鼠标，即可绘制出椭圆图形。如果需要绘制正圆形图案，则需要单击选项栏中的"几何体选项"按钮，在展开的列表中选择"圆（绘制直径或半径）"选项或者按住 Shift 键的同时单击并拖动鼠标，绘制正圆形。

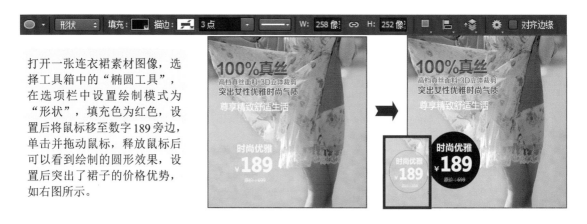

打开一张连衣裙素材图像，选择工具箱中的"椭圆工具"，在选项栏中设置绘制模式为"形状"，填充色为红色，设置后将鼠标移至数字189旁边，单击并拖动鼠标，释放鼠标后可以看到绘制的圆形效果，设置后突出了裙子的价格优势，如右图所示。

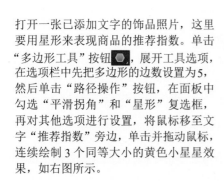

"路径操作"选项

使用绘图工具绘制图形时，可以对图形之间的计算方式进行调整，包括"合并形状""减去顶层形状"等。单击绘图工具选项栏中的"路径操作"按钮，就会显示这些路径操作选项，默认为"新建图层"。如果选择"合并形状"选项，则可以将绘制的图形添加到之前创建的图形中；如果选择"减去顶层形状"选项，则从原图形中减去图形之间的相关区域；如果选择"与形状区域相交"选项，则保留前后两个图形相交的区域；如果选择"排除重叠形状"选项，则把两个图形相交的区域去掉，而保留其他的图形区域。

4. 多边形工具

处理照片时，有时也需要在照片中添加一些多边形图形。在 Photoshop 中，使用"多边形工具"可以绘制任意边数的多边形图形。运用此工具绘制图形前，可以在选项栏中对绘制的多边形图形的边数进行设置，还可以单击"几何体选项"按钮，在展开的列表中指定星形和内陷星形效果，从而让绘制出的多边形图形更加丰富。

打开一张已添加文字的饰品照片，这里要用星形来表现商品的推荐指数。单击"多边形工具"按钮，展开工具选项，在选项栏中先把多边形的边数设置为5，然后单击"路径操作"按钮，在面板中勾选"平滑拐角"和"星形"复选框，再对其他选项进行设置，将鼠标移至文字"推荐指数"旁边，单击并拖动鼠标，连续绘制 3 个同等大小的黄色小星星效果，如右图所示。

- 边：用于设置多边形的边数。数值越大，绘制的多边形边数越多。
- 平滑拐角：勾选该复选框，可以创建具有平滑拐角效果的多边形或星形。
- 星形：勾选该复选框，可以创建星形。
- 缩进边依据：用于设置星形边缘向中心缩进的百分比。数值越高，缩进量越大。
- 平滑缩进：勾选该复选框，可以使星形的每条边向中心平滑缩进。

5. 直线工具

要在图像中绘制直线可以使用"直线工具"来完成。在 Photoshop 中，应用"直线工具"可以创建直线或带箭头的直线。选择"直线工具"后，在选项栏中设置选项，然后在画面中单击并拖动就可以绘制直线或带箭头的直线效果。在绘制直线时，还可以结合"直线工具"选项栏中的选项来控制绘制的直线效果。如果在绘制时按住 Shift 键单击并拖动，则可以创建水平、垂直或者以 45° 角为增量的直线。

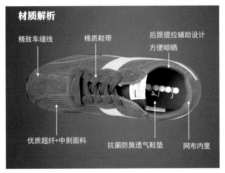

打开一张经过简单处理的运动鞋图像，选择工具箱中的"直线工具"，在展开的"直线工具"选项栏中设置填充色为白色，"粗细"为 6 像素，并勾选"几何体选项"面板的"终点"复选框，将鼠标移至鞋子图像上，单击并拖动鼠标绘制带箭头的直线，通过使用相同的方法绘制多条直线，突出鞋子的特点。

- 粗细：设置直线或箭头线的粗细。
- 路径操作：单击该按钮可以打开路径操作列表，在其中可设置箭头的样式。
- 起点 / 终点：勾选"起点"复选框，可在直线的起点处添加箭头；勾选"终点"复选框，可在直线的终点处添加箭头；如果同时勾选，则会在直线两头都添加箭头。
- 宽度：用来设置箭头宽度与直线宽度的百分比，范围为 10% ~ 1000%。
- 长度：用来设置箭头长度与直线长度的百分比，范围为 10% ~ 5000%。

12.2.3 自定义形状工具的深入讲解

Photoshop 中除了可以使用"矩形工具""椭圆工具""直线工具"绘制较规则的矩形、圆形和直线外，还可以绘制如画框、花纹、污渍等更复杂的图形。在 Photoshop 中，使用"自定形状工具"可以应用系统预设的形状绘制更多、更漂亮的图形效果。

在运用"自定形状工具"绘图时，它允许用户选择系统预设形状进行图形的绘制，也可以应用自定义的各种形状进行图形的绘制，还可以将网络中下载的图形载入至"形状"选取器并用于图形的绘制。绘制图形前，需要在"自定形状工具"选项栏中设置绘制模式、路径组合方式以及形状等，然后在画面中单击并拖动鼠标，即可完成图形的绘制操作。

打开一张人像照片，单击工具箱中的
"自定形状工具"按钮 ，在"自
定形状工具"选项栏中设置绘制模式、
填充颜色等选项，再单击"形状"右
侧的下三角按钮，在展开的"形状"
选取器中单击"会话 3"形状，在小
朋友图像上方单击并拖动鼠标，绘制
会话图形，如右图所示。

1. 加载 Photoshop 预设形状和外部形状

在"自定形状工具"选项栏中单击"形状"图标，打开"形状"
选取器，可以看到 Photoshop 中只提供了少量的形状，这里可以
单击右侧的扩展按钮 ，在弹出的菜单中执行"全部""动物""箭
头"等菜单命令，将 Photoshop 预设的更多形状都加载到或追加
到"形状"选取器中。如果要加载外部的形状，则可以执行"载
入形状"菜单命令，然后在"载入"对话框中选择要载入的形状。
载入形状后，就可以将这些形状通过绘画的方式添加到照片之
中。

单击扩展菜单中的"动物"按钮，弹
出如下图所示的提示对话框，其中显
示了"确定""取消"和"追加"3
个按钮。

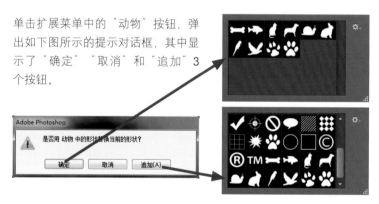

单击"确定"按钮，用选择的"动
物"的形状替换原"形状"选取
器中默认的形状。

单击"追加"按钮，将选择的"动
物"形状追加至"形状"选取器中，
并显示在原预设形状下方。

2. 复位"形状"选取器中的形状

既然可以向"形状"选取器中加载 Photoshop
预设形状和外部形状，那么也就能复位"形状"
选取器中的形状。如果向"形状"选取器中添
加了太多的自定义形状，要在诸多形状中找到
需要的形状就会显得很麻烦，此时就需要复位
"形状"选取器中的形状。要复位"形状"选
取器中的形状，只需执行扩展菜单中的"复位
形状"命令即可。

单击"形状"选取器右侧的扩展按钮 ，在展开的菜单中执行"复位形状"菜单命令，弹出 Adobe
Photoshop 提示对话框，单击对话框中的"确定"按钮，复位形状，如上图所示，复位形状后，在"形状"
选取器中将只显示系统默认的几个预设形状。

12.2.4　全面掌握钢笔工具

　　"钢笔工具"是 Photoshop 中最强大的绘图工具，它的主要用途有两种：一是用于选取对象，二是绘制矩形图形。作为绘图工具使用时，"钢笔工具"可以根据用户需要，创建任意形状的路径、图形。选择工具箱中的"钢笔工具"，在图像上单击或拖动鼠标，就可根据单击并拖动的鼠标指针轨迹绘制出图形。使用"钢笔工具"绘制图形时，还可以运用工具箱中的路径编辑工具调整路径上的锚点，并且可以将路径锚点在平滑点与角点之间进行自由转换。

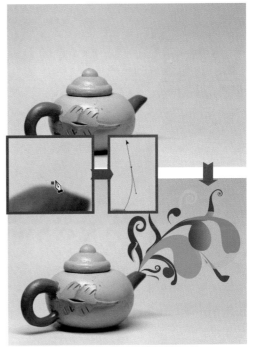

　　打开一张静物照片，为了让单调画面变得更丰富，选择"钢笔工具"，将鼠标移至图像上方，用鼠标在画面中单击，绘制路径起点，然后在另一位置单击并拖动鼠标，绘制曲线路径，继续使用同样的方法在图像中连续单击并拖动鼠标，绘制出不同形状的图形效果。绘制效果和过程如右图所示。

1. 绘制直线路径

　　路径由直线路径段或曲线路径段组成，它们通过锚点连接。使用"钢笔工具"绘制图形时，首先应该学会绘制直线路径。直线路径的绘制方法比较简单，操作时只需单击鼠标即可。如果要绘制水平、垂直或者以 45°角为增量的直线路径，则可以按住 Shift 键进行操作。先把鼠标移至画面中，单击创建第一个路径锚点，释放鼠标按键，将鼠标移至下一处单击，创建第二个锚点，两个锚点会连接成一条由角点定义的直线路径。在其他区域单击可继续绘制直线路径。如果要闭合路径，则把鼠标放在路径的起点位置，当鼠标变为带小圆的笔尖时，单击即可闭合直线路径。

上图展示直线路径的绘制过程

2. 绘制曲线路径

　　"钢笔工具"除了绘制直线路径，大多数时候要绘制的还是曲线路径。"钢笔工具"绘制的曲线也叫贝塞尔曲线，其原理是在锚点上加上两个控制柄，无论调整哪一个控制柄，另外一个始终与它保持成一条直线并与曲线相切。曲线路径的绘制方法为在画面中单击，确定一个平滑点，将鼠标移动到下一处位置，单击并拖动鼠标，创建第二个平滑点，在拖动的过程中可以调整方向线的长度和方向，进而影响由下一个锚点生成的路径的走向，然后继续创建平滑点，生成一段光滑的曲线。

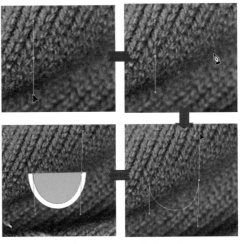

上图展示曲线路径的绘制过程

12.3
专业技法

前面的小节中介绍了文字工具、图形绘制工具在数码照片后期处理中的妙用，了解了文字工具和图形绘制工具的使用方法。本节将运用前面所学知识，向照片中添加文字、图形等元素，将照片处理为更实用的明信片、杂志封面等效果。

12.3.1　DIY 个性化明信片

明信片是可以不用信封就直接投寄的载有信息的卡片。在外出旅游时，会发现在很多景区都有各类制作精美的明信片在售卖，这些明信片大多选用当地一些景点作为背景，用于宣传当地人文景观和风土人情。右图所示的照片是在马尔代夫拍摄的，下面介绍如何将这张照片制作成明信片效果。

步骤 01　绘制矩形

制作明信片前，先在 Photoshop 中将这张照片打开，打开后首先选择〝矩形工具〞，之后在选项栏中将填充色设置为〝无〞，描边颜色为白色，其他参数不变，然后在照片左上角位置单击并拖动鼠标，绘制一个矩形，绘制后将这些矩形复制，制成邮编数值框。

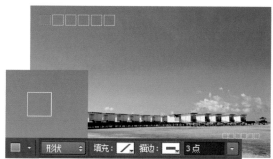

步骤 02　绘制邮票标记

绘制粘贴邮票的标记位置，选择〝自定形状工具〞，在〝形状〞选取器中单击〝邮票 1〞形状，然后在照片右上角位置单击并拖动鼠标，绘制白色的邮票标记图形，绘制后将〝饱和度〞设置为 50%，降低标记饱和度。

步骤 03　绘制线条添加文字

指定寄件人与收寄人填充个人信息的位置，选择〝直线工具〞，在选项栏中将〝粗细〞设置为 5 像素，然后在照片右侧单击并拖动鼠标，绘制 4 条同等长度的白色线条，向明信片中添加简单的文字介绍，完成明信片的制作。

12.3.2　为照片添加水印图案

自己拍摄的照片当然不希望被抄袭或恶意转载，怎么办呢？最好的方法就是在照片中添加自己的水印图案。水印图案在网店中应用得最为普遍，很多网店店家为了防止自己精心拍摄的宝贝照片被盗用，大多都会在照片上添加个性化的水印。右图所示的照片就是一张店家拍摄的饰品照片，下面以这张照片为例，介绍水印图案的制作过程。

步骤 01　输入店铺名

启动 Photoshop，先把这张拍摄的素材照片打开，选择"横排文字工具"，打开"字符"面板，在面板中设置文字属性后，在首饰盒旁边输入店名，这样既能推广店铺，又不至于影响主商品。

步骤 02　指定照片版权信息

选择"矩形工具"，在输入的文字下方再绘制一个白色矩形，并适当降低矩形的不透明度，然后用"横排文字工具"在矩形上输入稍小的文字"实物拍摄盗图必究"，说明这图片是店铺自己拍摄的，禁止其他店家盗用此图片。

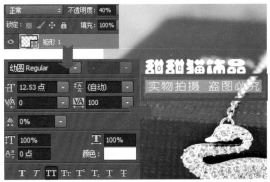

步骤 03　绘制店标图案

完成文字说明信息的输入后，接下来还要添加个性化图形。选择"自定形状工具"，在"形状"选取器中选择卡通的"猫"图案，与店名显得更为统一，在画面中单击并拖动鼠标，绘制猫咪图案。

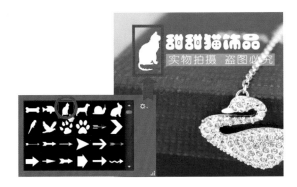

步骤 04　设置混合模式拼合图像

为了使设置的水印图案与商品图像融合在一起，这里把所有的文字与图形所在图层合并为"图层 1"，执行"滤镜 > 风格化 > 浮雕效果"菜单命令，在打开的对话框中直接单击"确定"按钮，应用滤镜后把图层混合模式设置为"柔光"，合成图像，完成水印图案的添加。

12.3.3　制作漂亮的杂志封面

　　杂志封面设计是一本杂志的精髓所在，拿到一本杂志后，第一眼看到的是杂志封面。好看的杂志封面能够增加人们的阅读兴趣，提高杂志销量。右图所示的照片是为某杂志封面所拍摄，下面会根据杂志的内容，在这张照片中添加文字，制作出漂亮的时尚杂志封面效果。

步骤 01　输入杂志主标题文字

　　先在 Photoshop 中将这张人像照片打开，打开图像后首先要做的就是输入杂志的主标题文字，选择"直排文字工具"，在"字符"面板中设置主标题文字的字体、字号以及颜色等选项，设置好后将鼠标移至照片左上角位置，单击并输入文字。

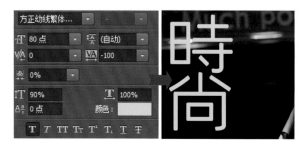

步骤 03　副标题文字的设置

　　完成主标题文字的设置后，接下来就是副标题文字的设置，选择"横排文字工具"，在"字符"面板中更改字体、字号以及字符颜色，然后在文字"时尚"旁边输入英文 BEAUTY，输入后同样运用"图层样式"对话框为文字添加投影效果，统一文字风格。

步骤 02　设置样式增强文字效果

　　为了让输入的文字更有立体感，可以为文字添加样式。执行"图层 > 图层样式 > 投影"菜单命令，打开"图层样式"对话框，在对话框中设置投影样式。为了突出文字，继续在"图层样式"对话框中设置"描边"样式，加粗文字效果。

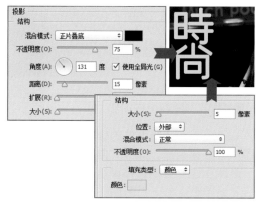

STEP 04　添加更多杂志内容

　　结合"横排文字工具"和"字符"面板，在照片两侧输入相关的杂志信息，添加杂志主要内容。最后选择"矩形工具"，在左下角的条码下方绘制白色矩形，完成杂志封面的设计。

第 13 章
照片的打印和色彩管理

完成照片的后期处理工作后，为了更直观地查看处理后的照片效果，可以将照片通过打印机打印出来。但如果在打印之前不进行色彩管理，则打印出来的片子可能跟预期的效果会有一定的差别。因此，在打印照片前，需要了解印前的色彩管理技术，并根据照片的实际需要设置相应的打印选项，更为出色地完成照片打印工作。

在本章中，主要介绍实用的照片后期输出技术，包括色彩管理和打印照片等知识。通过学习，读者能够了解为什么在打印时要进行色彩管理、如何设置打印选项等。

知识点提要

1. 色彩管理

2. 打印照片

13.1
色彩管理

　　Photoshop 可以对照片的色彩进行自由设计，让处理后的照片效果更加完美。但是，在打印照片的时候，如果不进行色彩管理，那么很可能导致打印出来的照片效果与显示器所显示的效果有偏差。下面就详细介绍如何使用色彩管理完成打印照片前的颜色管理工作。

13.1.1　由 Photoshop 决定打印颜色

　　一般情况下，在打印照片之前需要设置印前的色彩管理方式。如果有针对特定打印机、油墨和纸张组合的自定颜色配置文件，那么与让打印机管理颜色相比，让 Photoshop 管理颜色通常会得到更好的打印效果。要让 Photoshop 决定图像的打印颜色，可以利用"Photoshop 打印设置"对话框中的"色彩管理"选项组进行控制，即在"色彩管理"选项组的"颜色处理"下拉列表框中选择"Photoshop 管理颜色"选项，接着还可以在其下方指定打印方式和渲染方法等。

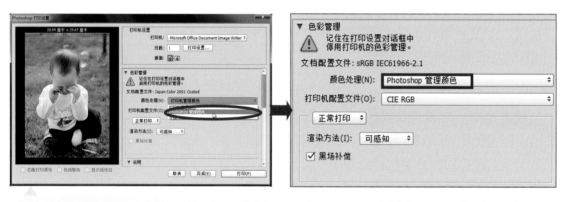

　　打开一张人像照片，执行"文件 > 打印"菜单命令，打开"Photoshop 打印设置"对话框。单击"色彩管理"前的三角按钮，展开"色彩管理"选项组；单击"颜色处理"下三角按钮，在展开的下拉列表中选择"Photoshop 管理颜色"选项；选择后下方的"打印机配置文件"选项被激活，可在其中指定打印机配置文件，如上图所示。

"色彩管理"选项组

- 颜色处理：用来指定是否使用色彩管理。如果使用，则需要指定是将其应用在应用程序中还是打印设备中。

- 打印机配置文件：只有在"颜色处理"下拉列表框中选择"Photoshop管理颜色"选项，才能启用此选项，它可选择适用于打印机和将要使用的纸张类型的配置文件。

- 正常打印 / 印刷校样：选择"正常打印"，可进行普通打印；选择"印刷校样"，可以打印印刷校样，即模拟文档在打印机上的输出效果。

- 渲染方法：指定 Photoshop 如何将颜色转换为目标色彩空间。选择"可感知"选项，可保留颜色之间的视觉关系，使人感觉更自然；选择"饱和度"选项，将尝试在降低颜色准确性的情况下生成逼真的颜色；选择"相对比色"选项，可比较源色彩空间与目标色彩空间的最大高光部分并相应地改变所有颜色，超出目标色彩空间的颜色会转换为目标色彩空间中可重现的、最相似的颜色，与"可感知"相比，选择该选项保留的图像原始颜色更多；选择"绝对比色"选项，可不改变位于目标色彩空间里的颜色，超出目标色彩空间的颜色将被剪切掉。

- 黑场补偿：勾选该复选框，将通过模拟输出设备的全部动态范围来保留图像中的阴影细节。

在"颜色处理"下拉列表框中选择"Photoshop 管理颜色"选项后，灰色的"匹配打印颜色""色域警告"和"显示纸张白"复选框会被激活。此时可以勾选其中一个或多个复选框，进行打印颜色的管理设置。如果勾选"匹配打印颜色"复选框，则可在预览区域中查看图像颜色的实际打印效果；如果勾选"色域警告"复选框，则会在图像中高亮显示溢色，具体取决于设置的打印机配置文件（色域是指颜色系统可以显示或打印的颜色范围，所以以 RGB 模式显示的颜色在当前的打印机配置文件中可能会出现溢色）；勾选"显示纸张白"复选框，则会将预览中的白色设置为选定的打印机配置文件中的纸张颜色，如果是在比白色带有更多浅褐色的灰白色纸张（如新闻纸或艺术纸）上进行打印，使用此选项可产生更加精确的打印预览。绝对的白色和黑色之间具有较强的对比度，纸张中的白色较少会降低图像的整体对比度，同时，灰白色纸张还会更改图像的整体色偏，所以在浅褐色纸张上打印的黄色会显得更接近褐色。

13.1.2 由打印机决定打印颜色

如果没有针对打印机和纸张类型的自定颜色配置文件，则可以让打印机驱动程序来处理颜色转换，或者在"颜色处理"下拉列表框中选择"打印机管理颜色"选项，选择该选项，将不能利用"黑场补偿"通过模拟输出设备的全部动态范围来保留图像中的阴影细节。

在右图中，单击"颜色处理"下三角按钮，在打开的下拉列表中选择"打印机管理颜色"选项，设置让打印机管理颜色。

13.1.3 打印印刷校样

为了能在打印前了解照片打印出来的效果，可在打印照片前打印印刷校样。印刷校样有时也称为校样打印或匹配打印，是对最终输出在印刷机上的印刷效果的打印模拟。校样图像有 3 种不

同的方式，一是传统校样方式，即打印底片，然后创建薄板校样；二是使用彩色打印机打印校样；三是使用屏幕显示校样，也被称为"软校样"。Photoshop 中提供的软校样功能的准确性，仅受所使用配置文件的准确性的限制。

在 Photoshop 中，软校样有一组自己的控件，它独立于"自定校样条件"对话框。这些控件允许用户准确地预览输出，无论输出文件是 RGB 模式还是 CMYK 模式。对于打印到 RGB 设备或用于输出照片的喷墨打印机来讲，这是一个极大的优势。同时，软校样对于打印 CMYK 的用户而言，也是一个重大的改进功能。用户可以在使用 RGB 的同时，将其软校样转换为 CMYK，并将它准确地显示于屏幕之上。例如，可以很快地查看同一张照片打印在不同纸张上是什么效果。

在 Photoshop 中，通过执行"窗口 > 排列 > 为'……'新建窗口"菜单命令，可在几个窗口中打开同一幅图像，并对每个窗口应用不同的软校样设置，这样可以看到同一幅图像在不同输出环境下的效果。应用此功能，在观察同一图像的多个软校样视图效果时，便于调整未校样的图像。

软校样只会更改当前文档窗口的屏幕显示结果，不会影响其他窗口或已存储的图像数据。在默认情况下，"校样颜色"的工作原理为先模拟从文档空间到工作中的 CMYK 转换，并在此过程中使用在"自定校样条件"对话框中指定的意图和黑场补偿设置进行处理，再使用相对应的颜色使其在显示器上得到更准确的还原。在 Photoshop 中，应用"校样设置"级联菜单中的命令，可以准确地控制"校样颜色"的显示结果。如果其中的某个菜单项代表了实际的输出条件，则可以选择该命令，进行印前的颜色校样。进行校样设置后，位于"视图"菜单中的"校样颜色"命令则为已选中状态。

如左图所示，选择并打开了用于打印的照片，执行"视图>校样设置>工作中的洋红版"菜单命令，可以看到在图像窗口中打开的照片是工作中的洋红版显示其效果。

默认的"校样设置"级联菜单中的输出条件并不一定匹配用户的输出条件，那么可以使用 Photoshop 中更为强大的颜色校样功能进行颜色校样。通过执行"视图>校样设置>自定"菜单命令，打开"自定校样条件"对话框，在其中允许单独控制从文档空间到校样空间、从校样空间到屏幕的渲染方式，并且能够准确地预览具有配置文件的、几乎任何种类的输出。

定义校样条件后，接下来就可以在"打印"对话框中选择以"印刷校样"的方式来对照片进行打印校样。在"色彩管理"选项组的下方选择"印刷校样"选项后，利用下方的"校样配置"和指定的校样配置文件进行校样，校样完成后单击"完成"按钮，就可以完成印前的打印校样。

"自定校样条件"对话框

选择"印刷校样"选项

"自定校样条件"对话框

- 自定校样条件：在此下拉列表框中允许用户调用存储在 Proofing 文件中的设置。
- 要模拟的设备：指定想要模拟的校样空间，可选择任何配置文件，但是如果选择输入配置文件，如扫描仪或数码相机的，则下面的"保留 CMYK 编号"复选框会显示为灰色。
- 保留颜色数：勾选该复选框时，Photoshop 将显示在不对文件实行颜色空间转换的情况下，将文件发送到输出设备时的效果。
- 渲染方法：指定从文档空间到校样空间的转换中所使用的渲染方法。
- 模拟纸张颜色：模拟颜色在模拟设备的纸张上的显示效果，使用此选项可生成最准确的校样，但它并不适用于所有配置文件。
- 模拟黑色油墨：对模拟设备的深色的亮度进行模拟，使用此选项可生成最准确的深色校样，但它并不适用于所有配置文件。

13.2
打印照片

　　掌握了 Photoshop 中打印前的色彩管理与打印校样知识后，就可以进行照片的打印了。在 Photoshop 中，要完成照片的打印工作，主要还是通过"Photoshop 打印设置"对话框进行设置，根据要打印的照片的大小、多少设置相应的打印选项，从而输出更满意的图像。

13.2.1　打印基础知识

　　无论是要将图像打印到桌面打印机，还是要将图像发送到印前设备，了解一些有关打印的基础知识都是很有必要的。这些基础知识会使打印作业更顺利，并且有助于确保完成的图像达到预期的效果。

1. 打印类型

　　对于多数 Photoshop 用户而言，打印文件就意味着将图像发送到输出设备。Photoshop 可以将图像发送到多种类型的打印设备，以便直接在纸上打印图像或将图像转换为胶片上的正片或负片图像。

2. 图像类型

　　最简单的图像在一个灰阶中只使用一种颜色，而较复杂的图像则具有不同的色调，因此打印类型对于图像的打印效果是非常重要的。

3. 分色

　　包含多种颜色的照片在打印的时候必须在单独的主印版上打印，一种颜色一个印版，这个过程就被称为分色。分色通常要求使用青色、洋红、黄色和黑色 4 种分色油墨。

4. 细节品质

　　打印图像中的细节取决于图像分辨率（每英寸的像素数）和打印机分辨率（每英寸的点数）。细节的好坏决定了图像的品质，多数 PostScript 激光打印机的分辨率为 600dpi，PostScript 激光照排机的分辨率为 1200dpi 或更高，而喷墨打印机则具有 300dpi 至 720dpi 之间的分辨率。

13.2.2　解析桌面打印

　　对于大多数人来讲，都会将图像打印到桌面打印机，如喷墨打印机、染色升华打印机或激光打印机，而并不会打印到照排机，除非是在商业印刷公司。由于显示器使用光显示图像，而桌面打印机则使用油墨、染料或颜料重现图像，所以，桌面打印机无法重现显示器上显示的所有颜色。也正是因为这个原因，可以在工作流程中采用色彩管理系统等管理打印颜色，并且在将图像打印到桌面打印机时就可以实现预期效果。在处理想要打印的图像时，要注意以下几点内容。

1. 印前屏幕校色

　　要在打印出的页面上精确地重现屏幕颜色，则必须在工作流程中结合色彩管理过程，使用经过校准并确定其特性的显示器，确保打印出来的图像与显示的颜色相接近。

2. "校样颜色" 预览颜色

　　在打印到任何有配置文件的设备时，如果要预览图像，都需要使用"校样颜色"命令。

3. 直接采用 RGB 模式打印

　　如果被打印的图像是 RGB 模式的，则在打印到桌面打印机时不需要将文档转换为 CMYK 模式，因为桌面打印机通常被配置为接受 RGB 数据，并使用内部软件转换为 CMYK。

13.2.3　打印图像

　　掌握了打印基础知识和桌面打印基础知识，下面就可以进行照片的打印工作。在

Photoshop 中如果要打印照片，可以使用"打印"命令来实现。利用"打印"命令可以在打开的
"Photoshop 打印设置"对话框中对打印的相关选项进行设置，以此来控制图像的打印效果。在
"Photoshop 打印设置"对话框中可以完成大部分的打印设置，根据要打印的画面效果决定打印
选项的调整。

执行"文件>打印"菜单命令，打开
"Photoshop 打印设置"对话框，如右图
所示。在该对话框中可以预览打印作业
并选择打印机、打印份数、文档方向、
输出选项等。

"Photoshop 打印设置"对话框

- ⊙ 位置和大小：此选项组用于设置图像在画面中的位置。
- ⊙ 打印标记：此选项组用于指定在页面中显示哪些打印标记，每勾选一个复选框，就会在画面中添加
  一个对应的打印标记。若单击"编辑"按钮，则会打开"编辑说明"对话框，在其中可为标记添加
  说明信息。
- ⊙ 函数：包括"背景""边界"和"出血"等按钮，分别用于设置打印背景颜色、边界以及出血效果。
  单击其中一个按钮后，即可打开相应的选项设置对话框。

1. 设置打印机选项

在"Photoshop 打印设置"对话框的"打印机设置"选项组中，可以选择用于打印图像的打
印机和要打印的份数，也可以单击该选项组中的"打印设置"按钮来开启更高级的打印设置功能，
调整打印机上的相关设置，并通过选择相应的打印机驱动程序来打印照片。

左图中，在"Photoshop 打印设置"对
话框中单击右上角的"打印设置"按钮，
弹出新的对话框，"页面"选项卡下可
设置打印页面大小、打印方向，"高级"
选项卡下则可以设置打印文件的输出格
式和输出目录等。

2. 定位和缩放图像

Photoshop 中，图像的基准输出大小是由"图像大小"对话框中的文档大小决定的。当在"Photoshop 打印设置"对话框中调整并缩放图像时，只会更改所打印图像的大小和分辨率，而不会影响照片实际的大小和分辨率。例如，在"Photoshop 打印设置"对话框中将 72ppi 图像缩放到 50%，则图像将按 144ppi 打印，此时打开"图像大小"对话框，会发现对话框中所显示的文档大小没有发生任何变化。在"Photoshop 打印设置"对话框中，利用"位置和大小"选项组可调整图像的位置和缩放比例，即控制被打印照片位于纸张的位置。

如右图所示，默认情况下，用于打印的图像会以"居中"的方式显示，此时会发现照片两侧的部分图像位于打印纸张外，所以勾选"缩放以适合介质"复选框，调整图像在纸张中的位置，设置后发现照片完整地显示到了默认的纸张中间。

"位置和大小"选项组

- 位置：勾选"居中"复选框，可以将图像定位于可打印区域的中心；取消勾选，则可在"顶"和"左"选项中输入数值，定位图像。

- 缩放后的打印尺寸：勾选"缩放以适合介质"复选框，可自动缩放图像至适合纸张的可打印区域；如果取消勾选，则可在"缩放"选项中输入图像的缩放比例，或者在"高度"和"宽度"选项中输入图像的尺寸。

- 打印选定区域：勾选该复选框，可以启用对话框中的裁剪控制功能，此时可调整定界框来移动或缩放图像。

13.2.4　局部打印的意义

Photoshop 中提供了局部打印功能，可以对图像中指定的区域应用"打印"操作。如果需要打印照片中的部分内容，可以先使用"矩形选框工具"选择要打印的部分，再执行"打印"命令，在"Photoshop 打印设置"对话框中启用"打印选定区域"，选择打印指定的区域；也可以直接在"Photoshop 打印设置"对话框中先启用"打印选定区域"，然后拖动预览框外的 4 个三角滑块，指定要用于打印的图像内容。

如右图所示，运用"矩形选框工具"选择照片中人物的面部区域，执行"文件 > 打印"菜单命令，打开"Photoshop 打印设置"对话框，勾选"打印选定区域"复选框，此时可看到位于选区外的图像显示为灰色半透明的蒙版效果，表示打印时这些区域不会被打印出来。

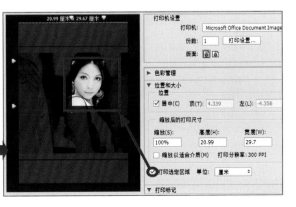

第 14 章 人像照片的精修与处理

　　对于人像照片的拍摄，即使是最专业的摄影师，也会因为模特自身的原因，使拍摄出来的照片并不是那么完美。因此，如果照片的效果不好的话，就需要对其进行必要的处理，通过修复照片中人物皮肤的瑕疵、身材缺陷，使照片中的人物完美无瑕。除此之外，在处理人像照片时，为了得到更加漂亮的画面效果，通常还会对照片的色彩进行装饰和美化，最后得到较为满意的艺术效果。

　　在本章中，主要介绍人像照片处理的常用技法以及少女、儿童、情侣等不同的人像照片的处理过程和方法。通过学习，读者可掌握人像照片的处理全流程。

知识点提要

1. 人像照片精修常用技法

2. 恬静的动人少女

3. 纯真童颜

4. 情侣的甜蜜瞬间

5. 唯美温馨的婚纱照片

14.1
人像照片精修常用技法

人物是目前最为流行的拍摄题材之一。与其他类别的照片相比，人像照片在后期处理时有其独特的处理技法，常见的人像照片处理技法主要包括去斑、去痘、磨皮、美妆、修型等。本节将通过选择一些典型的人像照片讲解基本的人像处理技法。

14.1.1　美颜去斑

对于爱美者来说，都是不希望脸上有斑的。如果脸上有明显的斑点瑕疵，则可以通过后期处理，运用 Photoshop 中的一种或多种图像修复工具加以去除，使处理后的照片中人物的皮肤变得更加干净。

素　材：	本书下载资源＼素材＼14＼01.jpg
源文件：	本书下载资源＼源文件＼14＼美颜去斑 .psd

步骤 01　单击快速去斑

打开素材文件，按快捷键 Ctrl++，将打开的照片放大显示，会看到少女脸上出现的细小色斑。选择快速去斑工具"污点修复画笔工具"，将鼠标移至面部的斑点位置单击，即可将鼠标单击位置处的斑点去掉。

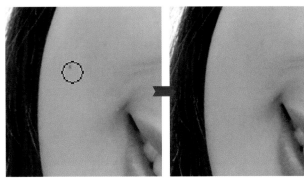

步骤 02　继续人像照片的去斑处理

将鼠标移至其他斑点位置，根据斑点的大小，按键盘中的 [键或] 键，调整画笔笔触大小，将画笔笔触大小设置为比斑点稍大一点后，继续在斑点位置单击，完成照片中更多斑点瑕疵的修复，使照片中人物的面部皮肤显得更为干净。

14.1.2 人像磨皮

拥有白皙光滑的皮肤是每个女生毕生的梦想，然而在现实生活中，由于种种原因，并不是每个女生都能够如愿。在处理人像照片时，为了让照片中人物的皮肤恢复婴儿般的细腻效果，可以运用 Photoshop 对人物进行磨皮。磨皮是众多影楼、工作室人像修片最常用的手法，通过磨皮可以隐藏皮肤上的斑点以及细纹，使皮肤看起来更加光滑。

素　材：	本书下载资源 \ 素材 \ 14 \ 02.jpg
源文件：	本书下载资源 \ 源文件 \ 14 \ 人像磨皮 .psd

步骤 01 设置"表面模糊"滤镜模糊图像

打开素材文件，先把"背景"图层复制，执行"滤镜 > 模糊 > 表面模糊"菜单命令，打开"表面模糊"对话框，在对话框中设置选项，通过上方的预览框查看设置后的效果，确认后返回图像窗口，看到人物的皮肤显得更光滑了。

步骤 02 设置"蒙尘与划痕"滤镜模糊图像

经过上一步操作后，发现额头和鼻翼两侧还是有很多的皮肤肌理，因此需要再一次磨皮。为了让磨皮后的肌肤更光滑，执行"滤镜 > 杂色 > 蒙尘与划痕"菜单命令，在打开的对话框中设置选项，经过处理后发现人物的皮肤已经变得很光滑了。

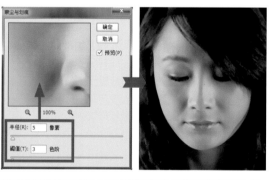

步骤 03 编辑蒙版对皮肤应用磨皮效果

由于人像照片的磨皮是针对皮肤，而前面的操作是对整个图像应用滤镜效果，所以接下来可以为"背景 拷贝"图层添加蒙版，并将蒙版填充为黑色，然后选择"画笔工具"，在其选项栏中对画笔、不透明度进行设置，用白色的画笔在皮肤位置涂抹，显示出光滑的皮肤部分。

14.1.3 发丝的快速选取与调整

人像照片中，经常需要对人物的发色或发型进行调整与美化处理。在 Photoshop 中，如果要编辑或调整头发，则需要运用选择工具把要处理的头发及发丝完整地选取出来，然后利用其他工具对选择的头发部分进行编辑，打造不同的发型或发色效果。

素　材：	本书下载资源＼素材＼14＼03.jpg
源文件：	本书下载资源＼源文件＼14＼发丝的快速选取与调整.psd

步骤 01 设置并扩展选择范围

打开素材文件，观察图像发现头发颜色与背景颜色反差较大，所以可以根据颜色来选择图像。执行"选择 > 色彩范围"菜单命令，打开"色彩范围"对话框，在对话框中先用"吸管工具"在头发位置单击，单击后发现头发中间还有黑色，因此单击"添加到取样"按钮，继续在头发中间位置单击，扩大选择范围。

步骤 02 调整选择范围

用"添加到取样"吸管连续单击后，发现更多的背景被添加到选择范围之中，所以单击"从取样中减去"按钮，在背景中适当单击，调整选择范围。

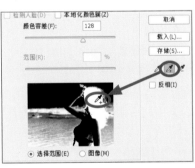

步骤 03 用"快速选择工具"调整选区

确认选择范围后，创建选区，在选区中还是选中了一部分背景图像。因此，选择"快速选择工具"，单击"从选区减去"按钮，在不需要选择的背景选区位置单击，减去选区，选中头发区域。

步骤 04 更改选区内的头发颜色

为了呈现不一样的发色效果，创建"色相/饱和度"和"色阶"调整图层，对选区内的头发进行调整，设置后将人物原来偏黑的头发颜色更改为暗红色效果。

14.1.4 精致妆容的处理

妆容修饰与美化设置是人像照片后期处理的又一技法。通过选择照片中人物的眼影、嘴唇等不同的区域，然后结合 Photoshop 中的调整功能，对选择区域内图像的明暗、色彩等进行调整，打造出更符合人物气质特点的精致妆容效果。

素 材：	本书下载资源＼素材＼14＼04.jpg
源文件：	本书下载资源＼源文件＼14＼精致的妆容处理.psd

步骤 01 设置"色相/饱和度"改变眼影颜色

打开素材文件，先对人物的眼妆进行处理，用"套索工具"选取眼睛上方的眼影部分，创建"色相/饱和度"调整图层，并在"属性"面板中更改"色相"和"饱和度"值，将眼影颜色设置为咖啡色。

步骤 02 调整"曲线"突出眼影

为了突出新的眼影颜色，按住 Ctrl 键单击"色相/饱和度 1"图层蒙版，再次载入相同的眼影选区，创建"曲线 1"调整图层，在打开的"属性"面板中向下拖动曲线，降低选区内的图像颜色，增强对比，突出眼影色彩。

步骤 03 设置"色相/饱和度"加深唇色

对唇色进行调整，创建"色相/饱和度 2"调整图层，并在"属性"面板中调整"色相"和"饱和度"，使色彩暗淡的嘴唇变得鲜艳起来。由于此处只需要对嘴唇的颜色进行设置，因此单击"色相/饱和度 2"图层蒙版，用黑色画笔在除嘴唇外的其他图像上涂抹，还原颜色。

步骤 04　填充颜色添加腮红

为了让照片中的人物更有精神，可以为人物添加淡淡的腮红效果。创建"颜色填充 1"调整图层，设置填充色为粉红色，混合模式为"色相"，设置后将图层填充为黑色，调整画笔选项，用白色画笔在脸部单击，即添加了淡粉色的腮红效果，最后用画笔为人物添加纤长的睫毛，使眼睛显得更闪亮。

14.1.5　人型修饰

在后期处理过程中，只注重脸部的完美修饰是远远不够的。一幅好的人像作品中，如果拥有一张完美精致的脸，而身材不够匀称，也会使整张图片留有缺憾。在人们日常看到的人像照片中，人物的身材比例、骨骼轮廓，都有可能由于光影、角度、环境、硬件设施等诸多外在因素和人物自身条件等原因而造成不完美的现象，这时可以运用 Photoshop 中的"液化"功能来修整人物的身型。

素　材：	本书下载资源＼素材＼14＼05.jpg
源文件：	本书下载资源＼源文件＼14＼人型修饰 .psd

步骤 01　使用"褶皱工具"收细腰部

打开素材文件，先复制"背景"图层，再执行"滤镜 > 液化"菜单命令，打开"液化"对话框，放大图像看到人物的腰部较粗且有赘肉，选择"褶皱工具"，调整工具选项，在腰部单击，收缩腰部曲线。

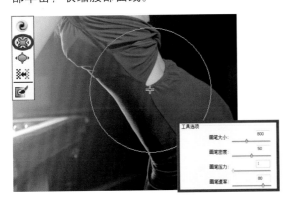

步骤 02　用"膨胀工具"设置丰胸效果

收细腰部后，为了让身材曲线更完美，选择"膨胀工具"，调整工具选项，继续在人物的胸部位置单击，使其胸部变得更丰满，最后适当运用"向前变形工具"对腰部进行细节的修整，单击"确定"按钮，得到完美的 S 形曲线身材。

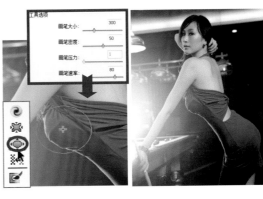

14.2
恬静的动人少女

为了留下自己青春最美好的回忆，很多女孩都喜欢拍摄一些漂亮的个人写真。这些写真照片不仅可以将少女们最完美的一面展现出来，而且还能将不同的气质特点突显出来。对于少女写真照片来说，在后期处理时需要根据人物的气质特点来控制作品的整体风格，通过修复照片中的瑕疵，美化肌肤，结合调整命令让画面的颜色更加柔美，彰显恬静温婉的气质。

素 材：	本书下载资源＼素材＼14＼06.orf
源文件：	本书下载资源＼源文件＼14＼恬静的动人少女.psd

原片问题分析：

01 少女肌肤上有痘痘
因为人物自身的原因，人物的皮肤位置有比较明显的痘痘，影响人物的气质。

02 少女皮肤不够白皙
画面整体偏暗，导致照片中少女的皮肤颜色偏红，显得不够白皙。

03 照片整体曝光不足
由于是在室内拍摄，曝光不足，导致画面整体偏暗。

后期处理技巧提炼：

（1）在 Camera Raw 中快速调整图像明暗和色彩，修复 RAW 照片的色调层次。

（2）利用"表面模糊"滤镜模糊图像，用"污点修复画笔工具"修复皮肤瑕疵，获得干净的肌肤效果。

（3）用"可选颜色"命令调整颜色，利用"色彩平衡"命令平衡照片色彩，设置"曲线"打造更柔和的色彩。

步骤 01　"自动"调整照片曝光

打开素材文件，单击 Camera Raw 窗口中的"自动"按钮，快速还原照片的曝光、明暗对比，设置后发现人物额头高光部分太亮了，因此将"白色"滑块向右拖动，调整至 24 时，可以看到照片更有层次感。

步骤 02　分离照片色彩

单击"分离色调"按钮，在"阴影"选项组中对色相和饱和度进行设置，加深阴影的蓝调，增强反差，突出中间的人物图像，再单击"打开图像"按钮，在 Photoshop 中打开图像，执行"图像 > 图像大小"菜单命令，调整较大的图像。

步骤 03　设置滤镜模糊图像

在 Photoshop 中对人物进行磨皮，复制图层将图层转换为智能图层，执行"滤镜 > 模糊 > 表面模糊"菜单命令，打开"表面模糊"对话框，将"半径"拖至 5，"阈值"拖至 5，此时可看到皮肤变得光滑起来，确认设置。由于这里只需要对皮肤进行处理，所以添加蒙版，用黑色画笔在皮肤以外的区域涂抹，还原其他部分图像的锐度。

步骤 04　去除皮肤瑕疵

按快捷键 Shift+Ctrl+Alt+E，盖印图层，将图像放大，可以看到人物皮肤上还有一些较明显的痘痘，在处理时需要将它们去掉。选择"污点修复画笔工具"，在痘痘位置单击，去除鼠标单击位置的痘痘，经过反复单击，获得更干净的肌肤效果。

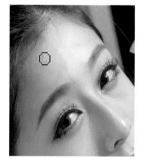

步骤 05　设置"可选颜色"选项

经过前面的设置，进行了磨皮和去瑕疵处理，修复了皮肤上的瑕疵，接下来就是照片的调色。先单击"调整"面板中的"可选颜色"按钮，创建"选取颜色 1"调整图层，并在"属性"面板中对"红色""黄色""中性色"和"白色"的颜色比进行设置，让人物的皮肤更有光泽度。

步骤 06 创建"色彩平衡"调整图层平衡颜色

　　单击"色彩平衡"按钮，创建"色彩平衡1"调整图层，在"属性"面板中设置"阴影"颜色为 +3、+6、+11，加深红色和蓝色，"高光"颜色为 +5、0、-6，加深红色和黄色，"中间调"颜色为 -7、0、+19，加深青色和蓝色，设置后可看到调整后的青蓝色调效果。

 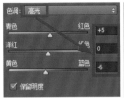 

步骤 07 设置"曲线"调整颜色

　　由于图像轻微偏暗，所以还需要对亮度进行调整。创建"曲线1"调整图层，打开"属性"面板，在面板中对红通道进行设置，向上拖动曲线，提高红通道图像亮度，再向下拖动蓝通道曲线，降低蓝色通道内的图像亮度，最后向上拖动 RGB 通道曲线，提高整体亮度，经过设置后画面颜色更加柔美。

步骤 08 用"色阶"增强对比

　　为了让图像的层次更加分明，再创建"色阶1"调整图层，在打开的"属性"面板中向右拖动黑色滑块，使暗部区域变得更暗，再向左拖动白色滑块，使亮部区域变得更亮，向右拖动灰色滑块，提高中间调部分亮度，设置后用黑色画笔涂抹额头高光位置，还原面部 T 形高光部分的亮度。

步骤 09 设置滤镜锐化图像

　　对图像的锐化进行调整，使图像更为清晰。按快捷键 Shift+Ctrl+Alt+E，盖印图层，执行"滤镜 > 锐化 >USM 锐化"菜单命令，在打开的对话框中对"数量"和"半径"进行设置，设置后单击"确定"按钮，锐化图像，添加蒙版，用黑色画笔涂抹皮肤部分，还原干净的肌肤。

14.3
纯真童颜

　　儿童是可爱的天使，他们或天真活泼，或调皮可爱，因此在拍摄的时候其动作和表情是非常重要的。而对于儿童照片的处理，需要着重突出小朋友粉粉嫩嫩的肌肤，通过对皮肤细节的修复与润色处理，并结合景深效果的运用，使画面中的小朋友更加可爱。

素　材：	本书下载资源＼素材＼14＼07.jpg
源文件：	本书下载资源＼源文件＼14＼纯真童颜.psd

原片问题分析：

01 小宝贝皮肤不够光滑

由于是在室内拍摄，没有对曝光进行精细的控制，导致照片中宝宝皮肤显得灰暗，不够白皙、光滑。

03 眼睛太小不够有神

照片中小宝贝的眼睛太小，显得不是很有神。

02 景深不强，主次关系不明显

拍摄时景深处理不是很理想，画面中主体人物与背景的层次关系不够突出。

后期处理技巧提炼：

　　（1）用"减少杂色"滤镜对照片进行磨皮，用"高斯模糊"滤镜模糊图像边缘部分，增强景深，突出中间的宝宝。

　　（2）利用"可选颜色"修复不均匀的皮肤颜色，再结合"曲线"和"色阶"微调画面色彩。

　　（3）用"液化"滤镜放大小朋友的眼睛，使人物的眼睛更有神。

步骤 01　用"减少杂色"滤镜进行磨皮

打开素材文件，观察图像会发现小宝宝的皮肤不够光滑，所以要先进行磨皮，复制"背景"图层，执行"滤镜 > 杂色 > 减少杂色"菜单命令，打开"减少杂色"对话框，在对话框中将"强度"设置为 9，以较高强度进行磨皮，再对其他参数作相应调整，设置后单击"确定"按钮。

步骤 02　编辑图层蒙版

由于磨皮主要是针对小宝宝的皮肤，所以再为"背景 拷贝"图层添加蒙版，用黑色画笔在除皮肤以外的区域涂抹，还原除皮肤外的其他区域的图像。

步骤 03　设置"高斯模糊"滤镜模糊图像

为了得到更为干净的皮肤效果，使用快捷键 Ctrl+Shift+E 盖印图层，再执行"滤镜 > 模糊 > 高斯模糊"菜单命令，打开"高斯模糊"对话框，将"半径"滑块拖至 8，得到更为模糊的画面。

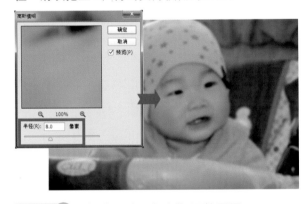

步骤 04　编辑蒙版控制模糊范围

在模糊图像时，由于主体对象不需要模糊，所以为"图层 1"图层添加蒙版，设置前景色为黑色，用黑色画笔在小宝宝位置涂抹，还原清晰的主体人物，展现主次分明的画面效果。

步骤 05　创建"选取颜色"调整图层

观察图像发现，虽然皮肤变光滑了，但颜色并不是很均匀，感觉皮肤不够粉嫩，所以接下来就可调整颜色。创建"选取颜色 1"调整图层，在打开的"属性"面板中选择"中性色""黄色"和"红色"，对这 3 个颜色的颜色比进行调整，使宝宝肌肤颜色过渡均匀且自然。

步骤 06　编辑图层蒙版

　　由于前一步操作主要是针对皮肤进行润色，所以不需要对背景进行调整，因此单击"选取颜色 1"调整图层蒙版，设置前景色为黑色，用黑色画笔在除宝宝皮肤外的其他区域涂抹，还原图像颜色。

步骤 07　载入选区调整"可选颜色"

　　为了让宝宝皮肤颜色更加粉嫩，按住 Ctrl 键不放，单击"选取颜色 1"调整图层蒙版，载入皮肤选区，创建"选取颜色 2"调整图层，并在"属性"面板中选择"中性色"，对中性色调进行设置，使宝宝皮肤颜色更加红润。

步骤 08　设置"色阶"

　　对照片的明暗进行处理，创建"色阶 1"调整图层，在"属性"面板中向右拖动黑色滑块，使暗部区域变得更暗，向左拖动白色滑块，使亮部区域更亮，增强对比效果。

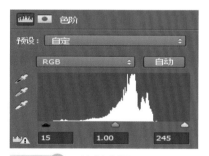

步骤 09　设置"曲线"调整颜色

　　创建"曲线 1"调整图层，打开"属性"面板，分别对 RGB 和蓝通道曲线进行设置，调整曲线的形状，增强对比效果。

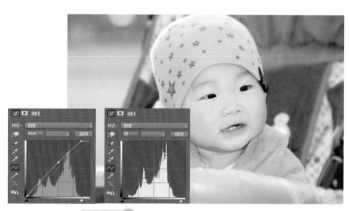

步骤 10　绘制选区

　　盖印图层，由于这张照片中小朋友的眼睛看起来太小了，所以需要打造闪亮的眼睛效果。执行"滤镜 > 液化"菜单命令，打开"液化"对话框，单击"膨胀工具"按钮，调整工具选项，然后在小朋友的左眼位置单击。

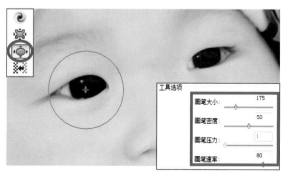

步骤 11　编辑图层蒙版

　　调整画笔笔触大小，然后将鼠标移到右眼位置，继续单击鼠标，对小朋友的右眼进行调整，放大眼睛，打造更为传神的眼睛效果，最后使用"USM 锐化"滤镜锐化图像，完成照片的处理。

14.4
情侣的甜蜜瞬间

情侣之间常常会显得特别亲密，在拍摄时需要将情侣之间的亲密感通过不同的取景构图突显出来。同时，在后期处理时，可以根据照片的特点，先对照片中的人物进行美化，刻画人物温馨、浪漫的面部表情，再通过运用 Photoshop 中的调整命令，调整照片的色彩和影调，对照片的色彩进行艺术化处理，使照片表现出浓浓的、复古的艺术气质。

素　材：	本书下载资源＼素材＼14＼08.jpg
源文件：	本书下载资源＼源文件＼14＼情侣的甜蜜瞬间.psd

原片问题分析：

01 锐度太低画面不清晰

由于光线不足，导致拍摄出来的照片锐化太低，画面中的人像模糊，不清晰。

02 玻璃上面杂物太多，看起来不够干净

因为拍摄时没有将玻璃表面清理干净，导致拍摄出来的画面看起来不够整洁。

03 画面偏色不自然

受到室内光线的影响，拍摄出来的照片颜色整体偏黄，人物面部皮肤颜色呈黄色。

后期处理技巧提炼：

（1）利用"高反差保留"滤镜锐化图像，设置图层混合模式提亮图像。

（2）结合"修补工具"和"仿制图章工具"去除玻璃表面的杂物。

（3）利用"可选颜色"命令调整暗部区域，用"渐变映射"命令增强色调，用"黑白"命令创建复古色调。

步骤 01 "高反差保留"滤镜锐化图像

打开素材文件，发现原图像锐化不够，图像略显模糊。因此先复制"背景"图层，创建"背景 拷贝"图层，将此图层混合模式设置为"叠加"，然后执行"滤镜 > 其他 > 高反差保留"菜单命令，在打开的对话框中设置"半径"为2.1，设置后可看到锐化了颜色反差较大的边缘，使人物的外形轮廓更为清晰。

步骤 02 更改图层混合模式

盖印图层，将盖印的"图层 1"图层混合模式设置为"滤色"，然后添加蒙版，用画笔编辑蒙版，修复较亮的部分。

步骤 04 创建并拖曳选区

设置后发现，虽然人物皮肤没有太大问题了，但是窗户玻璃上还有一些多余的文字，因此盖印图层，选择"修补工具"，创建选区并拖曳选区内的图像。

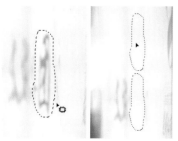

步骤 03 "表面模糊"滤镜模糊图像

虽然图像没有白天拍摄时那么清晰，但是仔细观察还是可以发现人物脸部有痘痘，因此需要通过磨皮的方式把它去掉。按快捷键 Shift+Ctrl+Alt+E，盖印图层，创建"图层 2"图层，用"表面模糊"滤镜进行磨皮，然后为"图层 2"图层添加蒙版，在皮肤外的位置涂抹，还原其他图像的清晰度。

步骤 05 继续修复图像瑕疵

继续使用"修补工具"对玻璃上面的瑕疵进行修复，修复后为了使修复的图像更加自然，可以结合"仿制图章工具"对图像作进一步修整，得到更加干净的画面效果。

步骤 06 设置"可选颜色"

对画面进行颜色调整，先对高光和暗部进行处理，创建"选取颜色 1"调整图层，在打开的"属性"面板中分别选择"中性色""白色"和"黑色"，然后对这 3 个颜色的油墨比进行调整。

步骤 07　载入渐变调整颜色

创建"渐变映射1"调整图层,向"渐变映射"拾色器中载入"照片色调"预设渐变,单击面板中的"硒1"预设渐变,然后将混合模式设置为"柔光"。

步骤 09　设置"黑白"效果

新建"黑白1"调整图层,打开"属性"面板,勾选"色调"复选框,其他参数不变,将图像转换为单色调效果,返回"图层"面板,将图层混合模式设置为"柔光","不透明度"设为70%,增强画面的明暗反差。

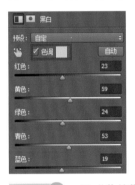

步骤 11　用"曲线"调整颜色

经过前面的处理,复古韵味并不是很强,因此创建"曲线1"调整图层,在打开的"属性"面板中对RGB、蓝、红色通道曲线进行设置,调整各通道的曲线,更改通道内的图像亮度,达到变换色调的目的,得到复古的蓝紫色调效果。

步骤 08　用"色相/饱和度"降低饱和度

为了使画面更有艺术感,可以将它调整为复古色调效果,创建"色相/饱和度1"调整图层,并在"属性"面板中向左拖动"饱和度"滑块,降低图像的饱和度,单击"色相/饱和度1"蒙版,用黑色画笔涂抹皮肤,还原皮肤的颜色。

步骤 10　设置"色彩平衡"

创建"色彩平衡1"调整图层,选择"中间调"色调,设置颜色为+7、-5、-4,加强红、黄色,再选择"阴影"色调,设置颜色为-2、0、0,加强红色。

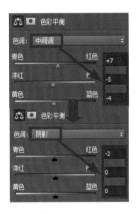

步骤 12　设置"色阶"增强对比

为了使照片更有感染力,最后可加强明暗对比。新建"色阶1"调整图层,在"属性"面板中向右拖动黑色滑块,使暗部区域变暗,向左拖动白色滑块,使亮部区域变亮,再向右拖动灰色滑块,提高中间调部分的亮度,经过设置增强了对比,得到了层次分明的画面效果。

14.5
唯美温馨的婚纱照片

　　每对新人在结婚前都会拍摄美美的婚纱照片，目前比较流行的婚纱照大多为清新、唯美风格。不管是什么风格的婚纱照片，在后期处理时都需要修复照片中的瑕疵，把新人最完美的一面表现出来，并且为了使照片更有特点，还需要对其影调进行调整，得到更加唯美、温馨的艺术婚纱照片效果。

素　材：	本书下载资源＼素材＼14＼09.jpg
源文件：	本书下载资源＼源文件＼14＼唯美温馨的婚纱照片.psd

原片问题分析：

01 皮肤不够光滑且颜色暗淡
小部分脸部皮肤不够光滑，同时面部皮肤颜色显得暗淡，没有光泽度。

02 汽车上有不自然的反光
由于受到光线和拍摄角度的影响，照片中汽车的反光镜和车身上有一些不自然的反光。

03 背景偏色且色彩单一
以大片的油菜花作为背景进行拍摄，照片颜色偏黄，给人的感觉是很没有层次感。

后期处理技巧提炼：

　　（1）用"表面模糊"滤镜模糊图像，用"仿制图章工具"修复不自然的反光。

　　（2）用"快速选择工具"选择皮肤图像，用"色阶"命令提亮肤色，用"可选颜色"调整肤色。

　　（3）利用"色相／饱和度"命令增强局部颜色，用颜色填充图层加深颜色，用"矩形选框工具"选择图像。

步骤 01　"表面模糊"滤镜模糊图像

打开素材文件，首先对人物进行磨皮。复制"背景"图层，创建"背景 拷贝"图层，将复制的图层转换为智能图层，执行"滤镜 > 模糊 > 表面模糊"菜单命令，在打开的"表面模糊"对话框中设置选项，模糊图像，然后添加蒙版，把除皮肤外的图像的清晰度还原。

步骤 02　"仿制图章工具"修复图像

放大图像，看到汽车上有明显的、不自然的反光，在处理时需要修复这些不自然的反光，修复前盖印图层。选择"仿制图章工具"，按住 Alt 键不放，在汽车上的干净位置单击取样，然后在反光位置涂抹，修复图像。

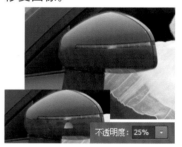

步骤 03　绘制并羽化选区

对照片进行调色，先对皮肤颜色进行设置。用"快速选择工具"选择皮肤部分，执行"选择 > 修改 > 羽化"菜单命令，打开"羽化选区"对话框，设置"羽化半径"为 2，羽化选区。

步骤 04　调整皮肤亮度

这里需要提高肌肤亮度，因此新建"色阶 1"调整图层，打开"属性"面板，在面板中向右拖动黑色滑块，向左拖动白色滑块，再向右拖动灰色滑块，提高皮肤亮度，让偏暗的皮肤颜色显得更有光泽感。

步骤 05　设置"可选颜色"

提亮图像后看到皮肤略显苍白，所以需要修改人物的气色。按住 Ctrl 键单击"色阶 1"图层蒙版，将人物皮肤载入选区，新建"选取颜色 1"调整图层，在打开的"属性"面板中选择"红色"和"黄色"，调整颜色的比值，设置后可看到苍白的肤色变得红润起来。

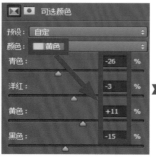

步骤 06　用"色阶"调整对比度

创建"色阶 2"调整图层，打开"属性"面板，在面板中向右拖动灰色滑块，提高中间调部分的图像亮度，再向左拖动白色滑块，提高高光部分的图像亮度，然后单击"色阶 1"图层蒙版，用黑色画笔涂抹婚纱部分，还原婚纱亮度。

小提示

更改选项设置

创建调整图层后，如果需要更改调整图层的选项值，则可单击"图层"面板中的调整图层缩览图，打开"属性"面板进行设置。

步骤 07　设置"色相/饱和度"调整颜色饱和度

由于此照片是在油菜花田中拍摄的，但是油菜花颜色看起来偏黄，所以创建"色相/饱和度"调整图层，并在"属性"面板中选择"黄色"选项，向右拖动"色相"滑块，削弱黄色，再向右拖动"饱和度"滑块，加强饱和度。

步骤 08　设置"颜色填充"增强绿色

新建"颜色填充 1"调整图层，设置填充色为 R110、G155、B114，再将图层混合模式更改为"叠加"，设置后可以看到绿油油的油菜花效果，单击"颜色填充 1"调整图层蒙版，用黑色画笔在人物及婚纱位置涂抹，还原纯白的婚纱颜色。

步骤 09　设置"可选颜色"增强黄绿色

新建"选取颜色 2"调整图层，打开"属性"面板，在面板中选择"红色"和"黄色"选项，对这两个颜色的颜色比进行调整，设置后可以看到画面中的油菜花背景更加唯美。

步骤 ⑩ 绘制并羽化选区

选择"矩形选框工具",在图像上半部分单击并拖动鼠标,绘制选区,执行"选择 > 修改 > 羽化"菜单命令,在打开的"羽化选区"对话框中设置选项,单击"确定"按钮,羽化选区。

步骤 ⑪ 用"曲线"提亮图像

为了让选区内的图像与下方的人物对比更强,创建"曲线 1"调整图层,并在"属性"面板中单击并向上拖动曲线,提高选区内的图像油菜花田的亮度,模拟自然的光晕效果,然后用黑色画笔适当涂抹,使图像的明暗过渡更自然。

步骤 ⑫ 更改图层混合模式

创建"颜色填充 2"调整图层,设置填充色为白色,然后在下半部分涂抹,隐藏填充颜色,将图层混合模式设置为"滤色","不透明度"设置为 43%,添加边框,输入文字,完成照片的处理。

第 15 章
风光照片的精修与艺术化调整

对于大多数摄影师来说，风光照片的拍摄虽然可以人为地避免一些外在因素的影响，但是面对变化莫测的大自然，要让拍摄到的照片完美无缺是非常难的。很多时候，照片的后期处理对于整个影像来讲也是至关重要的，恰当的后期处理可以让照片中的风景呈现出更加美丽的状态。

在本章中，主要介绍了风光照片处理的重要技法，并应用这些技法完成不同类别的风光照片的后期处理操作。

知识点提要

1. 风光照片处理常用技法

2. 一望无际的原野风光

3. 色彩绚丽的日落美景

4. 宏伟壮观的雪山

5. 层次分明的沙漠风光

15.1
风光照片处理常用技法

与人像照片相比，风光照片后期处理需要注意照片的构图、照片中是否有杂物、光线层次的表现等。在 Photoshop 中，可以将更多的工具和命令结合起来，实现风光照片的二次构图、光影层次快速调修等，使处理后的照片能够更准确地还原神奇的自然风光。

15.1.1 改变照片构图

在拍摄风景照片时，常常因为只顾抓住画面的主体而忽略了画面的构图，使拍摄出来的照片极其普通，缺乏视觉冲击力。对于拍摄出来的构图不理想的照片，可以在后期处理时对照片进行二次构图。以下面这张照片为例，为了突出波光粼粼的湖面，在处理时用"裁剪工具"裁剪照片，调整照片的构图效果。

素　材：	本书下载资源＼素材＼15＼01.jpg
源文件：	本书下载资源＼源文件＼15＼改变照片构图.psd

步骤 01　绘制裁剪框确定裁剪范围

打开素材文件，选择工具箱中的"裁剪工具"，取消已勾选的"删除裁剪的像素"复选框，保留并隐藏裁剪的图像，方便以后还能再调整，然后选择预设的裁剪选项"16：9"，在照片中间的山峰位置单击并拖动鼠标，绘制裁剪框。

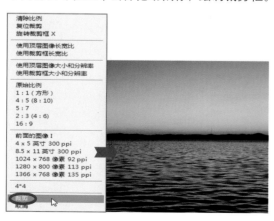

步骤 02　裁剪照片

创建裁剪框后，适当调整裁剪框的位置，将其移至要表现的最下方的湖面，右击裁剪框内的图像，在弹出的快捷菜单中执行"裁剪"菜单命令，裁剪图像，突出要表现的湖面效果。

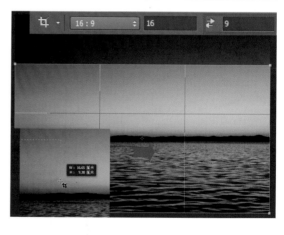

15.1.2　去除照片中的杂物

　　旅行途中拍摄的照片，难免会因为受到拍摄环境的影响，而在拍摄出来的照片中出现各式各样的杂物，其中最为常见的杂物就是电线、电线杆以及随时路过的游人等。以下面这张照片为例，可以看到照片中间位置有很多条电线，在处理这张照片时，首先要做的就是去除这些明显的电线，运用 Photoshop 中的修复类工具即可完成照片中杂物的去除。

素　材：	本书下载资源＼素材＼15＼02.jpg
源文件：	本书下载资源＼源文件＼15＼去除照片中的杂物.psd

步骤 01　用"污点修复画笔工具"涂抹

　　打开素材文件，按快捷键 Ctrl++，放大图像，可以看到照片中较明显的电线，处理时要把它们去掉。选择"污点修复画笔工具"，将鼠标移至图像中的电线所在位置，沿电线单击并拖动鼠标，去除多余的电线。

步骤 02　继续修复污点

　　按键盘中的 [或] 键，调整画笔笔触大小，选用"污点修复画笔工具"继续在其他电线所在位置单击并涂抹，以便去掉更多的电线，得到更为干净的画面效果。

步骤 03　仿制修复更多杂物

　　去除山峰及天空的电线后，发现在下半部分的草原上还有一些不太明显的电线及其他杂物，还需要继续加以修复。选择"仿制图章工具"，按住 Alt 键不放，先在干净的草地位置单击，取样图像，然后将鼠标移至电线、杂物位置，单击并涂抹，进行图像的修复工作。使用同样的方法去除更多杂物，完成照片的修复。

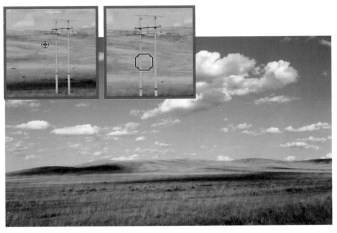

15.1.3　修复风光照片的光影层次

光赋予了画面丰富的细节，在风光照片中会通过不同的明暗影调来表现具有不同意境的美丽画面。对于照片中用光不准确或光影层次不完美的风光照片，在后期处理时可以通过结合多个明暗调整命令对照片中的各个部分进行调整，渲染不同的主题意境，提升风光照片的视觉效果。

素　材：	本书下载资源＼素材＼15＼03.jpg
源文件：	本书下载资源＼源文件＼15＼修复风光照片的光影层次.psd

步骤 01　设置"亮度/对比度"调整对比

打开素材文件，发现照片是灰蒙蒙的。创建"亮度/对比度 1"调整图层，并在"属性"面板中向右拖动"对比度"滑块，加强对比效果，然后向右拖动"亮度"滑块，把照片提亮。设置后发现天空的云朵部分太亮了，所以选择黑色画笔调整工具选项后在云朵上涂抹，还原其亮度。

步骤 02　通过"色阶"滑块调整各部分亮度

经过上一步操作后，画面看起来还是不够亮。创建"色阶 1"调整图层，在"属性"面板中向右拖动黑色滑块，使阴影部分变暗，再向左拖动灰色和白色滑块，让原本偏暗的中间调和高光部分变得更亮。由于设置后的天空及云层部分仍然出现了过曝的情况，所以用黑色画笔编辑"色阶 1"蒙版，修复曝光过度的部分。

步骤 03　用"曲线"进一步提升对比

为了增强对比度，创建"曲线 1"调整图层，在"属性"面板中的曲线上半部分单击，添加一个控制点，向下拖动控制点，降低高光部分的亮度，然后在左下角位置单击，再添加一个控制点，向下拖动该点，使图像阴影部分变得更暗。设置后不但增强了对比，还让照片的颜色看起来更为鲜艳。

15.1.4 风光照片中的色彩处理

风光照片中不同的色彩会带给人不同的感受。在处理风景类照片时，为了得到更出彩的影像效果，可以使用 Photoshop 中的色彩调整功能，对照片的颜色进行处理，根据要表现的景色进行创意性设计，得到更为绚丽的画面效果。

素 材：	本书下载资源＼素材＼15\04.jpg
源文件：	本书下载资源＼源文件＼15＼风光照片中的色彩处理 .psd

步骤 01 设置"渐变映射"增强色彩

打开素材文件，发现光线色彩不是很绚丽，不足以呈现晚霞之美，需要增强其色彩。单击"调整"面板中的"渐变映射"按钮，创建"渐变映射 1"调整图层，先把混合模式设置为"叠加"，"不透明度"设置为 85%，将设置的渐变色叠加于画面，然后在"渐变"选取器中单击"紫，橙渐变"，设置后可以看到画面的颜色得到了增强。

步骤 02 设置"曲线"降低阴影亮度

为了增强高光部分的霞光效果，执行"选择 > 色彩范围"菜单命令，在打开对话框的"选择"下拉列表框中选择"阴影"选项，选择画面中的阴影部分，然后创建"曲线 1"调整图层，这里要突出亮部区域，所以向下拖动曲线，降低选择的阴影部分的亮度，这样就达到了突出霞光的目的。

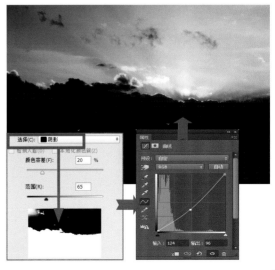

15.2
一望无际的原野风光

辽阔的草原风光是许多摄影爱好者热衷的拍摄题材。为了表现草原辽阔的特点，摄影师拍摄时大多会选择广角镜头拍摄，这样就会将一些不必要的元素纳入到画面中。面对这样的情况，在后期处理的时候，可以通过调整照片的构图，将画面中多余的部分删除，再通过影调、色彩的调整，为观者呈现视野更宽广、透视感更强的草原风情。

素 材：	本书下载资源＼素材＼15＼05.jpg
源文件：	本书下载资源＼源文件＼15＼一望无际的原野风光 .psd

原片问题分析：

01 照片倾斜构图不理想
拍摄时因为拍摄角度问题，致使拍摄出来的照片倾斜，图像的构图效果不理想。

03 图像曝光不足颜色暗淡
画面希望展现一望无际的草原风光，但是因为光线不足，图像整体偏暗，暗部细节不清晰，且色彩整体饱和度偏低，色彩暗淡。

02 照片中有很多杂乱景物
由于这张照片是在旅游景点拍摄的，所以画面中出现了很多多余的游人，使图像看起来稍显零乱。

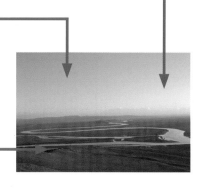

后期处理技巧提炼：

（1）用"裁剪工具"中的"拉直"功能裁剪并校正倾斜照片。

（2）用"修补工具"去除照片中多余的人物，还原干净的画面。

（3）用"色阶"和"曲线"调整图像亮度，用"自然饱和度"和"饱和度"增强照片的色彩鲜艳度。

步骤 01　裁剪校正倾斜照片

打开素材文件，发现原素材照片是倾斜的，所以首先需要将它校正。选择"裁剪工具"，沿图像边缘单击并拖动鼠标，绘制一个同等大小的裁剪框，再单击"拉直"按钮，沿水平线单击并拖动鼠标，绘制水平参考线，释放鼠标后将自动旋转裁剪框。

步骤 02　提交裁剪操作

单击"裁剪工具"选项栏中的"提交当前裁剪操作"按钮，完成裁剪，校正了倾斜的图像。此时原"背景"图层变为"图层 0"图层。

步骤 03　"仿制图章工具"修补杂物

按快捷键 Ctrl++，放大图像，发现草原上有很多影响画面整体效果的杂物。将"图层 0"图层复制，选择"仿制图章工具"，按住 Alt 键在干净的草地位置单击取样，然后在多余的杂物位置单击，去掉该位置的杂物。使用"仿制图章工具"连续取样并涂抹，去除杂物，得到干净的画面效果。

步骤 04　快速选择天空

去除多余杂物后，对照片的明暗进行设置。先用"快速选择工具"选择天空部分，执行"选择>修改>羽化"菜单命令，打开"羽化选区"对话框，在对话框中设置选项，对选区进行羽化处理。

步骤 05　设置"色阶"增强对比

为了突出天空的层次感，创建"色阶 1"调整图层，在"属性"面板中向右拖动黑色滑块和灰色滑块，向左拖动白色滑块，降低阴影和中间调部分的亮度，提高高光部分的亮度。

步骤 06 **设置"色阶"调整草地明暗**

完成天空部分的调整后，需要对下半部分的草原进行明暗调整。创建"色阶2"调整图层，在打开的"属性"面板中向右拖动黑色滑块，使阴影部分变得更暗，再向左拖动灰色和白色滑块，使中间调和阴影部分变得更亮。由于此处是要对草地进行调整，所以选择"渐变工具"，在"色阶2"调整图层蒙版中从上往下拖动黑色到白色渐变，还原天空部分的亮度。

步骤 07 **调整"曲线"**

为了进一步加强对比，按住 Ctrl 键不放，单击"色阶2"调整图层蒙版，载入蒙版选区，创建"曲线1"调整图层，用曲线调整图像。

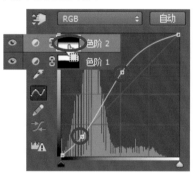

步骤 08 **设置"自然饱和度"提高颜色鲜艳度**

完成明暗调整后，对照片的颜色进行修整。创建"自然饱和度1"调整图层，并在打开的"属性"面板中设置选项，设置后可看到照片的颜色饱和度得到了提高。

步骤 09 **设置"色相/饱和度"增强指定色彩**

创建"色相/饱和度1"调整图层，在打开的"属性"面板中对"全图"和"红色"的饱和度和色相进行设置，设置后可以看到画面中的颜色层次更加突出。

步骤 10 **设置"渐变映射"渲染氛围**

为了渲染日出氛围，新建"渐变映射1"调整图层，并在"属性"面板中选择"紫，橙渐变"，打开"图层"面板，选择"渐变映射1"调整图层，将图层混合模式设置为"柔光"，"不透明度"设置为25%，完成照片的调整。

15.3
色彩绚丽的日落美景

在日出日落时分，天空中的云霞因受到太阳光线的影响，呈现出绚丽的色彩。由于云霞会随着时间、光线强弱的影响而发生变化，所以要想得到漂亮的日出或日落美景，往往需要在后期处理时对照片进行美化，通过调整照片构图、增强照片色彩的方式，使照片表现出更温暖的感觉。

素　材：	本书下载资源＼素材＼15＼06.jpg
源文件：	本书下载资源＼源文件＼15＼色彩绚丽的日落美景 .psd

原片问题分析：

01 沙滩中有很多杂物

画面中的沙滩上出现了小船等影响图像品质的杂物，会给人造成主体不明确的感觉。

03 晚霞的色彩不够绚丽

位于照片中间部分的霞光的色彩饱和度不够，不能展现出绚丽的晚霞之美。

02 霞光与周围环境反差太弱

这张照片想要表现的是日落时分的晚霞，但是因为对比不强，导致照片中的霞光部分不是很突出。

后期处理技巧提炼：

（1）用"裁剪工具"去掉杂物，调整构图，用"修补工具"修复照片中更多的杂物。

（2）用"渐变映射"增强图像色彩，用"渐变填充"突出霞光色彩。

（3）用 Camera Raw 滤镜添加晕影，用"亮度/对比度"命令调整对比，展现对比强烈的日落美景。

步骤 01 用"裁剪工具"调整构图

打开素材文件，先对照片的构图进行调整，这张照片想要设置为经典的三角形构图效果。选择"裁剪工具"，在其选项栏中设置"叠加选项"为"三角形"，然后绘制裁剪框，将小草亭置于分割点位置。

步骤 03 查看修补效果

继续使用"修补工具"选取照片下方的其他杂物，然后将其拖至干净的图像上，释放鼠标，完成更多图像的修补工作，得到干净的沙滩效果。

步骤 02 "修补工具"去除照片杂物

按 Enter 键裁剪照片，发现照片中的沙滩上还有一些杂物。选择"修补工具"，在杂物位置单击并拖动鼠标，绘制选区，然后把选区拖到干净的沙滩位置，释放鼠标，修补图像。

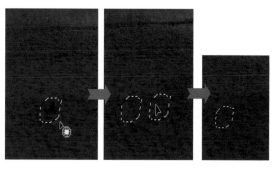

步骤 04 设置"渐变映射"增强晚霞色彩

为了增强霞光的颜色鲜艳度，创建"渐变映射1"调整图层，在其"属性"面板中打开"渐变"选取器，单击"紫,橙渐变"，然后在"图层"面板中将"渐变映射1"图层的混合模式设为"柔光"，"不透明度"设为75%，增强紫色和橙色，打造更温暖的日落风光。

步骤 05 复制图层加强色彩

按快捷键 Ctrl+J，复制"渐变映射1"调整图层，得到"渐变映射1拷贝"图层，将该图层的"不透明度"降低为32%，设置后增强了日落氛围。

步骤 06　编辑蒙版控制颜色映射范围

这里只需增强中间部分的霞光色彩，因此单击"渐变映射 1 拷贝"图层，选择"矩形选框工具"，将"羽化"值设置为 200 像素，沿图像边缘单击并拖动鼠标，创建选区，反选选区，选中边缘部分，将前景色设置为黑色，按两次快捷键 Alt+Delete，将选区填充为黑色，隐藏渐变映射颜色。

步骤 07　绘制并羽化选区

选择"矩形选框工具"，将"羽化"值调整为 0 像素，在中间色彩较为绚丽的霞光部分单击并拖动鼠标，创建选区，执行"选择 > 修改 > 羽化"菜单命令，羽化选区，选择图像。

步骤 08　为选区填充渐变颜色

为了使选区内的晚霞色彩更为绚丽，单击"图层"面板中的"创建新的填充或调整图层"按钮 ，在弹出的菜单中执行"渐变"菜单命令，打开"渐变填充"对话框，再次选择"紫，橙渐变"，然后将渐变"样式"设置为"线性"，"角度"设置为 90°，单击"确定"按钮，创建"渐变填充 1"调整图层，将该图层的混合模式设置为"柔光"。

步骤 09　设置镜头晕影效果

为照片添加晕影，增强层次，盖印图层。执行"滤镜 >Camera Raw 滤镜"菜单命令，打开 Camera Raw 对话框，在其"镜头校正"选项卡中设置选项，完成晕影的设置。

步骤 10　调整亮度和对比度

添加晕影后，发现中间的晚霞色彩变暗了。按住 Ctrl 键单击"渐变填充 1"调整图层蒙版，载入选区，创建"亮度 / 对比度 1"调整图层，调整亮度和对比度，提亮图像，增强对比效果。

15.4
宏伟壮观的雪山

蓝天下的雪山，常给人一种神圣、纯洁的感觉。但是在拍摄照片时，纯白的雪山容易因为曝光不合适而产生曝光不足或曝光过度的情况。以下图所示的照片为例，原图像曝光不足，整体偏灰。面对这样的情况时，需要先把较暗的图像提亮，然后对照片中各部分的颜色进行调整，得到更加宏伟壮观的雪山效果。

素　材：	本书下载资源＼素材＼15＼07.jpg
源文件：	本书下载资源＼源文件＼15＼宏伟壮观的雪山.psd

原片问题分析：

01 照片构图不完美

拍摄时不小心将雪山下方的一部分草地纳入了画面中，使图像构图不理想，影响了雪山主体效果。

03 雪山不清晰，显得模糊

照片中主要的表现对象是雪山，但是因为拍摄时设置不合理，导致拍摄出来的照片不是很清晰。

02 图像整体偏灰，没有层次感

因为受到环境光线的影响，画面整体偏灰，山峰及山峰上的冰雪层次太弱。

后期处理技巧提炼：

（1）用"裁剪工具"中的"拉直"工具校正、裁剪照片，用"高反差保留"滤镜锐化图像，突出雪山肌理。

（2）用"色阶"命令增强对比，用"曲线"命令调整局部影调。

（3）用"自然饱和度"增强色彩浓度，用"色彩范围"选择图像，用纯色填充颜色，突显皑皑白雪。

步骤 01　裁剪照片调整构图

打开素材文件，发现雪山下方还有一些草地，需要用"裁剪工具"对构图作调整。选择"裁剪工具"，在画面中单击并拖动鼠标，绘制裁剪框，将部分天空与下方草地从原图像中裁剪掉，保留主体雪山部分。

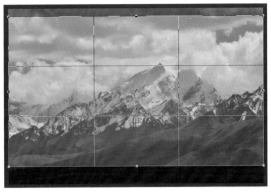

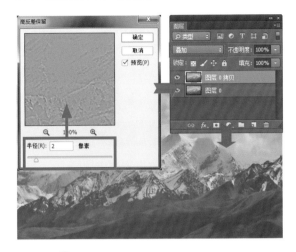

步骤 02　用"高反差保留"滤镜锐化图像

为了让雪山更清晰、更有层次感，复制"图层 0"图层，得到"图层 0 拷贝"图层。执行"滤镜 > 其他 > 高反差保留"菜单命令，在打开的对话框中将"半径"设置为 2，仅对颜色反差较大区域进行锐化，返回"图层"面板，将"图层 0 拷贝"图层的混合模式设为"叠加"，在图像窗口中即可看到清晰的雪山图像。

步骤 03　更改混合模式增强对比

锐化图像后，按快捷键 Shift+Ctrl+Alt+E，盖印图层。由于原图像看起来偏灰，层次感太弱，所以把盖印的"图层 1"图层的混合模式设置为"叠加"，增强色彩。设置后发现颜色太深，因此把"不透明度"降至 76%。

步骤 04　设置"色阶"

为了进一步加强对比效果，单击"调整"面板中的"色阶"按钮，新建"色阶 1"调整图层，在"属性"面板中将灰色滑块向右拖动，使阴影图像变得更暗，再向右拖动白色滑块，使高光图像变得更亮。设置后发现天空中的部分云层太亮了，用黑色画笔在太亮的位置涂抹，还原图像亮度。

步骤 05　绘制并羽化选区

经过上一步操作，发现下方山峰部分的暗部细节不清晰。用"矩形选框工具"选择这部分图像，然后执行"选择 > 修改 > 羽化"菜单命令，设置"羽化半径"为 200，创建柔和的选区。

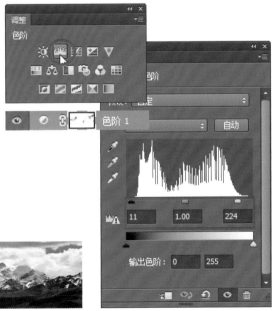

步骤 06 设置"曲线"

新建"曲线 1"调整图层，打开"属性"面板，这里需要提亮图像，所以在曲线上添加两个控制点，拖动曲线，更改其形状，提高图像的亮度，加强对比效果，清晰地显示山峰轮廓。

步骤 07 调整颜色饱和度

为了使山峰颜色呈现更唯美的蓝调，新建"自然饱和度 1"调整图层，打开"属性"面板，向右拖动"自然饱和度"和"饱和度"滑块，增强饱和度，得到颜色更饱满的图像。

步骤 08 用"色彩范围"选择图像

调整图像的颜色后发现雪山和云朵的颜色还是不够白，单击"图层 1"图层，执行"选择 > 色彩范围"菜单命令，打开"色彩范围"对话框，用"吸管工具"在白雪位置单击，取样颜色，选择画面中的云朵及白雪。

步骤 09 设置"曲线"提亮图像

为了让选择的图像变得更加雪白，在最上层创建"曲线 2"调整图层，打开"属性"面板，单击并向上拖动曲线，提高选区内的图像亮度，使天空和白雪变得更加明亮。

步骤 10 用纯色填充图像

调整亮度后发现部分云层轻微曝光过度，因此选用黑色画笔在较亮的云朵位置涂抹，还原图像的亮度，然后按住 Ctrl 键单击"曲线 2"调整图层蒙版，创建"颜色填充 1"调整图层，将填充色设置为白色，并将图层的"不透明度"设置为65%，继续使用黑色画笔在云朵位置涂抹，修复偏白的云层，得到更加漂亮的雪景照片效果。

15.5
层次分明的沙漠风光

　　沙漠以其强烈的明暗反差、绚丽的色彩而受到众多摄影爱好者的喜爱，但是很多拍摄出来的照片并不能将大气磅礴的沙漠美景呈现出来，因此在后期处理时，可以利用 Photoshop 中的"曲线""色阶"等命令对沙漠照片的明暗进行调整，呈现明暗分明的沙脊，然后使用"色相 / 饱和度"命令对图像的颜色进行美化，表现连绵起伏的沙丘效果。

素　材：	本书下载资源＼素材＼15\08.jpg
源文件：	本书下载资源＼源文件＼15＼层次分明的沙漠风光 .psd

原片问题分析：

01 沙漠中出现过多的人物
由于这张照片是在广阔无垠的沙漠中拍摄的，所以放大图像后，会看到沙漠中有很多细小的人影，降低了照片的品质。

03 沙脊层次感不强
沙漠中的沙脊因为光线的照射，容易形成明显的明暗对比，但是这张照片对比较弱，不能将沙漠表面的纹理清晰地表现出来。

02 沙漠色彩过于暗淡
为了防止曝光过度，拍摄时降低了曝光，这也导致了照片中沙漠的色彩太暗淡。

后期处理技巧提炼：

　　（1）用"污点修复画笔工具"去除多余人物。

　　（2）用"色阶"命令调整明暗对比，用"色相 / 饱和度"命令提高照片色彩的饱和度。

　　（3）用"USM 锐化"滤镜锐化图像，突出沙漠细节，用"减少杂色"滤镜修复天空中的杂色。

步骤 01　去除照片中的多余人物

打开素材文件，按快捷键 Ctrl++，放大图像，此时可以看到沙漠中有很多游人，使图像看起来不够干净，所以要把这些多余的游人去掉。复制"背景"图层，得到"背景 拷贝"图层，选择"污点修复画笔工具"，在游人所在位置单击并涂抹，通过反复涂抹，去掉照片中的多余人物，得到干净的画面效果。

步骤 03　用"画笔工具"编辑图层蒙版

设置后发现天空与沙漠相接处的云朵显得太亮了，选择"画笔工具"，在"画笔预设"选取器中单击"柔边圆"画笔，降低其"不透明度"，然后在较亮的云层位置涂抹，还原该区域图像的亮度。

步骤 05　设置"色相/饱和度"

为了使黄沙的颜色富有层次变化，单击"调整"面板中的"色相/饱和度"按钮，创建"色相/饱和度1"调整图层，并在"属性"面板中选择"红色"，对红色作调整，向左拖动"色相"滑块，向右拖动"饱和度"滑块，使红色变得更红。

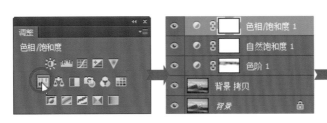

步骤 02　设置"色阶"增强对比

调整照片的明暗层次，修复偏灰的图像。先创建"色阶1"调整图层，在打开的"属性"面板中向右拖动黑色滑块和灰色滑块，降低阴影和中间调部分的亮度，再向左拖动白色滑块，提高高光部分的亮度。

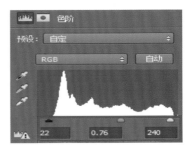

步骤 04　增强自然饱和度

为了还原金黄色的沙漠颜色，创建"自然饱和度1"调整图层，打开"属性"面板，向右拖动"自然饱和度"和"饱和度"滑块，设置后增强了整个图像的颜色饱和度，使色彩变得更鲜艳。

步骤 06　设置颜色

在"属性"面板中选择"黄色",向右拖动"色相"和"饱和度"滑块,使黄色变得更黄;选择"蓝色",对天空颜色作处理,将"饱和度"滑块向右拖动,使天空变得更蓝。

小提示

还原默认值

在"属性"面板中设置调整选项后,如果要将选项值恢复到默认值,则可以在"预设"下拉列表框中选择"默认值"选项。

步骤 07　查看并盖印图层

设置后发现图像的颜色变得更加鲜艳,按快捷键 Shift+Ctrl+Alt+E,盖印图层,得到"图层 1"图层。

步骤 08　用"快速选择工具"选择沙漠

为了让下半部分的沙脊更加清晰,可以对它进行锐化处理,锐化之前用"快速选择工具"在沙土部分单击并拖动,选择整个沙漠部分。选区建立后,使用快捷键 Ctrl+J 复制图层,得到"图层 2"。

步骤 09　锐化图像突出细节

执行"滤镜>锐化>USM 锐化"菜单命令,打开"USM 锐化"对话框,设置"数量"和"半径"选项,并通过对话框中的预览框观察效果,设置好后单击"确定"按钮。

步骤 10　用"减少杂色"滤镜去除杂色

因为在天空中可以看到部分噪点,所以按住 Ctrl 键单击"图层 2"图层,载入选区,反选选区后,选中天空部分,单击"图层 1"图层,按快捷键 Ctrl+J,复制天空图像,用"减少杂色"滤镜去除杂色,完成照片的美化。

第 16 章
商品照片的精修与
视觉营销

　　商品是众多摄影题材中非常独特的一种，商品摄影具有明显的目的性，它希望观者在看到照片后产生购买商品的欲望，从而起到视觉推广的作用。因此，商品照片的后期处理不仅需要考虑画面的美观性，更要将商品作为主要表现对象，将它的特点通过后期处理突显出来，这样的图像才能获得更多人的关注。

　　在本章中，主要介绍商品照片处理的常用技法以及在面对不同类别的商品照片时的处理要点和方法。通过学习，读者可以掌握商品照片处理的精髓。

知识点提要

1. 商品照片精修常用技法

2. 时尚与复古并存的手提包

3. 独特的水晶项链

4. 彰显气质的高跟鞋

16.1
商品照片精修常用技法

商品照片在拍摄出来以后，为了让人们更直观地感受商品的用途、价值、特点等，会对照片做一些后期处理。商品照片的后期处理主要包括校色、批量调整、瑕疵修复等，下面将介绍常用的商品照片处理技法。

16.1.1　商品照片的校色

商品照片需要观者展现最真实的商品效果，所以在处理商品照片前，需要校正照片中的商品颜色，使其无限接近实物色彩。以下图所示的照片为例，拍摄时因为受到室内灯光色彩的影响，拍摄出来的照片有偏色，原来蓝色的包包颜色也发生了改变，所以在处理的时候，需要对照片进行校色，还原白色的墙面和蓝色的手提包。

素　材：	本书下载资源＼素材＼16＼01.nef
源文件：	本书下载资源＼源文件＼16＼商品照片的校色.dng

步骤 01　选择"自动"白平衡

在 Camera Raw 中打开素材文件，单击"白平衡"右侧的下三角按钮，在展开的下拉列表中选择"自动"选项，选择后发现照片的颜色还是不够自然，接着手动调整"色温"和"色调"选项，以还原照片中的商品颜色。

步骤 02　快速调整曝光

校正颜色后，发现图像还是太暗了。单击"自动"按钮，快速校正曝光、对比度、高光等，校正后感觉照片的亮度还是不够，所以将"曝光"滑块由 +0.20 拖至 +0.40，照片终于明亮了起来。

16.1.2 同一商品的批量处理

拍摄商品时，为了从不同的角度向观者展示商品的特点，对同一商品会从不同的角度拍摄，在后期处理时，要想让这些照片中的商品颜色更统一，可以利用"同步"功能，快速地对多张照片进行统一调色，得到色彩更为一致的商品效果。

素　材：	本书下载资源\素材\16\02.nef ~ 06.nef
源文件：	本书下载资源\源文件\16\同一商品的批量处理.dng、同一商品的批量处理_1.dng ~ 同一商品的批量处理_4.dng

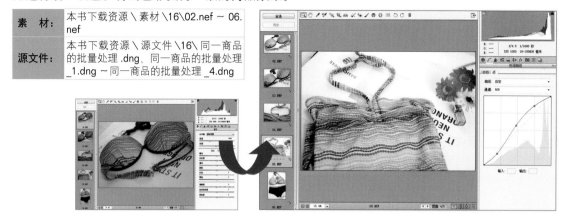

步骤 01　打开并设置"基本"选项

在 Camera Raw 中打开本例的所有素材文件，打开后在左侧的列表框中会显示打开图像的预览效果，先选择其中的第一张照片，在"白平衡"下拉列表框中选择"自动"选项，校正色偏，然后单击"自动"按钮，快速修复曝光。

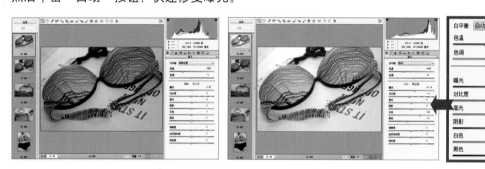

步骤 02　调整曲线增强对比

为了突出照片中间的泳装部分，可用"色调曲线"提高对比。单击"色调曲线"按钮 [图]，展开"色调曲线"选项卡，在其中对曲线进行设置，提高背景的亮度，从而突出泳装效果。

步骤 03　批量调色

经过前面的操作，完成了首张照片的调整，接下来就进行批处理。单击"全选"按钮，选中所有照片，再单击"同步"按钮，打开"同步"对话框，在其中选择"全部"选项，单击"确定"按钮，完成同一商品照片的批量调整。

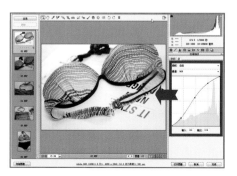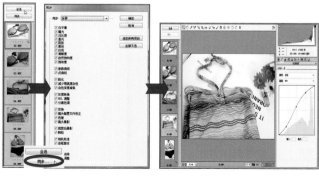

16.1.3　修复商品上存在的瑕疵

商品会因为保存不当等各种原因出现一些磨损、划痕等小瑕疵，使人觉得商品的质感、品质或许并不是很好，因此，为了让观者看到商品最完美的一面，在后期处理的时候，可结合多个图像修复工具来修复商品上的各种瑕疵。

素　材：	本书下载资源＼素材＼16＼07.jpg
源文件：	本书下载资源＼源文件＼16＼修复商品上存在的瑕疵 .psd

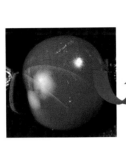
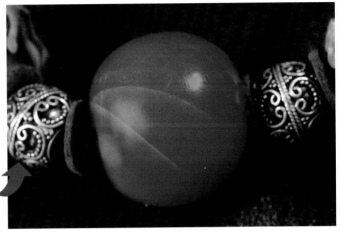

步骤 01　用"污点修复画笔工具"修复划痕

打开素材文件，复制图像，按快捷键 Ctrl++，放大图像，这时会发现手链串珠上有很多细小的划痕与磨损。选择"污点修复画笔工具"，将画笔大小设置为比划痕稍宽一些即可，然后进行涂抹，修复图像。

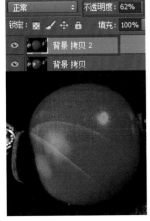

步骤 02　"仿制图章工具"去除反光

运用"污点修复画笔工具"去除珠子上明显的划痕与磨损后，接着对照片中过亮的部位进行修复。复制"背景 拷贝"图层，创建"背景 拷贝2"图层，选择"仿制图章工具"，在红色珠子位置单击，取样图像，然后在白色的高光部分单击，用取样图像替换白色的反光部分。

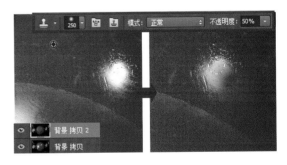

步骤 03　修复照片层次

继续使用"仿制图章工具"仿制修复图像，去除反光，这时发现珠子的光泽感没有了。将"背景 拷贝2"图层的"不透明度"设为 62%，降低不透明度，还原一部分高光，最后用"减少杂色"滤镜对照片进行降噪，得到更光滑的珠子效果。

16.1.4　抠出商品进行合成处理

　　对于网店美工来讲，抠图是商品照片处理的又一重要技法。通过将要表现的主要商品从原照片中抠取出来，然后将其置于另一张新的背景图像中，既可以突出画面中的主体商品，还能给人全新的视觉观感。下图所示的照片即为拍摄的化妆品照片，这张照片看起来太过普通，而将其抠出后，加上色彩绚丽的背景，会发现整个产品的档次得到了明显的提高。

素　材：	本书下载资源 \ 素材 \ 16\08.jpg、09.jpg
源文件：	本书下载资源 \ 源文件 \ 16\ 抠出商品进行合成处理 .psd

步骤 01　沿商品绘制路径

　　打开素材文件 "08.jpg"，为了更准确地抠出图像，这里选用 "钢笔工具" 抠取。单击 "钢笔工具" 按钮 ，在洁面乳旁边单击，创建路径起点，然后在洁面乳边缘的另一位置单击并拖动，绘制曲线路径，使用同样的方法继续绘制路径。

步骤 03　抠出图像调整颜色

　　打开素材文件 "09.jpg"，选择 "移动工具"，把选区内的洁面产品拖至新的背景中，完成图像的抠取与合成，接下来为了让商品的颜色与背景颜色统一，使用 "色彩平衡" 和 "曲线" 命令调整产品的颜色和明暗。

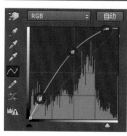

步骤 02　将路径转换为选区

　　绘制路径后，打开 "路径" 面板，显示路径缩览图，单击 "将路径作为选区载入" 按钮 ，载入选区，即选中照片中的洁面产品。

步骤 04　添加投影

　　如果想要增强商品的立体感，盖印 "图层 1" 和上方的调整图层，然后执行 "编辑 > 变换 > 垂直翻转" 菜单命令，垂直翻转图像，为商品添加倒影效果，最后输入文字。

16.2
时尚与复古并存的手提包

商品种类很多，其中包包是经常出现的商品对象。对于包包的处理，一般会以一种最为直观的方式进行表现，将主体商品包包抠取出来，然后利用简洁的背景和装饰图案搭配起来，为画面营造更为简洁、干净的效果。

素　材：	本书下载资源＼素材＼16\10.jpg
源文件：	本书下载资源＼源文件＼16\时尚与复古并存的手提包 .psd

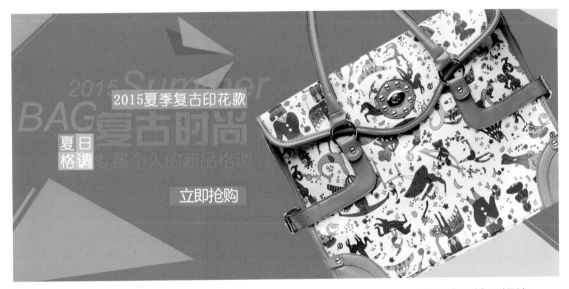

原片问题分析：

01 背景显得零乱

为了表现包包的立体感，采用了挂拍的方式表现，但是因为采用纸张布景，画面中的背景显得很乱，缺乏吸引力。

02 包包颜色显得灰暗

照片中要表现的商品包包因为受到光线照射的影响，颜色很暗淡，无法将包包的特点表现出来。

03 包包上的图案不清晰

此款包包最主要的特征就是表面的复古图案，原照片中因为图像灰，导致包包上的图案看起来不是很清晰。

后期处理技巧提炼：

（1）用"钢笔工具"把包包抠取出来，用"仿制图章工具"去除包包上的挂钩。

（2）结合"色阶"和"曲线"命令调整图像的亮度，用"色相／饱和度"命令增强包包的颜色。

（3）使用"矩形工具"绘制渐变的背景图案，用"横排文字工具"添加文字，突出商品特点。

步骤 01　用"钢笔工具"绘制路径

打开素材文件，由于原照片的背景太过于零乱，所以把商品包包抠出来，替换新背景。先选择"钢笔工具"，在其选项栏中把绘制模式设置为"路径"，沿照片中包包的边缘绘制封闭的工作路径。

步骤 02   绘制路径以减去背景

绘制后还需要把手提带中间的背景从路径中减去，因此单击"路径操作"按钮 ▣，在弹出的菜单中执行"排除重叠形状"菜单命令，在手提带中间的背景位置单击并拖动鼠标，继续绘制路径。

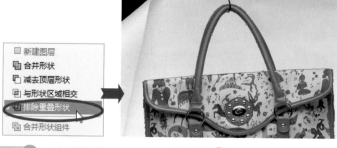

步骤 03   转换为选区选择图像

绘制好路径后，要选择路径中的手提包，需要将路径转换为选区。按快捷键 Ctrl+Enter，即可把绘制的路径快速转换为选区，在图像窗口可看到选择的包包图像。

步骤 04   去除挂钩

使用快捷键 Ctrl+J 复制选区，建立手提包图层，然后按快捷键 Ctrl++，放大图像，看到手提带的中间位置还有黑色的挂钩。选择"仿制图章工具"，按住 Alt 键在手提带上取样，然后在手提带位置涂抹，修复多余的挂钩部分。

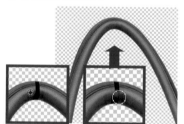

步骤 05   "自动色调"调色

去除挂钩后，得到了较完整的包包图像，执行"图像 > 自动色调"菜单命令，校正包包的颜色。

步骤 06   设置"色阶"

照片中的包包偏暗，没有层次感，因此载入手提包选区，创建"色阶 1"调整图层，向右拖动黑色滑块，降低阴影部分的亮度，向左拖动灰色和白色滑块，提高中间调和高光部分的亮度。

步骤 07   调整"曲线"提亮图像

载入同样的包包选区，创建"曲线 1"调整图层，在"属性"面板中添加两个控制点，向上拖动曲线中间位置的曲线点，提高中间调部分的图像亮度，再向下拖动曲线左下角的控制点，还原阴影部分的图像亮度，设置后可以看到包包变得明亮起来。

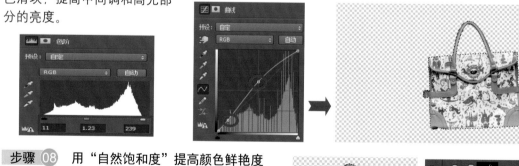

步骤 08   用"自然饱和度"提高颜色鲜艳度

为了使包包的颜色更加鲜艳，需要增强其色彩。按住 Ctrl 键单击"图层 1"图层，载入手提包选区。创建"色相/饱和度 1"调整图层，在打开的"属性"面板中将"自然饱和度"滑块拖至 +100，提高自然饱和度，再向右拖动"饱和度"滑块至 +16，进一步增强色彩。

步骤 09　根据"色彩范围"选择图像

经过上一步操作，发现包包的颜色还不错，但是橙色的部分还略显偏淡，因此执行"选择 > 色彩范围"命令，用"吸管工具"在橙色部位单击，设置选择范围，选取图像。

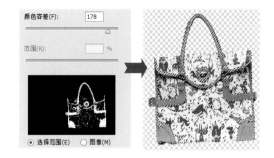

步骤 10　调整"色相 / 饱和度"

新建"色相 / 饱和度 1"调整图层，在打开的"属性"面板中向右拖动"饱和度"滑块，提高选区内图像的颜色饱和度，调整完成后将包包图层及调整图层盖印。

步骤 11　"渐变工具"编辑蒙版

经过以上操作，已把包包素材从原图像中抠取出来并进行了调整，接下来就用抠出的包包制作一张商品广告图。新建文件，创建新图层并把背景颜色填充为与包包颜色反差较大的蓝色，然后打开"图层样式"对话框中设置样式，为绘制的背景添加淡淡的底纹。

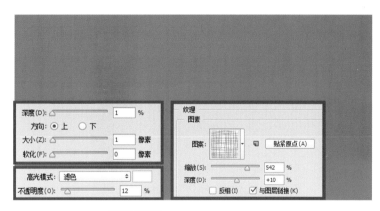

步骤 12　复制旋转包包图像

把前面精修过的包包图像复制到画面右侧，按快捷键 Ctrl+T，打开自由变换编辑框，对添加的手提包图像进行旋转。

步骤 13　在画面中绘制不规则图形

为了增强画面效果，可以绘制一些简单的图形加以修复。新建"矢量背景"图层组，选用"钢笔工具"在图像上绘制不同颜色、大小的图形。

步骤 14　添加图形，输入文字，完成文案设计

创建"文案"图层组，在画面中输入包包促销信息，并在部分文字下方绘制彩色的矩形，得到更有表现力的画面效果。

16.3
独特的水晶项链

对于珠宝类饰品来说，由于其体积一般都较小，所以在后期处理的时候，可以对拍摄的照片进行裁剪，把多余的背景图像裁剪掉，以突出要表现的小饰品，然后通过色彩和明暗的调整，突出饰品精致的细节，表现出商品的价值。

01 【产·品·细·节】| Product details   TA从来都不仅是一件首饰 NOT JUST A JEWELRY PIECE

素　材：	本书下载资源＼素材＼16＼11.jpg
源文件：	本书下载资源＼源文件＼16＼独特的水晶项链.psd

原片问题分析：

01 项链颜色与书籍颜色对比较弱

绿色的书籍封面与项链相搭配，从视觉观感上来讲，颜色反差不强，使项链看起来不够闪亮、出彩。

02 图像整体偏暗

为了避免水晶反光造成局部曝光过度，所以拍摄时降低了曝光，造成的结果就是画面曝光不足，略微偏暗。

03 水晶项链的质感没有表现出来

水晶材质的项链应该是非常闪亮的，但是这张照片中却没有将其质感表现出来，使项链看起来不够吸引人。

后期处理技巧提炼：

（1）用"裁剪工具"裁剪图像，突出项链部分，用"色彩平衡"平衡各部分色彩，用"可选颜色"增强指定颜色百分比。

（2）结合"曲线"和"色阶"命令调整背景和项链明暗对比。

（3）用纯色填充图像，突出水晶项链的质感。

步骤 01　裁剪照片

打开素材文件，选择"裁剪工具"，在其选项栏中设置裁剪比例为"1：1（方形）"，然后在照片中单击并拖动鼠标，绘制方形裁剪框，裁剪照片，去掉多余背景。

步骤 02　"自动色调"命令校正颜色

复制裁剪后的图像，得到"图层 0 拷贝"图层，将该图层的"不透明度"降为 80%，执行"图像 > 自动色调"菜单命令，校正照片的色彩。

步骤 03　去除图像中的文字

按快捷键 Shift+Ctrl+Alt+E，盖印图层，选择"修补工具"，去除书籍封面左侧的文字，获得更干净的照片效果。

步骤 04　调整阴影亮度

观察照片，发现项链坠子旁边的阴影太暗了，需要提亮。执行"图像 > 调整 > 阴影 / 高光"命令，打开"阴影 / 高光"对话框，设置阴影"数量"为 20，适当提亮阴影部分。

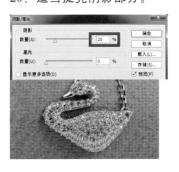

步骤 05　根据"色彩范围"选择背景图像

为了突出画面中间的项链，接下来更改背景颜色，执行"选择 > 色彩范围"菜单命令，打开"色彩范围"对话框。由于这里要选择背景部分，所以用"添加到取样"工具在项链旁边的背景处单击，然后调整颜色容差，直到选中整个背景。

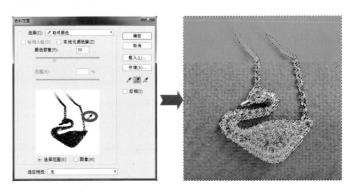

步骤 06　设置"色彩平衡"更改颜色

选择背景图像后，创建"色彩平衡 1"调整图层，在打开的"属性"面板中分别选择"阴影""中间调"和"高光"色调，然后设置各部分的颜色值，使绿色的背景转换为淡黄色。

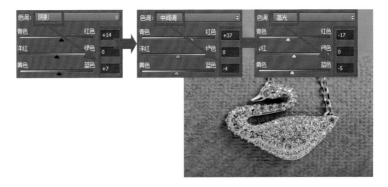

步骤 07 用画笔编辑图层蒙版

为了让应用调整的范围更准确，按住 Alt 键单击"色彩平衡1"图层蒙版，显示蒙版效果，用黑色画笔在项链位置涂抹，用白色画笔在背景位置涂抹，控制"色彩平衡"调整的范围。

步骤 09 设置"曲线"

设置后发现背景部分太暗了，使画面看起来很脏，因此载入"选取颜色1"选区，创建"曲线1"调整图层，并在"属性"面板中向上拖动曲线，提亮背景部分。

步骤 11 设置颜色填充图像

为了增强水晶项链的质感，创建"颜色填充1"调整图层，设置填充色为 R170、G170、B170，混合模式为"颜色"，在项链上叠加颜色，展现银质的项链，使用图形绘制工具绘制图形并添加文字，完成照片的处理。

步骤 08 设置"可选颜色"增强红、黄色调

经过上一步操作，发现已向背景中添加了红、黄色，再载入"色彩平衡1"选区，创建"选取颜色1"调整图层，在"颜色"下拉列表框中确认要调整的颜色为"红色"和"黄色"，然后更改油墨比，加强红色和黄色，将原绿色的书籍背景转换为黄色调的效果。

步骤 10 调整"曲线"提亮项链

提亮背景后，为了让照片的影调更一致，还需要对项链的明亮度进行调整。按住 Ctrl 键不放，单击"曲线1"图层蒙版，载入背景选区，由于这里要对项链作处理，所以执行"选择 > 反向"菜单命令，反选选区，创建"曲线2"调整图层，设置曲线，调整项链的亮度。

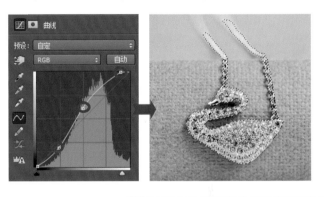

16.4
彰显气质的高跟鞋

高跟鞋是众多网店中销量较高的商品之一。店家在完成高跟鞋的拍摄之后，会通过后期处理，精修拍摄出来的照片，如修复商品瑕疵、调整鞋子色彩等，再把精修后的照片制作为商品细节广告图片，向观者更为细致地介绍鞋子的材质、特点等，从而提高鞋子的点击率，获得良好的视觉营销效果。

蝴蝶结是每个女孩从小到大最喜爱的图案之一。

性感的鱼嘴开口，精细做工尽显时尚。

舒适坡跟设计，走路不累脚，释放一季的清凉。

精湛制作工艺 保证鞋子品质
打造专属于你的 精品女鞋

每一款鞋子都严格按外贸的要求和流程制作。
取样—成分检测—鞋材检测—皮质检测—小样制版—成品检测—大货生产—质检—出货。
在制作周期和选择用料方面从来不会缩减。不会为了出货快、降低成本用质感低劣、类似的材料去代替！感谢亲们一直的支持和鼓励！小店会坚持品质第一，服务第一！

素　材：	本书下载资源＼素材＼16\12.jpg
源文件：	本书下载资源＼源文件＼16＼彰显气质的高跟鞋 .psd

原片问题分析：

01 主体商品轻微曝光过度
这张照片在拍摄时因曝光设置不当，导致照片轻微曝光过度，鞋子看起来显得太亮了。

03 高跟鞋看起来不够清晰
画面中要表现的高跟鞋清晰度不够，鞋子上面的图案及纹理看起来略显模糊。

02 鞋子颜色过于暗淡
虽然高跟鞋颜色本来很艳丽，但是因为受到拍摄环境和技术的影响，画面中的鞋子颜色显得非常暗淡。

后期处理技巧提炼：

（1）使用"USM 锐化"滤镜锐化图像，突出鞋面纹理。

（2）用"曲线"提亮背景图像，使用"色阶"修复曝光过度的鞋子。

（3）使用"自然饱和度"和"可选颜色"命令加强鞋子颜色，创建剪贴蒙版拼合多张图像。

步骤 01 设置"USM 锐化"滤镜

打开素材文件，为了突出鞋子的鞋面纹理，先将"背景"图层复制，执行"滤镜 > 锐化 >USM 锐化"菜单命令，在打开的对话框中设置选项，锐化图像。

步骤 02 根据"色彩范围"选择图像

这张照片要表现的主体对象为高跟鞋，所以为了将观者的视线吸引到鞋子上，可以对背景加以提亮。执行"选择 > 色彩范围"菜单命令，打开"色彩范围"对话框，在背景位置单击，根据取样颜色调整选择范围，单击"确定"按钮，创建选区，选择背景部分。

步骤 03 用"曲线"提亮背景

创建"曲线 1"调整图层，打开"属性"面板，这里需要提亮背景，所以单击并向上拖动曲线，提亮选区内的图像，设置后发现鞋子的部分区域也被提亮了，所以用黑色画笔在鞋子上涂抹，还原鞋子的亮度。

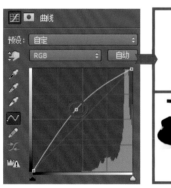

步骤 04 设置"色阶"修复曝光

创建"色阶 1"调整图层，打开"属性"面板，在面板中向右拖动黑色和灰色滑块，向左拖动白色滑块，使照片中的阴影和中间调部分变得更暗，从而修复曝光过度的图像。

步骤 05 调整自然饱和度及饱和度

由于照片中的鞋子颜色太暗淡，因此创建"自然饱和度"调整图层，在打开的"属性"面板中对"自然饱和度"和"饱和度"进行调整，使照片中的鞋子颜色变得更加鲜艳。

步骤 06　设置"可选颜色"

照片中的鞋子应该是玫红色的，但是因为偏色，鞋子更接近于大红色，因此创建"选取颜色 1"调整图层，并在"属性"面板中选择"洋红"颜色，然后调整颜色比，还原鞋子颜色。

步骤 07　用"修补工具"修复瑕疵

盖印图层，将图像放大，发现鞋子上还有一些细小的瑕疵。选择"修补工具"，在瑕疵位置单击并拖动鼠标，创建选区，然后把选区内的图像拖至旁边干净的位置，修复瑕疵，得到更精致的鞋子效果。

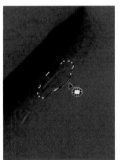

步骤 08　调整"曲线"提亮图像

修复瑕疵后，发现图像还是偏暗。创建"曲线 2"调整图层，在打开的"属性"面板中单击并向上拖动曲线，提亮图像，再用黑色画笔在鞋子上涂抹，还原较亮的鞋子，最后将精修的图像盖印。

步骤 09　复制图像并创建剪贴蒙版

设计网店图片。新建文件，使用"矩形工具"在新建的文件上绘制一个深灰色的矩形，然后把精修的高跟鞋图像复制到矩形上方，执行"图层 > 创建剪贴蒙版"菜单命令，创建剪贴蒙版，把超出矩形的鞋子图像隐藏。

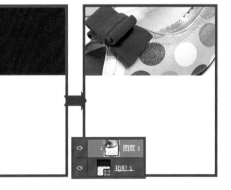

步骤 10　添加图形和文字

添加鞋子图像后，结合绘图工具和文字工具在鞋子上绘制渐变矩形并输入商品介绍信息，复制高跟鞋图像，结合同样的方法，创建剪贴蒙版拼合图像，并为图像添加文字，介绍高跟鞋的特点，得到完整的商品特点展示效果图。

图书信息 ▶

书名：《商品摄影与后期处理全流程详解：
拍摄·精修·视觉营销》

版次：2015 年 8 月第 1 版第 1 次印刷

书号：ISBN 978-7-111-50460-3

本书特点 ▶

- 14 章内容步步深入、详尽全面
- 编写语言浅显易懂，帮助读者提高分析能力
- 针对目前电商运营热点视觉设计而创作
- 帮助读者掌握商品照片处理技巧与网店视觉营销设计

☑ 全流程、多角度解读商品摄影与后期处理方法

☑ 从视觉营销的角度出发，以商品摄影与后期处理全流程为主线，详细介绍不同类型商品的照片拍摄、照片精修和图片制作技术

☑ 详述不可或缺的电商平台商品视觉营销专业技术知识

☑ 大量目前电商平台中具有代表性的商品类型案例，帮助读者学习

扫二维码加订阅号后获赠如下精选超值大礼包：

- 本书相关素材文件、实例源文件
- 本书案例操作的视频教程
- 在线答疑与其他延伸服务
- 价值 49 元的《Photoshop CC 商品照片精修实战技法》视频教程一套
- 价值 49 元的《Photoshop CC 专业调色实战技法》视频教程一套
- 价值 49 元的《Photoshop CC 网店美工实战手册》视频教程一套
- 送 100 个网店美工精美模板

内文展示 ▶

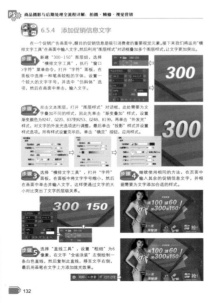